«Para competir en la era digital l[...] los operativos cada 18 o 24 meses. Puede que a las más grandes les parezca imposible seguir ese ritmo de cambio, pero su supervivencia dependerá de ello. *Digital Vortex* presenta las estrategias y marcos prácticos que estas compañías necesitan para hacerse más ágiles y así poder adaptar sus modelos de forma constante y desencadenar el emprendimiento en el seno de la organización».

Kevin Bandy
Director de digitalización en Cisco

«Un libro genial e inspirador que presenta una visión holística de la transformación y disrupción digitales».

Helga Maier
Directora de negocio digital en Swarovski

«Lo escucho constantemente tanto por parte de mis clientes como de mis socios: las empresas tienen que ser más rápidas. Este libro es muy valioso porque enseña a las compañías a poner la tecnología en el centro de su estrategia para ser capaces de moverse con mayor rapidez y en la dirección adecuada. Con *Digital Vortex,* los directivos sabrán anticiparse a los movimientos del mercado, tomar buenas decisiones y ejecutar con rapidez y fundamento».

Thierry Maupilé
Vicepresidente *senior* en Tech Mahindra

«Nombra un sector cualquiera y, seguramente, ya habrá algún competidor disruptivo aplicando tecnología digital en él. *Digita Vortex* es un análisis documentado de este fenómeno, así como una guía práctica que ayudará a tu empresa a adquirir la destreza necesaria para desenvolverse en este nuevo entorno».

Daniel H. Pink
Autor de *La sorprendente verdad sobre qué nos motiva* y *Vender es humano*

a^e

colección acción empresarial

DIGITAL VORTEX

Michael Wade, James Macaulay,
Andy Noronha y Jeff Loucks

DIGITAL VORTEX

MADRID   BOGOTÁ
MÉXICO D.F.   MONTERREY   BUENOS AIRES
LONDRES   NUEVA YORK   SHANGHÁI

Colección Acción Empresarial
Coeditado por LID Editorial Colombia SAS
Calle 78 # 8-32, Bogotá, Colombia
Tel. (57 1) 7423159
colombia@lidbusinessmedia.com
LIDBUSINESSMEDIA.COM

Ediciones de la U
Carrera 27 # 27-43 Bogotá, Colombia
Tel. (57 1) 320 35 10
editor@edicionesdelau.com
EDICIONESDELAU.COM

A member of: **BPR**

Business Publishers Roundtable.com

Título original: *Digital Vortex: How Todays Market Leaders Can Beat Disruptive Competitors at Their Own Game, International Institute for Management Development, IMD 2016*
© Michael Wade, James Macaulay, Andy Noronha y Jeff Loucks 2018
© John T. Chambers, del prólogo 2018
© LID Editorial Empresarial 2018, de la edición original
© LID Editorial Colombia y Ediciones de la U 2019, de esta edición

EAN-ISBN13: 9788417277284
Directora editorial: Jeanne Bracken
Editora de la colección: Laura Madrigal
Traducción: Lourdes Yagüe
Revisión: Lucía Beniel
Maquetación: produccioneditorial.com
Diseño de portada: Ruth Palomares
Impresión: Editorial Buena Semilla

Impreso en Colombia / *Printed in Colombia*

Primera edición: septiembre de 2018
Primera edición en Colombia: abril de 2019

Te escuchamos. Escríbenos con tus sugerencias, dudas, errores que veas o lo que tú quieras. Te contestaremos, seguro: info@lidbusinessmedia.com

Para mis hijos, Dominic y Malcom, quienes están creciendo en el vórtice digital, con todos los cambios y oportunidades que ello conlleva. J.L.

En memoria de Jim Macaulay, una gran mente empresarial e incluso mejor padre. J.M.

Para mis hijos, Alessandra y Mateus. ¡Nunca dejéis de atreveros, descubrir y ser disruptores! A.N.

Para Heidi, por tu paciencia, apoyo y amor... y por tolerarme otra aventura académica. M.W.

ÍNDICE

PRÓLOGO

Una de las lecciones más importantes que he aprendido en los veinte años que llevo como CEO de Cisco es que hay que tener el valor suficiente para retarse a uno mismo. Es decir, hay que anticiparse y detectar los cambios del mercado antes que los demás, lo que a menudo exige a los líderes de las empresas actuar con valentía y salir de su zona de confort. Yo prefiero ver estos cambios como oportunidades, más que como problemas. Creo que esta es la mentalidad que permite a los líderes transformarse a sí mismos, a sus negocios y, en última instancia, al futuro de la tecnología.

Ahora mismo estamos en medio de una de las mayores transiciones tecnológicas de la historia –la era digital– en la que el impacto de la digitalización será de 5 a 10 veces mayor que el que ha tenido internet hasta la fecha. Según el análisis de Cisco, en 2015 había 15 000 millones de dispositivos conectados a internet y, para 2020, esta cifra aumentará a más de 50 000 millones. Este grado de conectividad sin precedentes creará oportunidades por valor de billones de dólares, y los líderes que sepan verlo estarán en disposición de sacar partido a todo ese valor que la transformación digital generará. Si no hacen nada al respecto, en los próximos cinco años la disrupción digital hará desaparecer a cuatro de cada diez de las empresas que hoy lideran el mercado.

En Cisco ya nos hemos anticipado a este cambio y, junto con el International Institute for Management Development (IMD), creamos el Global Center for Digital Business Transformation Centro DBT. A raíz de esta iniciativa conjunta a la que nos hemos comprometido durante cinco años, hemos creado un centro de investigación global único en su especie, en el que líderes corporativos y académicos se unen a la vanguardia de la digitalización para explorar y resolver los principales problemas a los que se enfrentan los clientes, las empresas y la sociedad en el mundo hiperconectado de hoy en día.

Elegimos como socio a IMD, la prestigiosa escuela de negocios, porque coincidían con nosotros en que había que aplicar un nuevo modelo y trabajar de manera constante para ayudar a todos nuestros clientes a entender la era digital y salir victoriosos. Durante el primer año de nuestra alianza, los empleados de Cisco trabajaron junto con los docentes e investigadores del IMD para indagar sobre la disrupción digital, colaborar estrechamente con las empresas para determinar qué significaba para ellos la disrupción y para averiguar cómo superar los obstáculos que impone este nuevo entorno.

Así pues, tengo el orgullo de presentaros el fruto de toda esta labor, *Digital Vortex. Cómo las empresas tradicionales pueden competir con las más disruptivas,* un libro que presenta el panorama competitivo de la actualidad –que los autores llamamos *vórtice digital*– como una serie de transiciones del mercado propiciadas por la digitalización y que en conjunto generan cambios exponenciales en los negocios.

Digital Vortex documenta cómo los disruptores crean sus negocios para generar estos cambios y ofrece a las organizaciones lo que más necesitan: una investigación puntera, conocimientos prescriptivos y las nuevas prácticas que las empresas e instituciones maduras pueden aplicar para atacar y convertirse ellas mismas en disruptoras del mercado. Este es uno de los principales intereses de cualquier CEO o dirigentes. Las dinámicas del vórtice digital exigirán un nuevo nivel de agilidad por parte de empresas y gobiernos, y con él serán capaces no solo de cambiar lo que hacen, sino de adaptarse con más facilidad. El libro que tienes en tus manos es una hoja de ruta práctica para lograrlo y para ser el promotor de la disrupción, no la víctima.

Independientemente del sector, la ubicación o cuota de mercado, los directivos se enfrentan a un punto crítico que todos deberíamos tener en cuenta. Este libro, así como los estudios y herramientas que contiene, les brinda la oportunidad de aprovechar este momento decisivo en la historia de la tecnología, que transformará a todas las empresas, y de aprender el modo de sacar ventaja y liderar el mercado.

John T. Chambers
Expresidente ejecutivo en Cisco Systems, Inc.

AGRADECIMIENTOS

Digital Vortex surge de la colaboración con, literalmente, decenas de participantes. El alma del equipo, formado por cuatro autores de diferentes partes del mundo, se ha beneficiado considerablemente de la unión de dos organizaciones muy distintas, IMD y Cisco, ambas líderes mundiales en su campo. Gracias a este nexo, hemos tenido el privilegio de aprender de las mentes, experiencias y clientes de las dos compañías.

Cada año pasan por IMD miles de ejecutivos, y muy pocos se dan cuenta del valor que han aportado al desarrollo de este libro. Muchos de los ejemplos y las ideas que aparecen en estas páginas provienen de conversaciones con directivos que se están enfrentando a la disrupción digital en sus organizaciones y empresas. De todos ellos también aprendimos bastante mientras los formábamos.

A medida que nuestras ideas y marcos de trabajo tomaban forma, los íbamos aplicando durante los programas de formación y los talleres en IMD o en cualquier otro lugar. Queremos dar nuestro más sincero agradecimiento a todos estos ejecutivos que han estado siempre dispuestos a compartir y escuchar. Vuestras ideas son la pieza central de *Digital Vortex*.

El Centro DBT se encuentra en Lausanne, Suiza. Sin él no hubiésemos podido escribir este libro. Para crear el centro fue necesaria la colaboración entre los distintos grupos que estaban interesados. Nos gustaría dar nuestro agradecimiento más profundo a Dominique Turpin, presidente ejecutivo de IMD, al presidente Peter Wuffli y a los demás miembros del equipo de dirección por apoyarnos en la formación de un modelo completamente nuevo de liderazgo, muy arraigado en el ámbito práctico.

Además, nos gustaría destacar el apoyo que hemos recibido de Anand Narasimhan, James Henderson, Sandra Bouscal, Marlène Borcard, John Evans,

Michael Boulianne, Aurora Barras y Marco Mancesti. Gracias también a Christian Bucheli, director ejecutivo y encargado de las estrategias de riesgo en SIX, por su papel en la junta asesora del Centro DBT. Por último, queremos agradecer de manera muy especial a Remy El Assir, director asociado del Centro DBT, quien hizo que todo siguiera funcionando con la precisión y la eficiencia de un reloj suizo en los momentos en los que desaparecíamos en el vórtice de escritura de este libro. Nuestro sincero agradecimiento a muchos ejecutivos de Cisco que han prestado su inagotable apoyo al centro, entre los que se incluyen Chuck Robbins, John Chambers, Kelly Kramer, Hilton Romanski, Karen Walker, Fran Katsoudas, Michael Ganser, y Maciej Kranz. Un agradecimiento muy especial a Thierry Maupilé, quien ha sido la fuerza impulsora en la creación y en el correcto funcionamiento del Centro DBT desde el principio. Como ejecutivo de IMD y vicepresidente de asociaciones estrategias en Cisco, su previsión y determinación ayudaron enormemente a la creación del centro y también a la escritura de *Digital Vortex*, de la misma manera que ayudarán a la investigación y a la unión con otras compañías que están por venir.

Gracias a Kevin Bandty, Chief Digital Officer de Cisco, por su liderazgo y orientación, y por animarnos a trabajar en todo momento en las grandes y espinosas incógnitas, las peculiaridades, las trampas y las promesas que la transformación empresarial digital conlleva. Bajo la dirección de Kevin, los colaboradores de este proyecto han podido asumir un doble rol como investigador y como gestores del cambio. Estas dos ventajas han contribuido enormemente a nuestro trabajo. Hemos aprendido muchísimo trabajando junto con Kevin para ayudar a dar forma a la hoja de ruta que debe seguir Cisco en su digitalización, y esperamos ilusionados los siguientes pasos a seguir en nuestro viaje. Los compañeros de Kevin, incluidos Michael Adams, Donna Cox, Clare Markovits y Marivell Quinonez, nos han prestado una ayuda incalculable en los meses en que estuvimos escribiendo *Digital Vortex*. Gracias en especial a Joel Barbier, investigador visitante en el Centro DBT, por su experiencia inigualable en el campo de la transformación económica.

Gracias de todo corazón a Kathy O'Connell y a su equipo de marketing en Cisco, Caroline Ahlquist, Kevin Delaney, Nicole France, Cheri Goodman, Lisa Lahde, Stefanie McCann, Melissa Mines, Bob Moriarty, Bill Radtke, Rick Ripplinger y Virgil Vidal. No solo han sido compañeros de marketing, sino también verdaderos compañeros de reflexiones a lo largo de este proyecto. Su espíritu de colaboración, inteligencia y mentalidad orientada a la ejecución son los mejores del mundo.

Estamos en deuda con muchos otros compañeros de Cisco, particularmente con Inbar Lasser-Raab, Jim Grubb, Stephan Monterde, Christian Kuun, Andrea Duffy y Alan Stern. Nos gustaría además extender nuestro más sincero agradecimiento a Joseph Bradley, amigo y mentor desde hace mucho tiempo, cuya intuición con todo lo relacionado con el internet de las cosas no tiene comparación, al igual que su visión y profesionalidad.

Gracias a Pete Gerardo, nuestro desarrollador editorial, y a Kelly Andersson, productora editorial, por ayudarnos en la creación de contenido. Agradecemos también a nuestro excepcional diseñador gráfico, Scott Fields. Es difícil encontrar a alguien que trabaje tan duro como él y que a la vez sea tan tolerante, un verdadero fenómeno. En la misma línea queremos dar las gracias también al equipo de LID Editorial por la publicación del libro en español, en especial a su directora general Jeanne Bracken por apoyar el proyecto desde el principio, a nuestra editora Laura Madrigal, y a Lourdes Yagüe por el trabajo realizado con la traducción.

En el ámbito de la investigación y del análisis, queremos dar las gracias a Divya Kapoor, Sierra Parker, Isabel Redondo Gomez, Hiten Sethi, Jialu Shan, Gaurav Singh y Andrew Tarling. Su ayuda en la investigación de los modelos de más de cien disruptores digitales, descubriendo todo tipo de criaturas extrañas (unicornios, vampiros, cambiaformas y goliats), y su habilidad de procesar datos muy rápidamente, han jugado un papel central en el desarrollo de estos contenidos. Este equipo ha desafiado y mejorado nuestro modo de pensar de todas las formas posibles.

Este libro no hubiese sido posible sin el incansable esfuerzo, inteligencia y minuciosidad de Lauren Buckalew, quien dirigió la primera investigación de campo y fue la entrevistadora principal, la gerente de proyectos y la encargada en controlar la calidad del libro. Andy lo expresó mejor cuando dijo: «Estoy impresionado con Lauren». Enhorabuena Lauren, muchas gracias.

A nuestros hijos, padres, amigos y otros familiares, no podemos agradeceros lo suficiente vuestro amor, apoyo y tolerancia que nos habéis dado mientras trabajábamos en este proyecto. Y a nuestras esposas, Susan, Jenn, Karen y Heidi, ahora por fin podemos deciros las palabras que tanto tiempo llevabais queriendo escuchar: «Hemos terminado el libro». Muchísimas gracias, de verdad.

INTRODUCCIÓN

Los cuatro autores de este libro –Jeff Loucks, James Macaulay, Andy Noronha y Michael Wade– hemos aterrizado en la cuestión de la transformación digital desde orígenes muy diferentes. Tres de nosotros pertenecíamos a un grupo de investigación interna de Cisco, líder mundial de telecomunicaciones ubicado en Silicon Valley, mientras que el cuarto es profesor de la IMD, escuela de negocios de Suiza especializada en formación ejecutiva. Entre 2012 y 2014 nos percatamos de que nuestras principales partes interesadas cada vez mostraban más predilección por lo digital. En Cisco, este creciente interés derivó en un estudio sobre la convergencia de las megatendencias tecnológicas, cuyo valor potencial se ha estimado en 19 billones de dólares[1] en los próximos diez años. El crecimiento y desarrollo de las tecnologías no hacía más que acelerar, con Cisco en su epicentro.

En cuanto a la IMD, la mayoría de los 9000 directivos que la visitaban cada año también mostraban interés en el tema, pero con una actitud algo más pasiva y observadora. Algunos incluso manifestaban un sano escepticismo. La propia definición de digitalización no estaba del todo clara y les resultaba difícil identificarse con los tan aclamados gigantes de internet como Google, Amazon y Facebook, que parecían más relevantes para productos de ceros y unos que para sectores que explotan, fabrican o mueven cosas. No terminaban de tener claro cuán aplicable era la digitalización en sus negocios tradicionales ni en cuánto tiempo habría que incorporar un modelo de negocio digital. Muchos de ellos llegaron a sentir incluso un *déjà vu*, pues ya habían sido testigos de la burbuja de las puntocom y de tantas otras fiebres tecnológicas.

Pero el tiempo iba pasando y, de pronto, apareció otra palabra en el vocabulario digital: disrupción. Se hablaba mucho de Airbnb y Uber en la prensa (demasiado, quizá). Su aparición marcó un antes y un después porque sus modelos de negocio digitales ahora suponían una amenaza para sectores que siempre habían sido eminentemente físicos –aunque en esto la prensa no ha tenido la culpa–. Ni las cadenas hoteleras ni las compañías de taxis parecían preparadas para algo así (de hecho, no lo estaban). La digitalización les pilló completamente por sorpresa. De repente, debían competir con *startups* ávidas por hacerse con sus reaccionarios sectores y, para colmo de males, no dejaban de acaparar la atención de medios e inversores. El mercado estaba cambiando a gran velocidad y de manera generalizada.

Hacia 2015, los directivos ya empezaban a preguntar, tanto a IMD como a Cisco, si la tecnología y modelos de negocio digitales de las *startups* supondrían una amenaza para sus sectores o empresas. La curiosidad se tornó en ansiedad y empezaron a hacer preguntas de otra índole: «¿Cómo es que los disruptores están consiguiendo desbancar a empresas asentadas y con tanta rapidez? ¿Puede ocurrir también en mi negocio? ¿Cómo puedo aprovechar estos modelos de negocio para ser más competitivo?». La digitalización dejó de ser un concepto abstracto, ajeno o de interés académico. Se había convertido en una cuestión personal.

Así, Cisco e IMD unieron sus fuerzas y fundaron el Global Center for Digital Business Transformation (DBT) a mediados de 2015, en el cual se aborda la transformación digital desde dos enfoques que se complementan entre sí: el empresarial, de la mano de IMD, y el tecnológico, de la mano de Cisco. La unión de ambos permite examinar la disrupción digital desde un prisma único y mucho más potente. El Centro DBT es, por tanto, la razón de que los cuatro autores de este libro participemos en este estudio.

Al principio no éramos capaces de dar respuesta a las preguntas que nos plateaban los directivos y, tras la consulta de diversas fuentes de documentación, nos dimos cuenta de que, en realidad, nadie podía. Ningún libro contenía la receta mágica de la transformación digital, sino que las recomendaciones eran más bien técnicas, o aludían a enfoques tradicionales de la gestión del cambio o bien al marketing. Si bien es importante que las empresas tengan presente que la transformación debe impulsarse desde arriba o que es preciso un cambio de cultura, estas no dejan de ser pautas genéricas que carecen de valor práctico a la hora de enfrentarse a la disrupción digital cara a cara. Apenas dicen nada de la naturaleza de esta amenaza que suponen los disruptores digitales para las empresas ya asentadas, ni sobre qué estrategias pueden seguir para combatirlos.

Tanto nosotros como nuestro equipo hemos procurado ceñirnos a las cuestiones prácticas mediante talleres, eventos, programas formativos y proyectos de investigación. Hemos querido salir de la torre de marfil para fundamentar la base de nuestro conocimiento en cientos de conversaciones con directivos, digitales y no digitales, de diversos sectores y geografías. Este no es un libro sobre Cisco, pero hemos de decir que su posición privilegiada como líder facilitador del cambio digital de empresas de todo el mundo nos ha beneficiado a la hora de adquirir y aumentar nuestro conocimiento.

El contenido de *Digital Vortex* es el resultado de la investigación y los eventos del Centro DBT, entre los que se incluyen:

- Una encuesta cuantitativa a 941 líderes empresariales de compañías asentadas de todo el mundo.

- Docenas de entrevistas detalladas a fundadores y directivos de *startups* y de empresas disruptivas.

- Análisis de modelos de negocio de más de cien disruptores digitales para comprender cómo trabajan y qué valor aportan a sus clientes finales.

- Talleres y eventos en los que debatimos con miles de directivos de empresas tradicionales los desafíos que plantea la disrupción digital y qué posibilidades tienen de utilizarla para transformar sus negocios.

Todo ello nos ha permitido sacar conclusiones sobre cómo se produce la disrupción, cuáles son las estrategias adecuadas para lidiar con ella y qué capacidades deben desarrollar las organizaciones para que dichas estrategias den su fruto. Aunque es estimulante estudiar a las *startups*, hemos escrito este libro pensando en las empresas ya establecidas, aquellas que estén interesadas en prosperar en este nuevo entorno disruptivo. Somos plenamente conscientes de que muchas de las empresas emergentes de las que hablamos en el libro (por no decir la mayoría) seguramente no sobrevivirán a largo plazo. Así es el mundo de la *startup*. De modo que, si las hemos incluido, no es porque creamos que son las que derrocarán al final a los actuales líderes del mercado, ni porque queramos rendirles homenaje –de hecho, no es nuestra intención ensalzar a las *startups*, ni mucho menos–, sino porque estas (y algunos casos excepcionales entre las empresas asentadas) son las que han generado las disrupciones que mejor podíamos analizar, estudiar y extrapolar a empresas más grandes y tradicionales. A lo largo del libro incidiremos varias veces en la idea de que lo que importa es la disrupción en sí, y no el disruptor. En definitiva, la disrupción digital que estas empresas representan es lo que perdurará y lo que constituirá una verdadera fuente de cambio competitivo, la cual planteará tanto oportunidades como amenazas a las empresas tradicionales.

Definiciones

El término *digital* tiene el ambiguo honor de ser uno de los más utilizados hoy en día y, a la vez, el peor definido. Con nuestra investigación hemos podido cristalizar diversos conceptos relativos a la digitalización que nos guiarán a lo largo del libro.

- **Digital:** El concepto *digital* se refiere a la convergencia de múltiples innovaciones tecnológicas, la cual es posible gracias a la conectividad. Por supuesto, las innovaciones van evolucionando con el tiempo, pero las más relevantes a día de hoy combinan el *big data* con las analíticas, la computación en la nube con otras plataformas tecnológicas, soluciones móviles con servicios localizados, redes sociales con otras aplicaciones colaborativas, dispositivos conectados y el internet de las cosas (IoT, *Internet of Things*); inteligencia artificial con aprendizaje automático, y realidad virtual. Para nosotros, la digitalización debe basarse en una o más de estas tecnologías, y en cualquiera de los casos la clave es la conectividad entre ellas.

- **Disrupción digital:** Llamamos *disrupción digital* a la repercusión que las tecnologías y modelos de negocio digitales ejercen en la propuesta de valor y posicionamiento de una empresa en el mercado. La disrupción digital no es mala en sí misma, pero a menudo se le confiere cierta connotación negativa. No obstante, como ya veremos a lo largo de este libro, la disrupción digital trae consigo tanto oportunidades como amenazas[2].

- **Transformación digital empresarial:** Se refiere al cambio que las organizaciones deben acometer mediante el uso de tecnologías y modelos de negocio digitales para mejorar su desempeño. En primer lugar, el propósito de la transformación digital es mejorar el desempeño del negocio. En segundo lugar, esta transformación debe cimentarse en una base digital. Las organizaciones están en continuo cambio, pero, para que se considere verdaderamente como una transformación digital, debe haber estado propiciada por una o más tecnologías digitales. En tercer lugar, la transformación digital empresarial exige a su vez un cambio organizativo –que implica procesos, personas y estrategia–. En definitiva, la transformación digital es mucho más que tecnología.

Este no es un libro sobre transformación en un sentido estricto (al menos, no en el sentido clásico del término). Es el resultado del primer año de la colaboración entre IMD y Cisco en el Centro DBT y presenta las principales conclusiones a las que hemos llegado hasta la fecha. Durante los siguientes cuatro años de colaboración, nos centraremos más en cuestiones relativas a la transformación en sí y a la hoja de ruta para que las empresas acometan su cambio organizativo. Entre tanto, este libro debe considerarse como un manual para que las empresas tradicionales aprendan a aprovechar la disrupción digital y sean capaces de competir contra *startups* y otros rivales menos tradicionales.

Cómo hemos estructurado este libro

En este libro explicaremos cómo funciona la disrupción digital, cómo la crean los innovadores y qué estrategias deben aplicar las empresas tradicionales que aspiren a navegar por estas aguas. Enfocamos la transformación (es decir, el cambio organizativo) en el sentido de aumentar la agilidad general de la empresa, haciendo emerger a personas, procesos y facilitadores tecnológicos que distinguen a los disruptores digitales de las empresas tradicionales.

Hemos dividido el libro en dos partes. La primera desarrolla el concepto de *disrupción digital* con un ejemplo gráfico –al que llamaremos *vórtice digital*– así como las repercusiones que tiene en el panorama competitivo de diversos sectores. Exploramos la mecánica de la disrupción según los tipos de valor que genera para el cliente, así como los modelos de negocio con los que se puede crear ese valor. También propondremos estrategias y modelos que los directivos pueden aplicar para reaccionar ante esta disrupción. Con todo ello, las líderes del mercado aprenderán a vencer a los disruptores en su propio terreno.

En el capítulo 1 hablaremos sobre lo seria e inminente que es la amenaza que plantea la disrupción digital en todos los sectores, basándonos en una amplia serie de estudios y análisis. También explicaremos los mecanismos del vórtice digital, con lo que contextualizaremos el contenido de todo el libro. La disrupción digital es real, y estamos seguros de que quienes no reaccionen de forma adecuada sufrirán sus consecuencias súbita y gravemente. Con la analogía de un vórtice, las empresas asimilarán con mayor facilidad la naturaleza de la disrupción y los principios que la rigen. Esta analogía te ayudará a hacerte una idea de lo que es la disrupción y cómo y por qué te afectará.

El capítulo 2 explica los modelos de negocio específicos que los disruptores digitales han utilizado para aportar valor a sus clientes, y por qué su entrada en el mercado plantea un problema para las empresas ya establecidas. Describimos los tres tipos de valor que crean los disruptores digitales (valores de coste, experiencia y plataforma) por medio de quince modelos de negocio diferentes. Los más exitosos utilizan lo que nosotros llamamos disrupción combinatoria, por la que entremezclan estos modelos de negocio y crean ofertas que superan en calidad y precio a las de las empresas tradicionales. Estos modelos de negocio constituirán los pilares con los que ellas mismas también podrán generar disrupción.

En el capítulo 3, mostramos cómo ha cambiado la naturaleza de la competencia (y la de los propios agentes del mercado) en el vórtice digital. Te presentaremos el concepto de *vampiro del valor,* toda una pesadilla para las empresas establecidas. El efecto característico de estos vampiros es que reducen de forma implacable el tamaño de los mercados a los que atacan y llevan a las empresas de dicho mercado a la desesperación, luchando por compensar la pérdida de sus fuentes de ingresos y de sus márgenes (si es que llegan a sobrevivir). También hablaremos de la parte positiva de la disrupción digital, la posibilidad para las empresas establecidas de que utilicen los modelos de negocio digitales y ellas mismas sepan aprovechar las nuevas oportunidades. Las llamamos *vacantes del valor* porque, en el vórtice digital, las ventajas competitivas son de todo menos permanentes.

En el capítulo 4 veremos que, dado que aparecerán vampiros del valor y otros disruptores que amenazarán a sus principales negocios, las empresas deberán aprender a convertir sus debilidades en fortalezas. Deberán comprender la diferencia crítica que hay entre revolucionar un mercado y, de hecho, ocuparlo (es decir, hacerse con él). Para ello, te presentaremos cuatro posibles estrategias: dos defensivas (cosecha y repliegue) y dos ofensivas (disrupción y ocupación). Estas estrategias te ayudaran a entender lo que hace falta para competir en el entorno disruptivo del vórtice digital.

En la segunda parte analizaremos tus posibilidades para reaccionar ante la disrupción mediante el desarrollo de tu agilidad. A nuestro entender, la agilidad será la única y más importante arma en el arsenal de las organizaciones en un mundo cada vez más digital. Sin una agilidad robusta, será imposible alcanzar un éxito sostenible en el vórtice digital.

Aunque en cada empresa y sector se puede desarrollar la agilidad de diferentes formas, sus conceptos y capacidades básicos son los mismos. Si desarrollas una agilidad fuerte en tu empresa, podréis adaptaros con rapidez a las condiciones cambiantes del mercado e, incluso, anticiparos y beneficiaros de dichos cambios. Tendréis la capacidad de detectar cómo los disruptores podrían atacar vuestro mercado y cuál podría ser vuestra réplica para que la propuesta de valor sea aún más atractiva para vuestros clientes. Aprenderéis a detectar la aparición de un disruptor digital o de una oportunidad en un mercado contiguo. Para sobrevivir en el vórtice digital debéis transformar vuestra empresa, y la transformación exige agilidad.

En el capítulo 5 hablaremos de la agilidad empresarial digital, la capacidad que las empresas deben desarrollar para poder utilizar los modelos de negocio digitales y crear las nuevas formas de valor. La agilidad empresarial digital consta de tres componentes que se complementan y refuerzan mutuamente: hiperconciencia, toma de decisiones informada y rapidez en la ejecución. Definiremos estos conceptos y te mostraremos por qué te conviene combinar los tres si quieres ser competitivo en el vórtice digital.

Del capítulo 6 al 8 desarrollaremos cada uno de estos tres componentes de la agilidad empresarial digital y te daremos ejemplos de empresas –tanto ya establecidas como *startups*– que los están aplicando, y cómo. Destacaremos cuáles serán las siguientes prácticas y las nuevas tecnologías que debes considerar a medida que vayas desarrollando tus propias capacidades de hiperconciencia, toma de decisiones informada y rapidez en la ejecución. Juntos, estos componentes te permitirán ser consciente tanto de las amenazas como de las oportunidades, tomar siempre buenas decisiones y actuar con rapidez, condición necesaria para prosperar en la disrupción digital. Podría decirse que los cambios operativos que hacen falta para desarrollar la agilidad empresarial digital es una especie de disrupción digital interna al servicio del desarrollo de capacidades superiores.

En las conclusiones nos centraremos en explicarte cómo puedes aplicar en tu organización los resultados e ideas de nuestra investigación. Te propondremos ejercicios para que puedas determinar cuán vulnerable es tu empresa a la disrupción digital y qué medidas puedes tomar para combatirla y preparar tu ofensiva. El objetivo de este libro es que comprendas cómo operan los disruptores y que aprendas a competir en un nuevo mundo que será incierto y volátil. En última instancia, vosotros tendréis que determinar cómo materializaréis la hiperconciencia, la toma de decisiones informada y la rapidez en la ejecución en vuestra empresa. Por último, te facilitaremos algunos modelos y herramientas para que os sirvan de guía en vuestra aventura transformadora, y comentaremos nuestra perspectiva sobre las grandes preguntas que afligirán a los líderes en los próximos años, a medida que asimilen lo que implica competir en el vórtice digital.

PARTE

LA DISRUPCIÓN EN EL VÓRTICE DIGITAL

La diferencia entre la disrupción digital y el panorama competitivo tradicional radica en dos factores principales: la velocidad con la que se produce el cambio y los riesgos que conlleva. Los disruptores digitales innovan con gran rapidez para ganar cuota de mercado y escalar mucho más deprisa que los competidores que se aferran a modelos eminentemente físicos. El verdadero peligro de esta nueva competencia es que son capaces de generar bases de usuarios ingentes prácticamente de la noche a la mañana. Además, son lo suficientemente ágiles como para explotar modelos de negocio perjudiciales para las empresas existentes de un mercado, e incluso de varios a la vez.

Uno de los ejemplos más representativos lo encontramos en la industria de las telecomunicaciones. En 2009, WhatsApp comenzaba a atacar el mercado de la mensajería de texto, valorado en 100 000 millones de dólares[1], ofreciendo una alternativa gratuita al hasta entonces costoso servicio de SMS. Enseguida añadieron un servicio de llamadas, también gratuito. El potencial de la plataforma de WhatsApp, con 800 millones de usuarios, atrajo la atención de Facebook, quien adquirió la compañía por 22 000 millones de dólares en 2014[2]. Pero, el de las telecomunicaciones, no es el único sector que Facebook pretende revolucionar con WhatsApp y sus otras marcas. Acaban de introducir los pagos entre pares (*peer-to-peer,* P2P) en Facebook Messenger y ahora se disponen a ofrecer este mismo servicio a los usuarios de WhatsApp. Además, están probando un modelo de negocio que podría disputar a Google su supremacía en el mercado de la publicidad móvil: un servicio de pago para las empresas para que puedan contactar directamente con sus usuarios. Y toda esta disrupción ha surgido de una única plataforma innovadora con la aparentemente simple función de facilitar el envío gratuito de mensajes entre *smartphones*.

En cierto modo, el posible éxito o fracaso de estas iniciativas es irrelevante[3]. Algunas estrategias darán resultado y otras no, inevitablemente. Pero no cabe duda de que el listón se ha puesto increíblemente alto, no solo de cara al potencial de ingresos de Facebook, sino para todas las empresas a las que afecte esta disrupción. Se estima que, entre 2012 y 2018, WhatsApp y otros servicios de transmisión libre (*over-the-top*, OTT) harán perder, solo con las llamadas a móviles, unos 386 000 millones de dólares al sector global de las telecomunicaciones[4]. ¿Cuántas empresas crees que se pueden permitir una reducción de tal magnitud en su negocio principal?

Pero no creas que la disrupción digital solo es cosa de empresas tecnológicas. Como ya demostraremos a lo largo del libro, sus secuelas ya se extienden por muchos sectores, incluso en aquellos que siempre se han considerado más tradicionales como, por ejemplo, el de la moda de alta gama. Este sector, que suele quedarse rezagado a la hora de adoptar los cambios digitales, ya conoce casos de disrupción tanto por firmas existentes y perspicaces, como Burberry, como por nuevos competidores como Net-A-Porter y Gilt (que ya están en Saks Fifth Avenue, los grandes almacenes de lujo de Estados Unidos). También las industrias B2B (*business-to-business* o negocio entre empresas) empiezan a percibir este fenómeno, por ejemplo, las industrias agraria, bancaria, comercial, eléctrica, manufacturera, farmacéutica, inmobiliaria, de seguros, servicios profesionales, cadenas de suministro, logística, etc.

Ante la amenaza de la disrupción, lo primero que deben comprender las empresas es la naturaleza del cambio competitivo que representa, es decir, conocer la tecnología y modelos de negocio que serán más disruptivos para poder preparar su estrategia. Con el fin de tener una visión más clara de la repercusión que la disrupción digital tendrá en los mercados de todo el mundo, el Centro DBT encuestó a 941 directivos de doce sectores y trece países. Sus respuestas, que expondremos a lo largo del libro, revelan que la disrupción digital ha abocado a muchos sectores a un estado de constante evolución cuya velocidad no hace sino acelerar.

1. La dinámica de la disrupción

En los últimos tres años, el número de estos disruptores digitales capaces de generar millones de usuarios (y valores de miles de millones) ha crecido considerablemente. En la jerga del capital riesgo, llamamos *unicornio* a una *startup* valorada en, al menos, 1000 millones de dólares. Si bien se denominan así por la singularidad de la criatura a la que aluden, lo cierto es que cada vez son más habituales en el panorama competitivo, y es que los fondos de capital riesgo no dejan de buscar al próximo Alibaba (el *e-commerce* chino que en 2014 levantó 25 000 millones de dólares, la mayor OPI u oferta pública inicial de la historia)[5].

Según los estudios de CB Insights, a mediados de 2016 había más de 150 unicornios[6], 14 de ellos valorados en más de 10 000 millones de dólares, y solo dos (Uber y el fabricante chino de *smartphones,* Xiaomi) sumaban casi 100 000 millones[7].

Cuadro 1.1 Previsiones de declive

Fuente: Global Center for Digital Business Transformation (DBT), 2015

A partir de nuestro estudio hemos sacado conclusiones bastante preocupantes sobre la trascendencia que la disrupción tendrá para las empresas existentes del mercado y sobre su capacidad para adaptarse. Como mostramos en el cuadro 1.1, los directivos de nuestra encuesta creen que, de media, cuatro de las diez grandes empresas (por cuota de mercado) perderán su puesto durante los próximos cinco años a causa de la disrupción digital. Se prevé que las mayores pérdidas de puestos se darán en la industria de las telecomunicaciones (4.3) y las mínimas en la del petróleo y el gas (2.5). Pero el peligro va más allá de la «mera» pérdida de puestos de grandes compañías. Ahora se trata de la supervivencia de industrias enteras. Los directivos de los sectores que hemos estudiado creen que con la disrupción digital ha aumentado significativamente el riesgo de ser expulsado del mercado (cuadro 1.2).

Cuadro 1.2 Crisis existencial

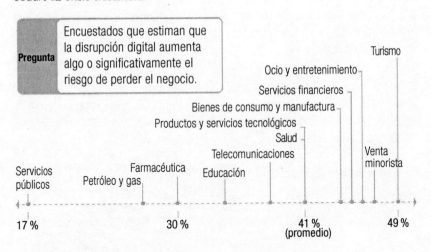

Fuente: Global Center for Digital Business Transformation (DBT), 2015

Pese a esta nefasta previsión, el 45 % de nuestros encuestados no consideran que la disrupción digital sea un problema que deba preocupar a su consejo de administración (cuadro 1.3). Y esta indiferencia existe incluso en sectores como el del turismo o las telecomunicaciones, que ya llevan más de diez años sometidos a las embestidas de la disrupción.

Cuadro 1.3 ¿Preocupado? ¿Yo?

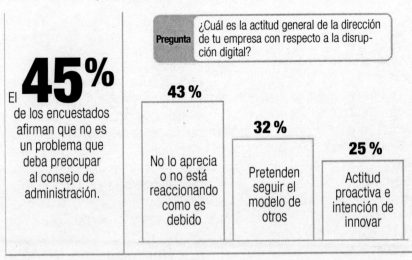

Fuente: Global Center for Digital Business Transformation (DBT), 2015

Con tal despreocupación, no es de extrañar que sus estrategias para competir en este entorno sean tan poco acertadas. Alrededor del 43 % de las empresas, o bien no son conscientes del riesgo que supone la disrupción digital, o bien no lo están abordando como deberían (cuadro 1.3). Casi un tercio se limita a observar para luego seguir los pasos de quienes tengan éxito. Sin embargo, dada la velocidad y los riesgos que entraña la disrupción digital es del todo improbable que un 32 % de las empresas sobreviva con una estrategia de imitación. Solo el 25 % declaró tener una actitud proactiva y la intención de innovar ellos mismos para competir.

2. El vórtice digital *(digital vortex)*

Es tal la velocidad, caos y complejidad que trae consigo la disrupción digital que apenas se pueden identificar patrones o tendencias, y mucho menos trazar un plan de acción eficaz. Aun así, es vital que las empresas conozcan sus entresijos básicos si aspiran a diseñar estrategias con las que protegerse (o aprovecharse) de ella.

El símil de los vórtices ilustra a la perfección el efecto que la disrupción causa en empresas e industrias porque ejercen una fuerza rotatoria que atrae hacia su centro cualquier cosa que haya a su alrededor. Los vemos, por ejemplo, en los remolinos o en las estelas turbulentas que provocan los aviones al despegar. Aunque los vórtices son un fenómeno complejo, tienen tres características básicas que también son aplicables a la disrupción digital:

1. Ningún objeto puede escapar a la fuerza de atracción del vórtice. Además, conforme el objeto se aproxima al centro, su velocidad aumenta exponencialmente[8].

2. El caos en los vórtices es extremo. Un objeto puede pasar directamente de la periferia al centro de un momento a otro. O no. Dicho de otro modo, la trayectoria de estos objetos no es uniforme ni predecible.

3. A su paso hacia el centro del vórtice, los objetos colisionan, se despedazan o bien se mezclan unos con otros.

En definitiva, el vórtice digital es la fuerza que, irrevocablemente, atrae a las industrias hacia su centro digital, donde los modelos de negocio, ofertas y cadenas de valor se digitalizarán hasta sus últimas consecuencias. Su flujo rotatorio revuelve lo físico con lo digital dando lugar a elementos que, al combinarse, crean nuevas disrupciones y desdibujan los límites entre las industrias.

Nosotros empezamos a concebir la disrupción digital como un vórtice mientras analizábamos los datos de nuestra encuesta para determinar qué industrias se verían más afectadas en los próximos cinco años. Pedimos a los directivos de los doce sectores de nuestro estudio que estimaran la probabilidad de disrupción según cuatro variables (que mostramos en el anexo A, «Metodología para el vórtice digital»)[9]. Con sus respuestas elaboramos una clasificación que predecía el alcance de la disrupción digital en cada sector.

Las industrias en las que más se van a notar sus efectos son aquellas en las que la digitalización está más presente. Las de la periferia aún son menos vulnerables y, de momento, gozan de cierta inmunidad. Pero, en última instancia, todas las industrias –incluidas las que se han mantenido estables en los últimos años– acabarán acusando el cambio en el panorama competitivo antes o después.

Como vemos en el cuadro 1.4, el sector que experimentará una mayor transformación de aquí a 2020 será el de los productos y servicios tecnológicos. Será un caso único no solo porque sentará las bases tecnológicas para el resto de disrupciones, sino que, por su proximidad al centro, también reflejará el alcance de la actual. En la industria farmacéutica, sin embargo, las secuelas serán mínimas al estar en la periferia, pero no por ello es menos vulnerable. Las innovaciones tecnológicas como la medicina personalizada, la secuenciación del ADN y la influencia que ejercen los *marketplaces* digitales en los costes empiezan a hacer presión en compañías farmacéuticas de todo el mundo.

El centro del vórtice digital representa una «nueva normalidad» que se caracteriza por la rapidez y constancia del cambio a medida que las industrias vayan haciéndose cada vez más digitales. La posición de una industria con respecto al centro del vórtice digital indica el grado de competitividad al que se enfrentarán las empresas de dicha industria, no tiene que ver con que su potencial digital sea mayor o menor. El centro tampoco significa que el fenómeno haya terminado ni que se haya alcanzado un punto de estabilización. Por último, que un sector o empresa estén próximos al centro tampoco significa que se vayan a ir por el sumidero.

Cuadro 1.4 Disrupción digital de cada industria

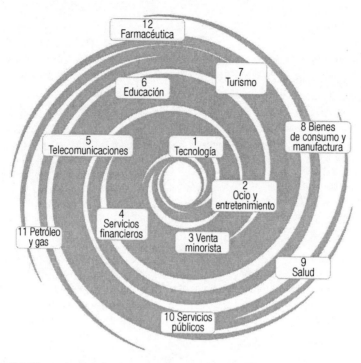

Fuente: Global Center for Digital Business Transformation (DBT), 2015

3. Efecto dominó: El coche autónomo

Veamos un ejemplo de innovación digital capaz de influir en diversos sectores a la vez. La automoción se sitúa en la periferia del vórtice digital, dentro de la industria manufacturera así que, en comparación con los servicios financieros y las telecomunicaciones –más próximos al centro del vórtice–, aún goza de relativa seguridad. Pero veamos qué perspectivas aguardan a esta industria ahora que ha aparecido una disrupción clave: el coche autónomo. Según las últimas previsiones, habrá 10 millones de vehículos autónomos en 2020[10] y constituirán el 15 % de los coches nuevos que se vendan en 2030[11]. De hecho, ya existen coches semiautónomos que se conducen y aparcan solos. Google y Apple, entre otras empresas, investigan su desarrollo, y Tesla ya ha incorporado muchas funcionalidades autónomas en su gama de coches eléctricos. Supongamos por un momento que los coches autónomos acaban imponiéndose.

¿Qué sectores notarán el cambio cuando los coches autónomos dominen las carreteras? Algunas de estas respuestas son obvias. Las propias fábricas de coches, sin ir más lejos. Con el coche autónomo, seguramente se popularizarán los viajes en coches compartidos, por lo que cada vez menos personas necesitarán (o querrán) comprar su propio coche y, por consiguiente, no será necesario fabricar tantos. El sector de reparaciones también lo notará, porque el índice de accidentes será menor con los coches autónomos. No es ningún secreto que la mayoría de los accidentes se deben a errores humanos. McKinsey prevé que el coche autónomo reducirá este índice en un 90 %[12]. También afectará al transporte público. El coche autónomo podrá desplazarse desde un punto A a un punto B por lo que, para los viajeros, será más cómodo que los trenes o los autobuses al no quedar condicionados por sus rutas preestablecidas. Cada vez se necesitarán menos taxis o, mejor dicho, taxistas. Es más, todos los conductores profesionales estarán en el punto de mira.

Y podríamos citar otros muchos sectores. Por ejemplo, las empresas de mensajería se enfrentarían a una nueva competencia, armada con equipos capaces de entregar paquetes de forma autónoma, como estamos viendo ya con el modelo de envíos con drones que utilizan empresas como SF Express[13]. Quizá los hoteles notarán una menor ocupación si la gente opta por pasar la noche en sus coches durante los viajes largos. Puede que las aerolíneas pierdan clientes por ese mismo motivo. Las compañías de seguros tendrán que reformular las cláusulas de riesgos en sus pólizas de automóvil. También tramitarán menos demandas y tendrán que aplicar precios más bajos dado que habrá menos accidentes. A su vez, el sector sanitario tendría menos pacientes que atender. También el cuerpo de policía dedicaría menos tiempo a poner multas.

Otras consecuencias son menos evidentes. Por ejemplo, si circulan menos coches es lógico pensar que no hará falta destinar tanto espacio a los aparcamientos, lo que puede suponer un problema para el negocio de los garajes e, incluso, para las arcas municipales. A su vez, todo este espacio que se ganaría al no necesitar tantas plazas de aparcamiento (que ocupan aproximadamente un tercio de las ciudades) podría dar pie a una regeneración urbana que desencadene un nuevo *boom* inmobiliario (o lo corrija)[14]. Y, hablando de espacio, seguramente el entorno rural vería un nuevo renacer. Con el coche autónomo, las personas podrían aprovechar los trayectos para trabajar. Así, no sería tan imprescindible residir cerca del lugar de trabajo y la vida en el campo volvería a resultar atractiva. También, al no tener la obligación de prestar atención a la carretera, el coche autónomo podría utilizarse como un lugar más de ocio y entretenimiento. Se podrían entregar comida o compras a domicilio, lo que afectaría a restaurantes y minoristas. El coche autónomo también favorecerá la lucha contra el cambio climático porque la caída en la producción de vehículos contribuirá a que la congestión del tráfico sea menor, así como el impacto medioambiental[15].

Si nos paramos a pensarlo, no es difícil hacerse una idea de la repercusión que esta innovación puede llegar a tener en todas las grandes capas de la economía. De hecho, según nuestros cálculos, afectará a todas las industrias que mostramos en el cuadro 1.4, para bien en algunas, para mal en otras.

4. Las lastradas empresas tradicionales

En nuestra encuesta, pedimos a los directivos que indicaran cuándo creían que la disrupción digital llegaría (refiriéndonos al momento en el que se produciría un cambio sustancial en las cuotas de mercado de las empresas tradicionales) a sus respectivos sectores, si es que creían que eso llegaría a suceder. La respuesta media fue de 36 meses, lo que representa un aumento en la variación de la competencia considerable en comparación con los niveles históricos.

Las empresas tradicionales se enfrentan al denominado *dilema de los innovadores*. Como Clayton Christensen, de Harvard Business School, apuntó, «el motivo de que a las empresas tradicionales les cueste tanto aprovecharse de las innovaciones disruptivas es que sus procesos y modelos de negocio les hace buenos con relación a su negocio actual, pero poco competitivos en un contexto de disrupción[16]». A pesar de ello, tienen armas con las que defenderse, aunque ahora se sientan limitados por su inclinación a hacer las cosas a la antigua usanza, por las expectativas de las partes interesadas, por sus estructuras de costes o por otros factores.

La mayoría de ellos está segura de que la disrupción vendrá desde dentro del sector, es decir, tanto por empresas ya existentes como por las *startups* que surjan dentro de este (cuadro 1.5). Los directivos que operan en industrias en las que se han dado más casos de *startups* innovadoras (por ejemplo, las de ocio y entretenimiento, telecomunicaciones y venta minorista) creen que las empresas emergentes seguirán liderando la disrupción. Lo cual no quiere decir que la amenaza no pueda provenir de otros sectores. Como ya veremos más adelante, la disrupción puede hacer que surja prácticamente de la nada un competidor ajeno a un determinado sector y que de pronto suponga una amenaza para las empresas de este. Venga de donde venga la disrupción, ya sea desde dentro como desde fuera, la inercia hacia el centro del vórtice digital será imparable.

Cuadro 1.5 Revolución interna versus allanamiento

Pregunta ¿Quién crees que revolucionará tu sector?

% de encuestados

Empresa existente
- Empresa ajena a mi sector
- Empresa de mi sector

Startup
- Empresa ajena a mi sector
- Empresa de mi sector

100 %
75 %
50 %
25 %

Salud · Servicios públicos · Petróleo y gas · Farmacéutica · Servicios financieros · Educación · Hostelería Turismo · Prod. y servicios tecnol. · Bienes de consumo y manufact. · Venta minorista · Telecomunicaciones · Ocio y entretenimiento

Fuente: Global Center for Digital Business Transformation (DBT), 2015

Veamos ahora un ejemplo de cómo las *startups* han revolucionado una de las industrias más tradicionales: la educación superior. Aunque la mayoría de nuestros encuestados de esta industria creen que la disrupción provendrá de empresas existentes, el 41% también teme el auge que están experimentando las *startups* de enseñanza tecnológica. Los denominados MOOC (por sus siglas en inglés, que significan 'curso en línea masivo y abierto'), como Coursera o Udacity, demuestran que la enseñanza universitaria a distancia tiene posibilidades con su modelo escalable y de bajo coste que combina una plataforma de contenidos especializados con una comunidad de alumnos. Pluralsight –que, a mediados de 2016, era el único unicornio de la educación– buscaba dominar el creciente mercado de la formación técnica en informática y TI (tecnología de la información) y, para ello, se sirvió de diversas adquisiciones que le permitieron ampliar su catálogo[17]. Los elevados costes de la educación superior en algunos países ponen en tela de juicio el valor que aportan las instituciones tradicionales. La valoración de las universidades, incluso de las más prestigiosas del mundo, empieza a depender de que compitan también con algún servicio de bajo coste o gratuito.

Según los directivos de nuestra encuesta, las *startups* juegan con ventaja a la hora de crecer y desbancar a las empresas tradicionales, y no precisamente porque tengan más visión o un gran plan (aunque a Elon Musk no le vino nada mal), sino porque poseen las siguientes capacidades (cuadro 1.6):

• Rapidez a la hora de innovar

• Agilidad

• Cultura de experimentación y capacidad para asumir riesgos

Está claro que la capacidad de seguir innovando y de adaptarse rápidamente a los cambios es una ventaja crítica, incluso más importante que cualquier innovación de cualquier *startup* (ahondaremos en este concepto de agilidad organizativa en el capítulo 5).

Cuadro 1.6 La suerte sonríe a los valientes

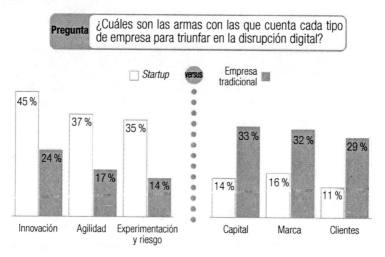

Pregunta ¿Cuáles son las armas con las que cuenta cada tipo de empresa para triunfar en la disrupción digital?

☐ *Startup* **versus** Empresa tradicional ▉

Innovación: 45 % / 24 %
Agilidad: 37 % / 17 %
Experimentación y riesgo: 35 % / 14 %
Capital: 14 % / 33 %
Marca: 16 % / 32 %
Clientes: 11 % / 29 %

Fuente: Global Center for Digital Business Transformation (DBT), 2015

Por su parte, las empresas asentadas juegan con la ventaja que les confiere su posición en el mercado:

- El acceso al capital

- La fuerza de su marca

- Su amplia cartera de clientes

Ante cualquier agitación en la competencia, las grandes empresas pueden apuntalar su posición con la emisión de nuevas acciones, accediendo a deuda con intereses bajos o disponiendo de sus sustanciosos flujos de caja. Otras lo hacen a base de labrar y fortalecer su marca durante décadas, y algunas llegan a valer miles de millones (según Interbrand, la marca de Apple valía 170 000 millones de dólares en 2015)[18]. Además, por definición, las empresas asentadas cuentan con buenas carteras de clientes.

Sin embargo, muchas de estas ventajas dependen de la escala, un factor que se está convirtiendo cada vez más en una cualidad efímera y «de serie». Fíjate en Wells Fargo, por ejemplo, el segundo mayor banco de depósitos de Estados Unidos[19]. La primera vez que ofreció servicios de banca digital fue en 1995[20] y ahora ostenta nada menos que 25 millones de usuarios activos en su plataforma *online*[21] y 14 100 000 en su aplicación móvil[22]. Pero, frente a tan esmerado esfuerzo, MyFitnessPal –una aplicación móvil para dispositivos ponibles (*wearables*), como Fitbit, para el control de la dieta y el ejercicio– se ha hecho con más de 80 millones de usuarios en menos de 10 años[23, 24].

De Snapchat, unicornio del segmento de envío de vídeos e imágenes, se rumorea que ya tiene más de 200 millones de usuarios activos al mes[25], lo que equivale aproximadamente a toda la población de Brasil. En mayo de 2015, Snapchat logró 537 millones de dólares en inversión y se valoró en más de 16 000 millones de dólares[26].

Estos ejemplos demuestran que las primeras líneas de defensa que hasta ahora protegían a las empresas tradicionales ya pueden franquearse con mayor facilidad. Como diría Geoffrey Moore, experto en comportamiento organizacional, se debe a que «la mayoría tardía» ya ha «cruzado el abismo»[27] y ha adoptado hábitos digitales (por ejemplo, el uso diario de dispositivos móviles y aplicaciones) que antes eran más propios de innovadores y usuarios pioneros o *early adopters*. Como ya vimos con el ejemplo de WhatsApp, tener una amplia base de clientes ya da pie a crear modelos de negocio disruptivos que trascienden abismos de otra clase: los que históricamente han separado a unas industrias de otras.

5. Es el valor, no la cadena de valor

Como decíamos, la trayectoria de los objetos en los vórtices es del todo impredecible. Pueden pasar de la periferia al centro de un momento a otro. Puede que los empresarios de los sectores que ahora están en los extremos del vórtice digital –como el farmacéutico, por ejemplo– caigan en la tentación de creerse a salvo de la disrupción. Y quizá estén en lo cierto, por ahora. Aunque harían bien en tomar nota de lo que han padecido los taxistas. Nadie hubiese dicho hace cinco años que un colectivo como este sería tan vulnerable a una revolución digital, pero el caso es que hoy en día están bajo asedio. De pronto se han visto en el mismísimo centro del vórtice, obligados a competir con empresas digitales como Uber y Lyft.

¿Y qué decir del sector de servicios públicos? Si te acuerdas, lo habíamos clasificado en el puesto 10 (de 12) de nuestra lista, es decir, que según nuestro estudio es uno de los menos vulnerables a la disrupción. Producir y distribuir electricidad exige una gran inversión de capital para las empresas del sector, pero el valor final que percibe el consumidor es la energía y ya se está produciendo una disrupción significativa en el campo de las energías renovables. Por ejemplo, el 26 % de la electricidad que consume Alemania procede de fuentes renovables (el 22 % proviene de la energía solar)[28], mientras que en Escocia es más de la mitad[29]. Las fluctuaciones y desafíos logísticos inherentes a la producción de energía solar, sin embargo, así como la flexibilidad necesaria para integrar en la red la electricidad procedente de los paneles solares, requiere una tecnología digital que la haga posible: una red inteligente.

La ya tan conocida Tesla es todo un ejemplo de disrupción digital. Hasta hace poco, la industria que había revolucionado era sobre todo la de la automoción. Su capacidad para mejorar las prestaciones de sus vehículos eléctricos mediante descargas de *software* ha hecho que los coches sean cada vez más valiosos para sus dueños, lo que representa todo un desafío para los principales fabricantes del mercado. Sin embargo, en mayo de 2015 presentó unas baterías muy económicas para el autoconsumo de electricidad, tanto para el hogar como para empresas, con la capacidad de almacenar energía desde paneles solares y también de utilizar la red eléctrica durante las horas valle[30].

La amenaza que Tesla representa por su tecnología (baterías y *software*) para la competencia automovilística, bien puede serlo también para quienes producen y almacenan electricidad. Con ejemplos como este y, sobre todo, por la facilidad con la que se pueden aplicar a diversas industrias y modelos de negocio, debería bastar para alarmar a las empresas del mercado. Un solo invento o plataforma puede redefinir sectores que, en principio, no tienen nada que ver, lo cual hace que sea muy difícil adivinar quiénes serán los competidores más peligrosos o de dónde saldrán. Por eso, quienes creen que las empresas de sectores ajenos no representan un peligro para sus negocios caerán víctimas de su propia falta de imaginación.

Otro ejemplo es cómo las *fintech* (*startups* del sector tecnofinanciero) han revolucionado la banca a base de descomponer sus productos y servicios –con lo que han pegado un buen mordisco a sus líneas de negocio más lucrativas y han eludido las barreras de entrada que tenían que superar los bancos de servicios integrales. Estas *startups* combinan tecnologías y modelos de negocio (por ejemplo, analíticas o automatización) para digitalizar sus ofertas, lo cual les permite atacar a más de un negocio a la vez y satisfacer necesidades hasta entonces desatendidas en el mercado.

La digitalización de productos, servicios y procesos permite a las empresas disruptivas ofrecer el mismo valor que las tradicionales, e incluso aumentarlo, sin necesidad de aplicar las cadenas de valor convencionales. De hecho, ese es precisamente su objetivo: entregar más valor al consumidor final sin tener que pasar por el aro de las inversiones de capital, requisitos normativos y demás complicaciones típicas que «lastran» a las empresas tradicionales. Lo que les importa es el nuevo y mejorado valor que puedan crear para el cliente, no la cadena de valor de sus productos o servicios. En el siguiente capítulo analizaremos las diferentes formas de valor que aportan al cliente.

Cuadro 1.7 Nadie está a salvo

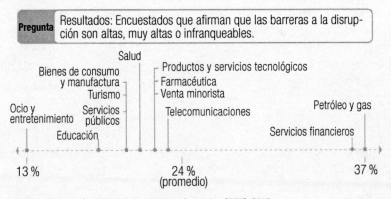

Pregunta Resultados: Encuestados que afirman que las barreras a la disrupción son altas, muy altas o infranqueables.

Salud
Bienes de consumo y manufactura
Turismo
Productos y servicios tecnológicos
Farmacéutica
Venta minorista
Ocio y entretenimiento
Servicios públicos
Telecomunicaciones
Petróleo y gas
Educación
Servicios financieros

13 %   24 %   37 %
           (promedio)

Fuente: Global Center for Digital Business Transformation (DBT), 2015

La sensación de seguridad que percibimos entre nuestros encuestados se debía sobre todo a las defensas que creen inherentes a sus industrias. El 25 % cree que su sector opone altas barreras a la disrupción digital, especialmente los sectores de petróleo y gas y de servicios financieros, con un 37 % y 36 % respectivamente (cuadro 1.7). Cuando hablamos de barreras nos referimos a costes de capital, trabas normativas y a la complejidad de los procesos de negocio. Sin embargo, la mayoría de los disruptores no tienen la mínima intención de competir en estos términos.

6. Consecuencias

Este fenómeno está transformando muchos sectores de la economía e incluso facetas de nuestra propia vida. La disrupción digital ha alcanzado tal punto que ya convergen múltiples transiciones tecnológicas a la vez (la nube, *big data*, internet móvil, social, etc.). Pero ¿qué sucede cuando dos fuerzas exponenciales colisionan entre sí? ¿Se duplican sus efectos? ¿Aumenta el orden de magnitud? ¿Cambian su trayectoria? ¿O se transforman en algo totalmente nuevo?

A su paso hacia el centro del vórtice digital, las industrias colisionan unas con otras, se disocian sus fuentes de valor y se fusionan entre sí dando lugar a nuevas formas de competencia. A medida que el grado de digitalización aumenta, las industrias se desintegran y refunden de tal manera que el mismísimo concepto de *industria* pierde su sentido. Esta forma de competir y clasificar a las empresas por clubs como «sector bancario» o «servicios públicos» resultará insólito de aquí a las próximas décadas. ¿A qué sector pertenecen Tesla o Apple? Lo que debería estar preguntándose el 44 % de nuestros encuestados, que subestiman la amenaza de la disrupción digital, es ¿por qué habríamos de ser nosotros la excepción? ¿En qué momento la confianza deja de ser una virtud y se torna en complacencia? Es increíble cómo los cambios exponenciales parecen lineales hasta que, de pronto, alcanzan lo que el futurista Raymond Kurzweil llama *la rodilla de la curva,* es decir, su inflexión, cuando ya es demasiado tarde para reaccionar[5].

Los innovadores disruptivos están digitalizando partes incluso más pequeñas de la cadena de valor en prácticamente todas las industrias, lo que hace que la valía se esté atomizando y que muchos de los fondos de utilidades (o *profit pools*) de los que tradicionalmente dependían las empresas empiecen a dar pérdidas. Según nuestro estudio, los empresarios estiman que la disrupción digital golpeará a un significativo 40 % de las empresas (puede que incluso fatalmente) en los próximos cinco años. Pero no todo está perdido. Como queremos demostrar con este libro, las empresas tradicionales que sepan aprovechar las tecnologías y modelos de negocio digitales tienen una oportunidad de salir victoriosas.

Por otro lado, nuestra encuesta también destaca ciertos factores que ponen en duda la presteza de estas empresas a la hora de combatir a sus nuevos rivales digitales. Existe un concepto conocido como *abandono prematuro del núcleo*[32], es decir, cuando las empresas que tienen éxito toman la equivocada decisión de expandirse en nuevos mercados en detrimento de sus principales fuentes de ingresos. Así es como muchos líderes de mercados han acabado arruinándose. La mayoría de las empresas maduras aún ostentan un valor considerable que pueden –y deben– extraer si digitalizan sus operaciones y sus procesos internos clave. Además, cuando sus beneficios están en máximos históricos, puede que una estrategia defensiva sea la mejor opción, y a menudo lo es[33]. En el capítulo 4 detallaremos las diversas estrategias que las empresas tradicionales pueden aplicar en cada momento para combatir la disrupción digital.

No obstante, a veces la mejor defensa es un buen ataque. El Fondo Monetario Internacional prevé que, tras un prolongado período de estancamiento, el PIB mundial recuperará una tasa de crecimiento estable[34] y que se aproximará al 4 % anual hacia 2020[35]. McKinsey, sin embargo, proyecta una imagen muy distinta con su reciente análisis. Pese al enorme aumento de beneficios que han experimentado las empresas durante las últimas dos décadas, prevé que sus márgenes caerán un 15 % hacia 2025[36] debido a la competencia procedente de las economías emergentes y también a los disruptores digitales. Y hace hincapié en que «las empresas de tecnología punta están introduciendo nuevos modelos de negocio e infiltrándose en nuevos sectores. Pero no son la única amenaza. Plataformas tan potentes como Alibaba y Amazon constituyen verdaderos trampolines para miles de pequeñas y medianas empresas, dotándolas de visibilidad y recursos suficientes como para competir con las grandes empresas[37]». Por tanto, el vórtice digital agravará claramente la presión en los márgenes y exigirá que las empresas existentes apliquen estrategias más disruptivas.

Con esto no queremos decir que de pronto debas ignorar todo lo que te ha llevado al éxito hasta ahora. Tampoco significa que tengas que imitar ciertas tácticas digitales solo porque estén de moda.

Tiene más que ver con cuestionarse las estrategias pasadas y atreverse a probar nuevas formas de aportar valor a los clientes.

VALOR Y MODELOS DE NEGOCIO DIGITALES

2

1. Los tres tipos de valor que percibe el cliente

Ahora que las industrias se van aproximando al centro del vórtice digital –donde la disrupción es más intensa– es vital tener claro que la tecnología no es la única causante de este fenómeno, sino que, lo que ahora marca la diferencia, es el hecho de que la tecnología digital permite aplicar nuevos modelos de negocio que, a su vez, crean un nuevo tipo de valor al cliente de forma novedosa.

¿Y qué es un modelo de negocio? Al igual que *digital*, es un término que tiene demasiadas definiciones, pero nosotros preferimos la que Alexander Osterwalder y Yves Pigneur dan en su libro *Generación de modelos de negocio*: «Un modelo de negocio describe las bases sobre las que una empresa crea, proporciona y capta valor[1]».

Los modelos de negocio disruptivos que han engendrado las tecnologías digitales se pueden clasificar según el tipo de valor que aportan al cliente[2]. Según el estudio del Centro DBT los principales valores que aportan los disruptores digitales son de tres tipos: valor de coste, valor de la experiencia y valor de la plataforma.

Hemos examinado los modelos de negocio de más de cien disruptores digitales, tanto del ámbito B2C (*business-to-consumer* o del negocio al consumidor) como B2B, para llegar a comprender la dinámica de la disrupción digital y los hemos clasificado según estos valores (cuadro 2.1). El objetivo de catalogarlos así no es solo saber de dónde saldrán las amenazas (de suceder, seguramente será a raíz de uno o varios de estos modelos de negocio), sino hacer una especie de lista que dé ideas a las empresas existentes, para que ellas mismas también puedan innovar (examinaremos este punto detenidamente en el capítulo 4).

Por ahora, analizaremos los tres tipos de valor que percibe el cliente y los cinco modelos de negocio principales que permiten crearlos (en total, quince modelos de negocio). Además, pondremos diversos ejemplos reales (tanto de *startups* como de empresas tradicionales) para ilustrar cómo han revolucionado el mercado con estos modelos.

Los casos más revolucionarios se caracterizan por utilizar más de uno de estos modelos a la vez y por su habilidad al combinarlos, ya que, al hacerlo, no solo crean valor para el cliente, sino que agudizan la disrupción en el mercado. No te preocupes, ahondaremos en todo esto a continuación.

1.1. El valor de coste

Probablemente el tipo de valor que deja las secuelas competitivas más fuertes. Consiste en ofrecer el producto o servicio al cliente final a un precio más reducido. La virtualización (o desmaterialización) de productos y servicios es uno de los factores clave que permite a los disruptores digitales reducir sus costes. Evidentemente, si no necesitas fabricar algo físico, puedes cobrar menos que si tuvieras que soportar ese coste. Un claro ejemplo de esta desmaterialización son los dispositivos para libros electrónicos (*e-readers*), como el Kindle de Amazon. Con estos dispositivos, el usuario compra bits y *bytes* en lugar de un libro físico. Las reuniones virtuales son otro ejemplo.

Cuadro 2.1 Modelos de negocio digitales según el tipo de valor que aportan

El valor de coste	El valor de la experiencia	El valor de la plataforma
• Coste cero o gratuito/ Precio muy bajo	• Autonomía del cliente	• Ecosistema
• Compra colectiva	• Personalización	• *Crowdsourcing*
• Transparencia de precios	• Gratificación inmediata	• Comunidades
• Subasta invertida	• Fricción reducida	• *Marketplace* digital
• Pago por consumo	• Automatización	• Orquestador de datos

Fuente: Global Center for Digital Business Transformation (DBT), 2015

Empresas como InXpo, ON24 y Unisfair facilitan las conferencias en línea haciendo que los viajes de negocios sean menos necesarios. Malas noticias para los hoteles, pues buena parte de sus beneficios depende de la demanda que generan los congresos y los viajes de negocios[3]. La virtualización también es posible en el sector de la distribución. Los minoristas de productos físicos necesitan aplicar márgenes que les permitan soportar su red de tiendas físicas, así como el coste del personal. Pero el comercio electrónico ha trastocado por completo este modelo.

Por otro lado, muchos disruptores digitales juegan con la ventaja de la información, ya que utilizan herramientas de análisis que les permiten crear y explotar esta información y optimizar sus operaciones en base a ella, lo cual favorece al valor de coste. Así, pueden dar más por menos a los clientes, por ejemplo, mediante cupones, recompensas o reembolsos (de nuevo, valor de coste para el cliente final). Por último, los disruptores digitales suelen gestionar su mano de obra, cadenas de suministro y demás partes del negocio de formas menos convencionales –por ejemplo, aprovechando la nube, los análisis, la colaboración masiva (*crowdsourcing*), etc.– para mejorar su rendimiento operativo, reducir costes y ser más competitivos. Lo veremos en mayor profundidad en la segunda parte del libro.

Sin embargo, el valor de coste no se limita simplemente a ofrecer un producto o servicio a un precio más bajo que el de cualquier otra empresa, sino que también tiene que ver con cómo repercute en el mercado el hecho de que el disruptor ejerza como intermediario. Por ejemplo, los portales de viajes como Expedia, LY.com y Orbitz no son aerolíneas, cadenas hoteleras ni agencias de alquiler de coches, pero indirectamente ejercen cierta presión en los precios de las empresas de las respectivas industrias (y también de forma directa de cara a su verdadera competencia, las agencias de viajes). La posibilidad que brindan estas plataformas para comparar precios no solo favorece al cliente, sino que también limita el poder de los competidores que se anuncian en ellas a la hora de fijar sus precios, lo cual redunda de nuevo en un mayor valor de coste para el cliente final.

Existen cinco modelos de negocio (cuadro 2.2) que ilustran a grandes rasgos las estrategias de creación del valor de coste que se están dando hoy en día en el mercado.

- **Coste cero o gratuito/precio muy bajo.** Se trata de ofrecer a coste cero, prácticamente cero o con márgenes ridículos, productos y servicios por los que tradicionalmente había que pagar un precio íntegro o el que marcara el mercado. Y es que es muy difícil competir contra lo gratuito. Algunos ejemplos de cosas por las que siempre hemos pagado y ya no hay por qué, son, por ejemplo, la formación (como la que ofrecen plataformas como Coursera) o las llamadas de voz y vídeo (que ahora se pueden hacer gratuitamente a través de Skype y otras plataformas). En esta categoría también se incluyen modelos de negocio basados en recompensas, reembolsos y demás incentivos que supongan una ventaja económica para el cliente final (y por los que, en última instancia, no tienen que pagar). iBotta y Shopkick, por ejemplo, aplican este modelo[4]. También se clasifican en esta categoría las empresas que utilizan el modelo *freemium*, es decir, que ofrecen un producto o servicio básico de forma gratuita y cobran una cuota a los usuarios que quieran acceder a prestaciones más avanzadas o *premium*. Los ejemplos más famosos son Dropbox, el servicio de almacenamiento en la nube, y Spotify, plataforma de reproducción de música en *streaming*. Por último, también se incluyen en este modelo las empresas que ofrecen productos o servicios con muy poco o ningún margen, como por ejemplo Amazon y Jet.com (de la que hablaremos en el capítulo 3). Son empresas que crean valor de coste para el cliente a base de eliminar o reducir drásticamente sus márgenes.

- **Compra colectiva.** Este sistema hace que los costes se repartan entre varias personas o a lo largo del tiempo, o bien crea economías de compra en grupo o descuentos por volumen. FON, por ejemplo, se considera la red wifi más grande del mundo. Sus socios permiten que otros usuarios se conecten a cualquiera de los casi 20 millones de puntos de acceso inalámbrico de los que dispone FON. Es un modelo que podría minar el negocio de las compañías de telecomunicaciones tradicionales, ya que facilita que una comunidad de usuarios colabore y comparta costes.

  Pese a las dificultades con las que se ha topado, Groupon, la plataforma de cupones de descuento, es otro ejemplo de este modelo de reducción de costes colectivo. Cuantas más personas se suman a una oferta, más se reduce el precio.

- **Transparencia de precios.** Este modelo de negocio generó la primera oleada de disruptores del comercio electrónico. Empresas como Priceline (matriz de portales de hostelería y viajes como Booking.com o KAYAK) y otra serie de comparadores, como Shopzilla y NexTag, hacen que los precios sean más transparentes para los compradores y puedan aprovecharse de las mejores gangas a la hora de adquirir sus productos y servicios. Estas plataformas rastrean múltiples sitios y mercados para detectar los diferentes precios. Los bienes de lujo como los relojes o las joyas, por ejemplo, suelen tener precios diferentes según el mercado. Los disruptores de este modelo muestran estas diferencias para que los clientes puedan comprarlos desde cualquier parte del mundo y al mejor precio posible.

- **Subasta invertida.** Con este modelo se han vuelto las tornas en contra del comercio. Ahora son las empresas las que deben pujar por los compradores. Es un modelo que aplican empresas como LendingTree (hipotecas y préstamos) y SAP Ariba (suministros B2B). Crea presión de precios entre los proveedores y valor de coste para los clientes. Con este modelo, los vendedores lo tienen difícil para establecer un equilibrio y determinar qué precio máximo fijar sin llegar a perder al cliente a favor de otro competidor. Además, las subastas invertidas en internet utilizan algoritmos muy sofisticados que aceleran el proceso de puja y lo hacen más dinámico, lo cual agrava todavía más la presión en los precios.

- **Pago por consumo.** Este sistema ha transformado el modo en el que los clientes pagan ciertos productos y servicios. Al cambiar de un modelo de tarifa plana a otro que permita al cliente pagar solo por lo que utiliza, se le otorga mayor control y también valor de coste. Algunos ejemplos son los seguros por los kilómetros recorridos (Metromile) o las aplicaciones de *software* en la nube a las que se accede mediante el modelo de suscripción (por ejemplo, Salesforce.com o Cisco WebEx). En algunos casos, los clientes pueden pasar de adquirir sus bienes como inversión de capital a contratar servicios que se contabilicen como gastos operativos, lo cual les brinda una mayor flexibilidad financiera, mayor capacidad de previsión e incluso un valor de coste mucho mayor.

Disruptores del entorno B2B, como LiquidSpace, ShareDesk y PivotDesk, permiten a las empresas rentabilizar los espacios desaprovechados de sus oficinas y alquilarlos por horas, días o meses. También es un modelo muy útil y flexible para las organizaciones en vías de crecimiento o equipos virtuales que necesitan reunirse físicamente cada cierto tiempo, porque les permite pagar solamente por el espacio que necesitan y cuando lo necesitan. Es muy beneficioso también si tenemos en cuenta que las empresas solo aprovechan un 45 % o 50 % de sus oficinas[5]. Por otro lado, compañías como Rolls-Royce Holdings, el segundo mayor fabricante de motores de avión del mundo, ahora vende resultados de negocio[6] como gasto de capital –concretamente, propulsión o tiempo de actividad– en lugar de equipos, como venía siendo la norma de siempre en la adquisición de motores a reacción[7]. Esta nueva forma de cobro en base a resultados transfiere el riesgo del comprador al vendedor, otra forma de valor de coste para el cliente.

Cuadro 2.2 Modelos de negocio para crear el valor de coste: Para competir ofreciendo al cliente los precios más bajos u otros incentivos económicos

Modelo de negocio	Valor para el cliente	Ejemplos
Coste cero o gratuito / precio muy bajo: Ofrecer algo gratis a los clientes en lugar de que tengan que pagarlo, procurar descuentos o recompensas, poco o ningún margen, modelo *freemium*.	Elimina el coste por completo, premia su lealtad o participación.	Coursera, Skype, iBotta, Shopkick, Dropbox, Spotify, Amazon, Jet.com
Compra colectiva: Repartir los costes entre varias personas o a lo largo del tiempo.	Amortización de los costes con el tiempo, descuentos a grupos, economías de escala.	Fon, Groupon
Transparencia de precios: Facilitar la comparación de precios para conseguir la mejor oferta.	Más proveedores entre los que elegir, comparar antes de comprar.	Priceline, Shopzilla, NexTag
Subasta invertida: Venta por subasta invertida, competencia de pujas, «pon tu precio».	Presión de precios a la baja, abastecimiento estratégico.	LeadingTree, SAP Ariba
Pago por consumo: Cobrar solo por lo que el cliente ha usado/consumido, servicios de suscripción, «X como servicio».	Costes variables, menos riesgo, reduce los costes generales para el vendedor.	Metromile, Salesforce.com, LiquidSpace, ShareDesk, Rolls-Royce, Holdings

Fuente: Global Center for Digital Business Transformation (DBT), 2015

1.2. El valor de la experiencia

El valor de la experiencia –es decir, dar más comodidades o control al cliente o adaptarse a su contexto, por ejemplo– ha sido la clave del rápido crecimiento que han experimentado las empresas más disruptivas de hoy en día. Al igual que el valor de coste, el valor de la experiencia es mayor cuanto más se digitaliza la oferta. Lo que antes era físico e indivisible ahora se puede fraccionar, lo cual permite al cliente adquirir únicamente lo que quiere y recibirlo al instante en cualquier dispositivo o lugar.

Los disruptores que descomponen las ofertas de las empresas tradicionales confieren al cliente el poder de elegir (y pagar) solo aquellos productos y servicios que valora, y prescindir del resto de elementos del lote que no quiere y que encarecen el precio. Esta disociación es también una amenaza para las empresas de servicios integrales, como las instituciones financieras. La virtualización facilita la aparición de agentes de nicho que prestan estos servicios más específicos a través de los canales digitales con una mayor capacidad de personalización y a un menor coste (o incluso gratis). Los bancos, por ejemplo, están afanados en proteger sus líneas de negocio más lucrativas (como la gestión de activos o la banca hipotecaria) ante el asedio de los disruptores que siguen esta estrategia[8].

La experiencia que ofrecen los disruptores es tan superior que a las empresas tradicionales les resultará muy difícil conservar su cuota de mercado aferrándose a aspectos como la marca o la calidad. Para los clientes es lo suficientemente atractiva como para cambiar a otro proveedor, aunque sea menos convencional. Según un estudio que realizamos recientemente, cuatro de cada cinco clientes confiarían sus necesidades bancarias a una empresa que no fuera un banco tradicional[9]. Para entender mejor las diferentes formas en las que los disruptores digitales aportan más valor a la experiencia del cliente, analizaremos los cinco principales modelos de negocio que lo hacen posible (cuadro 2.3).

- **Empoderamiento del cliente.** Este modelo elimina de la ecuación a los intermediarios que se llevan un «pellizco» de cada transacción sin aportar nada o apenas nada. Así, el cliente consigue lo que quiere (eliminando lo que no quiere) y lo hace a un menor precio. Prescindir de los intermediarios, el modelo del «hazlo tú mismo» (DIY por sus siglas en inglés) y poner al cliente al mando son características clave de la disrupción digital. PayPal, por ejemplo, introdujo nuevas alternativas para enviar dinero y hacer compras, eludiendo los métodos de pago (y el cobro de comisiones) tradicionales, que durante mucho tiempo han sido dominio exclusivo de bancos y entidades de tarjetas de crédito.

Netflix es otro buen ejemplo. Frente a los caros planes de televisión por cable que obligan a contratar cientos de canales que el cliente nunca llega a aprovechar, Netflix permite a sus usuarios acceder a una gran selección de series y películas por una pequeña cantidad al mes. Gracias a los modelos de negocio digitales, Netflix puede descomponer la oferta televisiva, liberarla de las restricciones impuestas por los intermediarios (las compañías de televisión por cable) y otorgar una mayor independencia, control y comodidad al usuario[10].

- **Personalización.** Este sistema aporta valor, ya que adapta la experiencia de cada cliente a sus preferencias únicas[11]. Este valor puede obtenerse bien con la personalización del propio producto o servicio, o bien en base al contexto del cliente (por ejemplo, analizando la ubicación o necesidades específicas de un usuario para crear una experiencia que maximice el valor percibido). Según un estudio reciente que llevamos a cabo en el sector de venta minorista, descubrimos una tendencia en las expectativas de los compradores, y es que ya no se contentan con una «simple» personalización de prestaciones, sino que, cada vez más, esperan experiencias hiperrelevantes como, por ejemplo, que se les reconozca y dé la bienvenida, o bien que en sus resultados de búsqueda les muestren «otros artículos vistos por clientes como tú[12]». Cuando hablamos de personalización, también nos referimos a la innovación omnicanal, es decir, dejar que el consumidor decida desde qué canal va a disfrutar de una misma experiencia.

Trunk Club es un servicio de moda y estilismo para hombres y de pago por suscripción. Cuando un usuario se registra, debe dar sus medidas y responder a unas preguntas acerca de su estilo. Entonces, se le envía una caja con prendas y accesorios totalmente personalizada según sus preferencias. El suscriptor puede probarse la ropa en la intimidad y comodidad de su hogar y, al final, solo paga por las prendas que no devuelva en un plazo de 10 días. El modelo de negocio de Trunk Club ofrece al cliente una experiencia personalizada en varios sentidos. Primero, porque la ropa que recibe es acorde a sus preferencias (según la selección previamente filtrada por su estilista) y, segundo, porque Trunk Club fue adquirida por la cadena de tiendas Nordstrom en 2014. Nordstrom logró despuntar en el implacable mercado de ropa y artículos para el hogar gracias a sus servicios de personalización de primera clase[13]. Ahora, los suscriptores de Trunk Club disponen de los sastres de Nordstrom para hacer cambios en las prendas que decidan quedarse. En definitiva, una experiencia personalizada a todos los niveles.

Otro ejemplo es New Balance, que ofrece calzado personalizado según la talla y forma del pie del corredor. Un escáner captura la imagen del pie del cliente, y después New Balance utiliza una impresora 3D para fabricar una suela que encaje a la perfección con su pie[14].

- **Gratificación inmediata.** Transforma la logística de los productos y servicios y hace que el tiempo deje de ser una dimensión del ciclo de compra. Con este modelo, el cliente no tiene que esperar para disfrutar de su compra, bien porque la entrega del producto físico es muy rápida, bien porque recibe una versión digital de manera instantánea. Sin duda, la desmaterialización es importante, pero la velocidad que facilita un modelo de *negocio online* puede llegar a ser igualmente efectiva en el caso de productos físicos, como ya hemos visto en numerosos ejemplos.

Los clientes de Instacart, por ejemplo, compran en comercios locales asociados a la plataforma, desde la web o desde la aplicación móvil, y reciben sus pedidos en una hora por solo 7.99 dólares[15].

Otras empresas, como Shyp, utilizan un modelo parecido. Con esta plataforma, los clientes hacen una foto a un artículo que quieren enviar y, entonces, un «héroe de Shyp» se desplaza allá donde se encuentre el cliente para empaquetar y enviar el pedido. Así, lo liberan de tener que esperar colas en la oficina de correos o en la mensajería[16]. Google y Amazon también libran una dura batalla por ver quién entrega más rápido con sus respectivos servicios Express y Prime Now[17]. Amazon ha invertido en una tecnología con la que podrá entregar productos manufacturados casi en tiempo real, gracias a sus camiones equipados con impresoras 3D. Además, la compañía ha anunciado un ambicioso programa de entregas con drones[18]. También proporciona gratificación inmediata con Amazon Echo, un pequeño dispositivo para el hogar, conectado y dotado de un sistema de inteligencia artificial –llamado Alexa– que se puede controlar con la voz. No solo facilita compras más veloces (ya que permite hacer pedidos hablando), sino que también proporciona información instantáneamente y responde a preguntas como «¿qué es una ecuación cuadrática?» o «¿qué tiempo va a hacer mañana?»[19].

Tesco, una de las cadenas de supermercados más innovadoras, ha dedicado los últimos años a probar diversas iniciativas que contribuyan a mejorar la experiencia de sus clientes como, por ejemplo, su servicio de entregas Click&Collect: «Con Click&Collect, puedes hacer tu pedido *online* y pasar a recogerlo a la hora y en el lugar que más te convenga. Disponemos de más de 350 ubicaciones, desde tiendas Tesco hasta estaciones de tren o comercios locales (tu compra aún más cerca)[20]». Con esta iniciativa, no solo el tiempo ha dejado de ser un problema, sino que también han eliminado las colas (y la consiguiente frustración del cliente) de la ecuación.

- **Fricción reducida.** Consiste en digitalizar procesos físicos y aprovechar la tecnología para eliminar obstáculos y hacer que todo sea lo más fácil y cómodo posible para el cliente. Mint.com, una filial de Intuit, permite a sus usuarios recopilar toda su información financiera en una única herramienta. Así, disponen de la foto completa de sus finanzas y pueden controlar sus gastos, saldos, presupuestos y objetivos desde el mismo sitio, sin tener que comprobar manualmente sus cuentas, una por una.

Las operaciones en grandes bolsas públicas pueden reportar importantes ventajas informativas a los mayores bancos y gestores de activos. Algunos sistemas alternativos, como Liquidnet, reducen la fricción en la negociación de valores, ya que eliminan las ineficiencias a la hora de unir compradores y vendedores con *pools* de liquidez (es decir, otras instituciones que quieren operar). Al trabajar fuera de las bolsas tradicionales, los grandes gestores de cartera que utilizan Liquidnet pueden mover amplios bloques de acciones (se dice que la media de acciones negociadas en Liquidnet asciende a una media de 42 000, más de 100 veces la media de cualquiera de las principales bolsas estadounidenses) directamente entre compradores y vendedores con unos tiempos de espera muy rápidos (a esta escala, las ventajas informativas se miden en milisegundos)[21]. Las instituciones también pueden operar de forma anónima y evitar que otros vean quién compra o vende (o cuáles son sus posiciones) o realicen operaciones abusivas aprovechándose de su conocimiento, o que sus movimientos perjudiquen a los precios[22].

Muchísimos disruptores digitales están utilizando la tecnología de cadena de bloques (*blockchain*) para reducir la fricción en sus transacciones financieras. La cadena de bloques es un registro, un libro contable de anotaciones digitales que está distribuido o compartido entre muchas partes. Solo puede actualizarse por consenso de la mayoría de los participantes del sistema y, una vez que se introduce un nuevo dato, ya no puede ser eliminado[23]. Este modelo es extremadamente difícil de falsificar y, por eso, la mayoría de las criptomonedas –como, por ejemplo, *bitcoin*– lo utilizan para registrar todas sus transacciones. La belleza de la cadena de bloques radica en la posibilidad que brinda a sus usuarios de transferir dinero digitalmente sin necesidad de que haya un tercero de confianza, como un banco, lo cual reduce la fricción considerablemente. Este sistema promete revolucionar por completo las transacciones entre las empresas de todos los sectores. Además de las cientos de *startups* que ya la están probando, docenas de los principales bancos del mundo, e incluso sistemas bancarios nacionales, empiezan a invertir en pruebas con la cadena de bloques[24].

- Automatización. El valor que aporta este modelo a la experiencia del cliente se basa en aprovechar la tecnología para automatizar tareas o gestionarlas para asignarlas a otros. Wealthfront es una plataforma de inversión automatizada que, gracias a herramientas de análisis avanzadas, selecciona la cartera de inversión adecuada y distribuye los activos con arreglo a las respuestas de un sencillo cuestionario por parte del usuario. Wealthfront también ajusta automáticamente las inversiones entre diferentes clases de activos para mantener un equilibrio ideal según los objetivos del inversor y de su perfil de riesgo. Finalmente, automatiza técnicas de amortización fiscal para que este pueda pagar menos impuestos sobre sus ganancias al compensarlas con pérdidas de anteriores inversiones (*tax loss harvesting*). Por un lado, Wealthfront mejora la experiencia de sus usuarios en un ámbito que desconocen y, por otro, también ahorra tiempo y libera al cliente de tareas que no les gustan; tareas que realizan máquinas o mano de obra barata o especializada. Otro ejemplo es TaskRabbit, una plataforma que ayuda a sus usuarios a encontrar a alguien que haga tareas por ellos a muy bajo coste[25], así, quedan libres de aquellas labores o recados para los que no tienen tiempo o que no quieren hacer.

Cuadro 2.3 Modelos de negocio para crear el valor de la experiencia: Para competir ofreciendo al cliente una experiencia superior

Modelo de negocio	Valor para el cliente	Ejemplos
Empoderamiento del cliente: El cliente se autoabastece, se elimina al intermediario, modelo «hazlo tú mismo».	Más independencia, control y comodidad.	PayPal, Netflix
Personalización: Personalizar productos, servicios y experiencias.	Mayor personalización y adaptación a su contexto; mejoras de diseño/estéticas.	Nordstrom/Trunk Club, New Balance
Gratificación inmediata: Entrega de productos, servicios o experiencias con valor añadido en tiempo real, o mediante nuevos dispositivos como el móvil, desmaterialización.	Relevancia, inmediatez.	Instacart, Shyp, Google Express, Amazon Prime Now, Tesco Click&Collect, Amazon Echo
Fricción reducida: Simplificar, procesos más eficientes, agregación de información.	Menos tiempos de espera o cuellos de botella en los procesos.	Mint.com, Liquidnet, Bitcoin
Automatización: Automatizar procesos mediante las analíticas o mano de obra barata.	Ahorro de tiempo, mejor calidad de ejecución, reducción de salarios.	Wealthfront, TaskRabbit

Fuente: Global Center for Digital Business Transformation (DBT), 2015

1.3. El valor de la plataforma

Sin bien competir por el precio o por la calidad de la experiencia no son estrategias especialmente novedosas, el valor de la plataforma sí es un giro particular y único de la disrupción digital. Es un tipo de valor que ha revolucionado la dinámica de la competencia por su carácter exponencial. Y es que las plataformas generan un efecto de red, es decir, entornos en los que el número o tipo de usuario influye en el valor final. Los efectos de red suelen relacionarse con la ley de Metcalfe (bautizada así por el conocido tecnólogo Robert Metcalfe), según la cual el valor de una red aumenta proporcionalmente al cuadrado del número de usuarios del sistema. Un teléfono, por ejemplo, no tiene valor por sí solo, sino que, a medida que crece el número de usuarios, también lo hace el de cada unidad, lo cual explica a grandes rasgos la capacidad disruptora de las plataformas, porque el cambio que provocan en el mercado no es lineal[26].

Los efectos de red se manifiestan a diario en las diversas facetas de nuestra vida, ya sea como ciudadanos, consumidores o empresarios. Por ejemplo, internet, las enfermedades contagiosas, los puntos de inflexión, la sabiduría colectiva o de las masas, la difusión de archivos, las redes sociales, el contenido que producen los usuarios, el contagio financiero... Todos ellos son ejemplos de efectos de red (positivos y negativos), un fenómeno que engloba diversos conceptos: interacciones *peer-to-peer* (P2P o red de pares), interdependencia, patrones virales, gamificación y bucles de retroalimentación *(feedback loops)*. Por decirlo de algún modo, el efecto de red se produce simplemente al conectar a los miembros (o nodos) de tal manera que «el conjunto sea superior a la suma de las partes». Las plataformas tienen la propiedad inherente de aumentar el valor y por eso representan un beneficio de orden superior para el cliente.

También constituyen una fuerza competitiva poderosa. Dada la naturaleza de red de las plataformas, una vez establecidas con éxito, resulta más difícil, aunque no imposible, vencerlas con innovaciones competitivas aisladas. Esta circunstancia puede acabar derivando en situaciones de «vencedor absoluto»[27], en las que las plataformas dominantes amasen ganancias desproporcionadas[28]. Esta es la lógica que hay detrás de los modelos de negocio más dinámicos y revolucionarios, como los de Facebook, Google, iTunes, Twitter y Uber. El valor de la plataforma se puede obtener a partir de los siguientes cinco modelos de negocio (Cuadro 2.4):

- **Modelo ecosistema.** Funciona cuando una empresa (o grupo de empresas) provee al usuario de una serie de herramientas, elementos o entornos aislados (*sandbox*) estandarizados para que los utilice y pueda crear valor para sí mismo, generalmente económico. Los mejores ejemplos son los ecosistemas para desarrolladores de Apple y Google. Otro buen ejemplo es el videojuego Minecraft, en el que los jugadores pueden utilizar bloques virtuales (parecidos a los bloques de LEGO) para crear construcciones o paisajes increíbles e interactuar con otros jugadores y sus creaciones. También pueden hacer modificaciones (que en el juego llaman *mods*) y crear nuevas funcionalidades –o juegos dentro del mismo juego– lo que da pie a una gran variedad de posibilidades y diversas fuentes de ingresos para los jugadores[29]. Otro ejemplo es Raspberry Pi, el miniordenador de placa simple y bajo coste que ha atraído a millones de usuarios. Por los 35 dólares que cuesta, Raspberry Pi proporciona un ecosistema dinámico para millones de educadores, aficionados y manitas para hacer sus creaciones a bajo coste utilizando los componentes básicos de cualquier ordenador personal[30].

El mercado B2B también cuenta con ejemplos de este modelo. GrabCAD, empresa fundada en Estonia y adquirida en 2014 por la firma de impresoras 3D, Stratsys, ha creado un ecosistema de colaboración colectiva entre sus más de 2 900 000 miembros, los cuales ya han compartido más de 1 250 000 modelos de diseño asistido por ordenador (CAD) de código abierto[31].

Docker es una tecnología de código abierto que permite a los desarrolladores crear, ejecutar, probar e implementar aplicaciones por medio de «contenedores». Estos hacen que el *software* se pueda ejecutar con fiabilidad de un entorno informático a otro, como pueda ser por ejemplo un portátil o la nube[32]. El crecimiento que Docker ha experimentado en los últimos años ha sido increíble. Durante los primeros seis meses de 2014, acumulaba 3 millones de descargas, mientras que en diciembre de ese mismo año alcanzó los 100 millones[33]. Su popularidad ha derivado en un ecosistema de grandes proveedores y desarrolladores tecnológicos que trabajan para apoyar el desarrollo de la tecnología y para integrarla con sus propias ofertas[34].

- La colaboración masiva o *crowdsourcing*. Aprovecha la gran variedad de aportaciones como herramienta competitiva y es beneficiosa en muchos sentidos. Primero, porque reduce los costes al tener usuarios realizando tareas que acrecientan la plataforma (lo cual beneficia también a los usuarios, aparte de al dueño). En Quora, por ejemplo, son los usuarios los que aportan su conocimiento experto y responden a las preguntas de otros. Es decir, que Quora proporciona el entorno, como una especie de red social, pero no el contenido, que lo aportan los usuarios de forma desinteresada. El *Huffington Post* se ha erigido en uno de los informantes de noticias más populares de internet a base de publicar contenido no remunerado de blogueros y columnistas invitados. Al contrario que muchos de sus competidores de los medios de comunicación, *HuffPost* no cobra a sus usuarios por el acceso al contenido. Su éxito se debe, pues, a esa gran base de lectores que atrae a columnistas y redactores destacados como, por ejemplo, famosos, que quieren llegar a ellos. Así, se forma un círculo virtuoso de oferta y demanda de información.

La segunda ventaja de este modelo es que permite a los usuarios acceder a conocimiento de otros al que, de otro modo, no podrían. Kaggle e Innocentive son dos empresas que hacen que el trabajo técnico (análisis predictivos o retos científicos) se convierta en un juego con el fin de atraer a los talentos más buscados en este ámbito. Sus miembros compiten por resolver los retos propuestos en la plataforma y, así, solucionan los enrevesados problemas que plantean las empresas con relación a sus datos. WikiLeaks, la famosa web para denunciar información, también se basa en el *crowdsourcing* (manteniendo a sus informadores en el anonimato) para destapar información de acceso restringido, como archivos confidenciales, que, de no ser por esta plataforma, no se llegarían a conocer.

- **Comunidades.** Son un modelo de negocio de plataforma clásico que persigue beneficios de eficiencia y escalabilidad a partir de efectos de red que pueden traducirse en impactos comerciales positivos (o la promoción de otros fines organizativos no lucrativos)[35]. Lo vemos en internet casi a diario, a menudo en la forma de difusión de contenido (por ejemplo, un vídeo de YouTube o una charla TED cuando se vuelven virales), aunque puede aplicarse a cualquier circunstancia en la que el valor del usuario equivalga a la eficiencia o la efectividad de la transmisión. Nextdoor, por ejemplo, es una red social que se especializa en conexiones hiperlocales para facilitar la comunicación entre vecinos, negocios e instituciones a nivel local. Los miembros de Nextdoor pueden utilizar su tablón de anuncios para conocer los comercios de su vecindario, sumarse a alguna causa cívica o intercambiar información que sea valiosa para la comunidad, por ejemplo, cuando se pierde una mascota, se cierra el colegio o si se ha averiado alguna tubería. El hecho de que estas comunicaciones estén restringidas a los residentes del barrio mejora la eficiencia de la transmisión y evita que se diluyan las interacciones, cosa que sucedería si se permitiera la participación de usuarios ajenos a ese entorno local.

La economía de escala, inherente a las plataformas más exitosas, se debe a que los usuarios reducen la latencia de la comunicación, es decir, la información se transmite con mayor rapidez, y requieren de menos recursos para difundir el mensaje o para acceder a información que ellos consideran valiosa. Es la razón del éxito de redes como Twitter, en la que los usuarios pueden conectar con muchos otros sin coste incremental. La sección de tendencias en Twitter mejora la función de búsqueda de información porque señala al usuario qué temas son relevantes para otros y le evita perder el tiempo y su valiosa atención en temas considerados menos importantes. Además, con su mecanismo de verificación, Twitter se asegura de que cada usuario es quien dice ser y así reduce la incertidumbre entre los miembros.

El valor que reciben los usuarios con el modelo de comunidades no tiene por qué ser de tipo económico, a veces es intangible. Psicólogos y economistas del comportamiento afirman que nuestra percepción del valor va más allá del mero sentido financiero. El valor de la plataforma también puede referirse a capital reputacional, prestigio y relaciones (en un sentido de comunidad, por ejemplo).

El concepto espiritual del karma gira en torno a la idea de que nuestras acciones e intenciones influirán en la felicidad o éxito que podamos alcanzar en un futuro. El denominado *karma digital* es, por tanto, una forma de medir el buen comportamiento de un usuario por su contribución a la plataforma. En eBay, las valoraciones de los vendedores muestran cómo ha sido su experiencia como usuarios y contribuyen a transmitir confianza a posibles compradores. Reddit, el popular portal de noticias e información, ofrece «créditos» a los usuarios que aportan artículos especialmente relevantes, es decir, consiguen puntos por la calidad y frecuencia de sus artículos. Si bien el karma en Reddit no tiene valor económico, confiere estatus a sus usuarios, lo cual influye en el valor que perciben. Los modelos de negocio de comunidades también pueden utilizar la gamificación y aprovechar su capacidad para crear presión social, tensión competitiva, diversión y camaradería. Además, la idea de subir su caché es motivación suficiente como para fomentar en los usuarios comportamientos deseables, como su lealtad, su compromiso y su participación en la plataforma.

- *Marketplace* digital. Ha emergido como una característica universal de la mayoría de las estrategias disruptivas. Consiste básicamente en facilitar la conexión entre personas o grupos para beneficio mutuo. Esta idea de beneficiar a múltiples «lados» del mercado es fundamental para crear el valor de plataforma. No se trata solo del valor que aporta el disruptor, sino del que facilita el propio modelo.

Con las funcionalidades del *marketplace* digital se crea un mercado de bienes o servicios y provee a compradores y vendedores de un entorno en el que pueden negociar. Etsy ha utilizado este modelo para crear una plataforma de venta de productos únicos, como artículos artesanales, *vintage*, hechos a mano, arte, joyas y ropa. En 2015 facturó más de 2000 millones de dólares[36] y ostenta más de 50 millones de usuarios registrados[37]. Los vendedores, que suelen ser autónomos y artesanos, se benefician porque gracias a Etsy acceden a un espectro de potenciales clientes mucho más amplio al que accederían con los canales tradicionales de venta minorista. Por su parte, los compradores también lo tienen más fácil para adquirir productos que, de otro modo, sería imposible (o muy engorroso) encontrar y comprar. Así pues, el valor que aporta este modelo es el acceso, la variedad y la eficiencia en la transacción.

En esta categoría también se incluye lo que ahora se conoce como economía colaborativa, que protagonizan empresas como Airbnb, el portal de alojamiento entre particulares, que permite a los propietarios de una vivienda ofrecer alojamiento y, a los viajeros, disponer de otras alternativas aparte de la oferta hotelera tradicional.

La economía colaborativa depende, en parte, de que se produzca una dinámica P2P, la cual constituye otro factor fundamental de las plataformas. En el caso de Airbnb, implica convertir al dueño de una vivienda (y que quiere rentabilizar el espacio que le sobra) en el proveedor del servicio y conectarle con las personas que quieren disfrutar de dicho servicio. Insistimos en que ni Airbnb ni los proveedores del alojamiento son compañías hoteleras. La mayoría son particulares, aunque algunos sí administren propiedades a pequeña escala.

Startups B2B como Cargomatic y Transfix han creado *marketplaces* especializados en la industria del transporte y han mejorado la eficiencia a la hora de conectar a conductores disponibles con cargamentos que trasladar. Los transportistas pueden publicar sus encargos de envío en estas plataformas y, a su vez, los camioneros consiguen trabajo al que, de otro modo, nunca hubiesen tenido acceso. Aparte de la gran cantidad de pequeños negocios que lo utilizan para gestionar el transporte de sus mercancías, también se han sumado grandes empresas, como el vendedor de libros estadounidense Barnes&Noble o el fabricante alemán Bosch[38].

- **Orquestador de datos.** Aprovecha la capacidad de análisis que provee el IoT y el *big data* para crear más valor y nuevas oportunidades de innovación como, por ejemplo, servicios basados en la ubicación, monitorización a distancia y mantenimiento predictivo, ofertas comerciales en función del contexto y análisis de vídeo *(video analytics)*. Aunque circulan muchas y muy variadas definiciones del IoT, basta con que nos quedemos con el concepto básico: la conexión en red de objetos físicos[39]. El IoT conecta lo inconexo: vehículos y otras infraestructuras de transporte, edificios, máquinas de fábricas, dispositivos médicos, prendas y muchas otras cosas. Mientras que internet siempre se ha centrado en la conexión de computadoras (es decir, máquinas que facilitan el procesamiento informático), el IoT conecta objetos con infinidad de propósitos. Ha desatado el potencial para crear vastas plataformas de sensores y sistemas integrados por cuya red fluye la información que es posteriormente analizada por aplicaciones para crear nuevos conocimientos.

Muchas empresas poseen o supervisan grandes bases de activos y flujos de datos que son muy propicios para este tipo de conexiones. Los edificios inteligentes, la automatización industrial, los *wearables* y la telemática hacen posible este modelo de negocio. La posibilidad de ofrecer valor añadido a los clientes mediante plataformas de IoT/análisis es muy atractiva para las empresas que están padeciendo la disrupción digital y demás presiones competitivas en sus líneas de negocio tradicionales, especialmente las centradas en el producto. Algunos ejemplos de grandes empresas que se han sumado a este modelo de negocio son ABB, Cisco, GE, IBM, Intel, Palantir, SAP y Splunk.

John Deere, el fabricante estadounidense de equipamiento agrícola ha hecho realidad la visión de las granjas inteligentes gracias a la orquestación de datos. Desde su portal Myjohndeere.com permite a los granjeros acceder a gran variedad de datos, tanto propios (por ejemplo, extraídos de los sensores de sus propias máquinas) como ajenos (datos financieros de terceros o información sobre el tiempo). Pueden utilizar esta información para optimizar el rendimiento de sus granjas y tomar decisiones inteligentes como, por ejemplo, dónde sembrar y cuándo. También les permite realizar un mantenimiento predictivo y sustituir piezas de vehículos o maquinaria antes de que lleguen a estropearse. John Deere ha ido incluso un paso más allá en su propia empresa lanzando la plataforma Deere Open Data, en la que los granjeros pueden intercambiar datos con desarrolladores para que creen aplicaciones innovadoras para sus granjas[40].

Cuadro 2.4 Modelos de negocio para crear el valor de la plataforma: Para competir ofreciendo al cliente los beneficios de los efectos de red

Modelo de negocio	Valor para el cliente	Ejemplos
Ecosistema: Proporcionar herramientas estandarizadas, bloques de construcción, entornos aislados que otros pueden utilizar para crear valor para sí mismos.	Cocreación con otros miembros del ecosistema, repetibilidad y aprovechamiento de recursos, oportunidades para monetizar por medio del ecosistema.	iOS de Apple, Android de Google, Minecraft, Raspberry Pi, GrabCAD, Docker
Crowdsourcing: Aportaciones masivas de los miembros del ecosistema.	Mayor volumen y diversidad de ideas, nueva fuente mano de obra, captura de información escasa o única.	Quora, Huffington Post, Kaggle, Innocentive, WikiLeaks
Comunidades: Difusión de información mediante una red o comunidad de miembros; contenido viral.	Optimización de comunicaciones/distribución/ejecución.	Nextdoor, Twitter, Reddit
Marketplace digital: Conexión de individuos y grupos, creación de la capacidad de marketplace; economía colaborativa y dinámica peer-to-peer (P2P).	Ingresos de compras, ventas, transacciones; socialización y movilización de recursos, educación de los usuarios.	Etsy, Airbnb, Cargomatic, Transfix
Orquestador de datos: Combinación de sensores/datos automáticos y analíticas para crear nuevo conocimiento.	Datos en tiempo real, nuevas fuentes de datos, reconocimiento de patrones de extrema complejidad, optimización de decisiones.	ABB, Cisco, GE, IBM, Intel, Palantir, SAP, Splunk, John Deere

Fuente: Global Center for Digital Business Transformation (DBT), 2015

2. Disrupción combinatoria

Las empresas más revolucionarias de los últimos años, como Amazon, Apple, Facebook, Google o Netflix, utilizan lo que nosotros llamamos *disrupción combinatoria,* en la que los valores de coste, experiencia y plataforma confluyen para dar origen a nuevos modelos de negocio y beneficios exponenciales.

El término innovación combinatoria suele asociarse a Hal Varian, economista jefe de Google y profesor emérito de la Universidad de California, Berkeley. En su libro, Varian desarrolla este concepto citando ejemplos que demuestran que, a lo largo de la historia, la estandarización y convergencia tecnológicas han propiciado la combinación y recombinación de tecnologías dando lugar a nuevos inventos[41]. La disrupción combinatoria se basa en este principio, que en la era del vórtice digital adquiere un nuevo matiz, y demuestra que los modelos de negocio digitales pueden entremezclarse y derivar en combinaciones revolucionarias de valores de coste, experiencia y plataforma, ya sea para consumidores particulares como para clientes-empresa. Es un proceso que provoca disrupción digital, cambios en la competencia e infunde en las empresas (sobre todo, las tradicionales) la necesidad de transformarse. La disrupción combinatoria es atractiva para el cliente final por razones obvias (se beneficia en muchos sentidos) y para esa minoría de empresas capaces de aportar ese valor de mayor nivel constituye la mejor forma de diferenciarse.

Algunos disruptores crean sus negocios en torno a un solo modelo y, en ocasiones, a un tipo de valor. Kickstarter, por ejemplo, solo es una plataforma de financiación colectiva *(crowdfunding)* para nuevas empresas. Sin embargo, la mayoría de las empresas disruptivas que mantienen un éxito prolongado son las que combinan varios modelos y tipos de valor de algún modo. A continuación, veremos dos ejemplos: uno en el que se combinan dos tipos de valor y otro en el que se mezclan los tres.

2.1. Adyen

Adyen es un proveedor de pagos internacionales B2B con sede en Holanda. Empresas como Uber, Facebook, Airbnb, KLM y Spotify utilizan su plataforma para aceptar pagos electrónicos procedentes de tarjetas de crédito y débito, transferencias bancarias y muchos otros métodos en todo el mundo. También es una de las empresas más valiosas de Europa (un unicornio), valorada en 2 300 millones de dólares en 2015[42]. La empresa ha sido rentable en términos ebitda desde 2011 y ha procesado más de 50 000 millones de dólares en transacciones desde su fundación[43]. A continuación, veremos los modelos de negocio que utiliza Adyen para aportar valor a sus clientes que, en este caso, se trata de los valores de la experiencia y de la plataforma.

El valor de la experiencia

- Fricción reducida. La plataforma de pagos de Adyen conecta 250 métodos de pago y 17 divisas de los cinco continentes. Permite a las empresas recibir los pagos de sus clientes desde múltiples canales, como tiendas *online*, teléfonos móviles (iOS y Android) o los datáfonos que se utilizan en los comercios. Su capacidad para acelerar las transacciones y reducir la fricción es la propuesta de valor principal de Adyen para sus clientes.

- Gratificación inmediata. Tanto para sus clientes directos (las empresas) como para los clientes de estos. La compañía ofrece integraciones de pago preconstruidas, como páginas de pago alojadas, servicios de cifrado e interfaces de programación de aplicaciones (API) para el procesamiento de pagos, evitando así que sus clientes tengan que crear o procurarse todas estas cosas por sí mismos. Estos servicios suponen una fuente de valor significativa para los disruptores digitales que recurren a Adyen, para quienes los tiempos de salida al mercado son un factor crítico. Con la plataforma de Adyen, los comerciantes se evitan invertir tiempo y esfuerzo en construir su propia solución de pagos para cada uno de los mercados en los que opera. Por ejemplo, en 2015 Uber anunció que utilizaría Adyen para impulsar su expansión en Marruecos y así evitarse tener que negociar a medida todos los contratos de pago locales[44].

También provee gratificación inmediata para los usuarios finales, es decir, los millones de consumidores que hacen compras con sus tarjetas de crédito y otras formas de pago electrónico. Estos consumidores quieren formas de pago cada vez más sencillas, ¡con un solo clic!, sea lo que sea lo que estén comprando y cómo lo estén comprando. Adyen ha sabido ver esta necesidad y se ha convertido en el único proveedor de pagos que acepta Apple Pay en Estados Unidos y Reino Unido, tanto para compras en tiendas como en aplicaciones[45].

El valor de la plataforma

- Orquestador de datos. Adyen provee a vendedores y comerciantes una plataforma en la que centralizar todas sus ventas, tanto *online* como de sus tiendas físicas, y así les da, además, la capacidad de recopilar datos muy valiosos del consumidor. Los vendedores y comerciantes pueden utilizar estos datos para saber cómo se comporta el comprador en los diferentes canales (por ejemplo, si actúa de forma diferente en la tienda física con respecto a la *online*) y para lanzar nuevos e innovadores servicios como, por ejemplo, dar al cliente la opción de comprar por internet e ir a recogerlo a la tienda. Además, los datos que recoge Adyen contribuyen a mejorar la detección del fraude y a que los comerciantes lleven a cabo estrategias preventivas[46].

Adyen aprovecha los modelos de negocio digitales para aportar, con su plataforma de pago global, un nuevo tipo de valor a comerciantes y consumidores. Aunque lo hace a un coste ligeramente inferior al de los proveedores tradicionales, su valor más importante radica en la calidad de su servicio y en su alcance global.

Reduce la fricción y da más posibilidades de elección a los clientes al ofrecer una solución global a empresas que, sin Adyen, tendrían que negociar numerosos contratos con los proveedores locales. Así pues, su plataforma global les permite competir con empresas de mayor tamaño que bregan con las dificultades del comercio transfronterizo.

2.2. LinkedIn

LinkedIn es la mayor red social de negocios del mundo con más de 400 millones de usuarios de más de 200 países[47]. La estrategia de LinkedIn se basa en combinar los siguientes modelos (entre otros).

El valor de coste

- **Coste cero-gratuito / Precio muy bajo.** LinkedIn ofrece diversas funcionalidades gratuitas a sus usuarios, como por ejemplo crearse un perfil, conectar con otros usuarios, unirse a grupos y publicar artículos. A mayo de 2015, más del 80 % de los miembros de LinkedIn utilizaban solo su versión gratuita[48]. Sin embargo, también ofrece servicios *premium*, que oscilan entre 29.99 y 119.95 dólares al mes, y permiten el acceso a funcionalidades avanzadas de búsqueda de perfiles, contactar con personas fuera de la red del usuario y recibir formación *online*.

El valor de la experiencia

- **Personalización.** Los usuarios de LinkedIn pueden personalizar sus perfiles al detalle. No les limita a una mera descripción de sus estudios y su experiencia laboral, sino que les permite incluir premios, publicaciones y recomendaciones de sus contactos. También pueden personalizar la apariencia de sus perfiles con imágenes y especificar qué partes de sus perfiles pueden ser visibles para otros usuarios. Sin embargo, esta característica no es más que una pequeña parte del valor de LinkedIn. La empresa hace un uso muy amplio de herramientas analíticas, como el aprendizaje automático, para que el contenido que envíe a sus miembros –como sugerencias de contactos, noticias, anuncios de empleo– concuerde con las características específicas de su perfil y con su comportamiento[49].

El valor de la plataforma

- **Orquestador de datos.** Cientos de millones de personas en todo el mundo han dado voluntariamente su información profesional a LinkedIn. Además, muchas de estas personas se pasan horas navegando por la red social. LinkedIn ha sido capaz de recabar toda esa información que se genera en cada visita y ha creado una inteligencia de negocio muy valiosa que interesa a miles de empresas que quieren contratar con mayor eficiencia o incluso conseguir información sobre el comportamiento de su propia plantilla para, por ejemplo, identificar a aquellos trabajadores más propensos a abandonar un trabajo. De hecho, los ingresos que obtuvo en 2015 por la venta de soluciones B2B de identificación de talento y contratación fue mayor que la que obtuvo con la publicidad y las suscripciones de usuarios juntas[50].

- **Comunidades.** Uno de los principales objetivos de LinkedIn es facilitar que sus usuarios creen comunidades de miembros con intereses y conocimientos afines. Desde 2004, se han creado más de 2 millones de grupos en LinkedIn en los que los miembros se intercambian consejos y debaten. Estas comunidades han crecido considerablemente, de media cada usuario se une a unos siete grupos[51].

- *Marketplace* digital. En octubre de 2015 lanzaron muy discretamente su servicio ProFinder, un *marketplace* de conexiones que haría la competencia a disruptores como Fiverr o Upwork. La diferencia entre estas plataformas y el ProFinder de LinkedIn es que los autónomos en ProFinder deben ser «aprobados por el equipo responsable de ProFinder» antes de poder figurar en la plataforma. Así, quienes contraten tendrán más posibilidades de encontrar a mejores profesionales y más fiables que en cualquiera de esas otras plataformas más baratas, pues ni Fiverr, Upwork ni 99designs.com imponen requisitos de entrada como estos. Con su inmensa plataforma, LinkedIn ya está posicionada para conectar a profesionales autónomos y empresas que quieren contratar personal de calidad[52].

3. Una triple amenaza

Como ya hemos visto con los ejemplos de Adyen y LinkedIn, las empresas disruptivas disponen de un amplio abanico de opciones para combinar valores y modelos de negocio y superar así a su competencia. Si te fijas en cualquiera de las empresas más revolucionaras de hoy en día –de cualquier sector– te darás cuenta de que siguen un cierto patrón a la hora de combinar algunos de estos quince modelos de negocio que hemos descrito en este capítulo.

Aunque las empresas llevan siglos compitiendo por precio o por calidad, lo cierto es que la digitalización ha hecho posible un *mix* de «precios baratos más experiencias excelentes» sin precedentes. Además, el valor de la plataforma es una nueva fuente de ventaja competitiva que los disruptores están blandiendo contra las empresas tradicionales[53]. La capacidad de escalar con gran rapidez, de conectar a quienes solicitan un servicio con quienes quieren proporcionarlo y de ofrecer nuevas fuentes de datos a quienes pueden hacer algo con ellos eran cosas simplemente imposibles hace unos años. Las plataformas también facilitan un mecanismo muy potente para que proliferen modelos de negocio complementarios al principal y practicar la disrupción combinatoria, y así aunar los valores del coste y de la experiencia con una masa crítica de consumidores. Por ejemplo, los ingresos por publicidad que perciben los dueños de la plataforma (por todo ese tráfico de «ojos» que generan) compensa otros costes, lo que a su vez da pie a esos dueños a añadir más valor de coste o de experiencia a su oferta, a menudo en forma de acceso gratuito, y así dejar fuera de juego a los competidores que no tienen plataformas.

Lo que hace que los disruptores digitales sean tan temibles para los líderes tradicionales del mercado es su habilidad para crear nuevo e inmenso valor para los clientes, sobre todo si consiguen encajar los tres tipos de valor (coste, experiencia y plataforma) al combinar los modelos de negocio digitales. Este modelo combinatorio es el foco de poder de los disruptores digitales más feroces y peligrosos, de los cuales hablaremos a continuación.

VAMPIROS Y VACANTES DEL VALOR

3

En el capítulo anterior analizamos los tres tipos de valor característicos de los disruptores digitales (valor de coste, valor de la experiencia y valor de la plataforma) y con qué modelos de negocio se pueden obtener. En este capítulo nos adentraremos en la dinámica competitiva del vórtice digital e introduciremos dos nuevos conceptos: los vampiros del valor y las vacantes del valor. Un vampiro del valor es una subcategoría de disruptor digital capaz de combinar los tres valores anteriores con tal agresividad que resulta demoledor para las empresas tradicionales, ya que se come rápidamente buena parte de su cuota de mercado. Las vacantes del valor son breves ventanas de oportunidad que pueden surgir en mercados muy disputados. Las organizaciones pueden aprovecharlas para combatir la amenaza de vampiros y demás disruptores digitales.

Cuadro 3.1 ¿Qué es un vampiro del valor?

Vampiro del valor
Agente disruptivo cuya ventaja competitiva encoje radicalmente el tamaño del mercado.

- Pone a las empresas del mercado a la defensiva.
- Utiliza el valor de coste para reducir los márgenes e ingresos de los competidores del mercado.
- También pueden utilizar el valor de la experiencia (haciendo obsoleta la oferta de las otras empresas) o el de la plataforma (y ganar cuota de mercado rápidamente).
- Los más peligrosos practican la disrupción combinatoria (y ofrecen los tres tipos de valor a la vez).

Fuente: Global Center for Digital Business Transformation (DBT), 2015

1. Los vampiros del valor

Un vampiro del valor es, simple y llanamente, una empresa cuya ventaja competitiva drena por completo los ingresos o fondos de utilidades (o ambos) de un mercado (cuadro 3.1). Son un peligro para las empresas tradicionales porque son despiadadamente eficientes a la hora de crear valor.

En primer lugar, siempre introducen el valor de coste en alguna de sus formas: coste cero o gratuito/precio muy bajo, transparencia de precios o compra colectiva. Con sus modelos minan los márgenes de las empresas del mercado. En segundo lugar, tienen la «mala» costumbre de innovar y mejorar así la experiencia de sus clientes. Con el empoderamiento del comprador, la gratificación inmediata y la fricción reducida, ceden el control al cliente, les sirven con mayor rapidez y eliminan cualquier incomodidad. Como ya dijimos en otra ocasión, a los disruptores les importa el valor, no la cadena de valor. Se dedican a crear experiencias y sortean el *modus operandi* de las «lastradas empresas tradicionales», haciendo que hasta las más veneradas se vuelvan obsoletas. Por lo tanto, los vampiros no solo chupan el fondo de utilidades, sino que pueden llegar a hacer irrelevantes a los líderes del mercado. En tercer lugar, los vampiros del valor se benefician de los cambios exponenciales que se producen en el mercado y, además, ponen su granito de arena para que eso suceda.

En fin, bienvenido al mundo del vórtice digital. No te acomodes demasiado.

En principio, los vampiros del valor pueden irrumpir en cualquier sector, pero suelen hacerlo en aquellos en los que todavía no se ha innovado (ni se han introducido los valores de coste, experiencia o plataforma). La razón es muy simple: en esos casos, la mayoría de los clientes están poco o nada satisfechos con el servicio actual, o peor, se sienten engañados por las empresas que les imponen procesos y limitan sus opciones. La mayoría de estas compañías ha gozado de generosos márgenes durante mucho tiempo.

En el futuro, los vampiros estancarán los ingresos de las empresas del vórtice digital con mayor frecuencia y con consecuencias aún más catastróficas. Los más letales son expertos en disrupción combinatoria y en dar valor de coste, experiencia y plataforma a la vez. Con uno solo de ellos ya hacen daño, pero si además se comen tus márgenes, hacen insignificante tu propuesta de valor y se llevan a tus clientes en masa, todo a la vez, es cuando te desangran de verdad.

2. Napster: El primer vampiro

Hace falta cierta perspectiva para distinguir a los auténticos vampiros del valor de los disruptores del montón. Es prácticamente imposible catalogar a una empresa como vampiro hasta que ya es evidente que el mercado se ha reducido drásticamente[1].

Quizá el ejemplo más crudo de este fenómeno ocurrió en la industria discográfica, donde la notable merma de ingresos y beneficios y el declive generalizado del mercado no se puede atribuir a ciclos económicos ni causas similares. Tras más de una década padeciendo la disrupción digital, este sector nos da una lección muy clara de lo que pueden llegar a hacer los vampiros del valor.

En 1999, la industria discográfica estaba en pleno apogeo, con unos ingresos globales de 28 600 millones de dólares (cuadro 3.2). El precio medio de un CD era de 14 dólares, el mismo que a principios de los 90, a pesar de que los costes de producción eran mucho menores[2]. Pero a todos los eslabones de la cadena de valor les venía bien mantener precios altos. De la venta de cada CD (en 1995, por ejemplo), el 35 % era para la tienda, el 27 % para la discográfica, el 16 % para el artista, el 13 % para el fabricante y el 9 % para el distribuidor. Solo el vendedor se llevaba un 35 % de margen sobre la venta de cada CD[3]. Los consumidores se extrañaban de que los precios fueran tan altos, cuando la tecnología había evolucionado. Su extrañeza se transformó en indignación, ya que les parecía un robo que los CD llegaran a costar más de 20 dólares. A pesar de todo, los seguían comprando, en parte porque la calidad del sonido era muy superior a la de los casetes y, en parte, porque eran más cómodos que los discos de vinilo. El récord de ventas de CD se registró en el año 2000, con casi 2 500 millones de unidades vendidas[4].

Cuadro 3.2 Ingresos globales de la industria musical

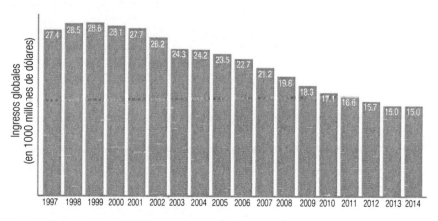

Fuente: Global Center for Digital Business Transformation (DBT), 2015

Pocos directivos tuvieron la mínima sospecha de que su industria se precipitaría al centro de lo que hoy llamamos vórtice digital, pero la disrupción ya estaba en marcha. Y es que, con el CD, habían puesto al alcance de los consumidores archivos digitales con calidad de estudio. Lo único que les faltaba para catalizar la reacción era un formato que permitiera replicar el archivo digital y facilitar su distribución.

Y entonces llegó el MP3. Estandarizado a mediados de los 90, tomó la gran cantidad de datos del CD, los comprimió y los hizo transferibles. La grabación de CD e internet permitieron por fin a los consumidores duplicar y compartir fácilmente contenido musical de buena calidad.

De hecho, se estima que de 2004 a 2009 llegaron a descargarse ilegalmente 30 000 millones de canciones entre redes de archivos compartidos y páginas de torrents[5]. El impacto de esta disrupción fue colosal y redujo a la mitad los ingresos globales de la industria (cuadro 3.2). En 2014, la venta física tan solo constituía el 46 % de los ingresos[6]. Las consecuencias para muchos de los eslabones de la cadena fueron bruscas e implacables. De hecho, muchas de las empresas que han conseguido sobrevivir todavía se están recuperando del susto.

Analicemos ahora a quien muchos consideran el causante clave de este fenómeno, y al que podríamos considerar el arquetipo de vampiro del valor: Napster. Aunque todos conocemos la historia, la estudiaremos desde el prisma de los valores de coste, experiencia y plataforma. Con este ejemplo, ilustraremos mejor cómo es el ataque de los vampiros del valor y veremos cómo benefician al cliente final a la vez que menoscaban el mercado.

Napster surgió en 1999 como un servicio de intercambio de archivos en el que los usuarios podían descargar música gratis y compartir sus colecciones con otros. Al copiar los archivos digitales del CD y convertirlos en MP3, liberaron álbumes y canciones de su soporte físico y facilitaron que cualquiera pudiera adquirirlos a voluntad a través de internet. Napster proveyó una plataforma en la que los amantes de la música pudieran conectarse para intercambiar y descargar los archivos publicados por otros usuarios. De pronto, los consumidores pasaron de verse obligados a comprar CD enteros a precios prohibitivos a poder hacerse exactamente con las canciones o álbumes que más desearan, y totalmente gratis. En el cuadro 3.3 mostramos el modelo de negocio de Napster y detallamos las diversas formas de valor de coste, experiencia y plataforma que aportaron a los consumidores.

El modelo de negocio de Napster (y decimos *negocio* en un sentido laxo del término) ejerció una presión de costes inmensa en los agentes de la cadena de valor (especialmente en los sellos discográficos y los comercios) ya que, lo que antaño se vendía con generosos márgenes, de pronto se podía obtener gratis. Coste y consumo se desvincularon por completo, pues los usuarios de Napster podían adquirir canciones y álbumes sin tener que pagar[7]. Lo verdaderamente revolucionario de los vampiros es que satisfacen una necesidad contundente y son capaces de escalar su oferta rápidamente. En el caso de Napster, las necesidades insatisfechas eran, primero, que los consumidores no tenían la posibilidad de conseguir la música que querían sin tener que quedarse también con la que no querían y, segundo, que la adquisición no era inmediata.

Cuadro 3.3 Bufé libre de miles de platos

	Modelo de negocio	Valor para el cliente
Valor de coste	**Coste cero o gratuito/ Precio muy bajo:** Dieron algo gratis o sin apenas margen.	Descomposición: los consumidores podían hacerse con una gran cantidad y variedad de música sin pagar.
Valor de la experiencia	**Autonomía del cliente:** Facilitaron el autoservicio, desintermediarion el mercado y compartían contenido y experiencias.	Los usuarios podían elegir a los artistas, álbumes y canciones que querían y descargárselos directa e inmediatamente.
	Gratificación inmediata: Entrega de bienes, servicios o experiencias con valor añadido en tiempo real o mediante nuevos dispositivos (por ejemplo, los móviles), desmaterialización.	Además, ya no estaban obligados a pagar los 20 dólares que costaba un CD si lo único que querían era una canción (ya que el modelo de distribución del momento no daba la opción de comprar un sencillo).
	Personalización: Personalización de productos, servicios y experiencias.	

Valor de la plataforma	*Marketplace* **digital:** Difusión de la información a través de una red o comunidad de receptores; creación de *marketplace* y todas sus posibilidades.	Millones de amantes de la música conectados, los cuales distribuían contenido desde sus ordenadores en páginas de intercambio de archivos P2P.
	Comunidades: Capacidad de escalar rápidamente, adquirir y difundir contenido con la dinámica *peer-to-peer,* contenido viral.	La red P2P permitió a Napster escalar rápidamente el número de canciones y álbumes, así como crear una estructura de muy bajo coste.

Fuente: Global Center for Digital Business Transformation (DBT), 2015

El mundo de los CD requería una considerable inversión por parte de los fans –entre 14 y 20 dólares–, aunque lo único que quisieran fuera una sola canción del álbum. Casi nunca se les daba la opción de comprar un sencillo. Otro inconveniente era que los consumidores debían desplazarse a la tienda para comprar el CD, arriesgándose a que no lo tuvieran en *stock* en ese momento. Napster les brindó la posibilidad de descargar al instante cualquier canción o álbum que quisieran. También era una excelente forma de descubrir nueva música más allá de la encorsetada selección de las emisoras de radio, programas de videoclips o de las ofertas de las tiendas.

Lo más importante es lo increíblemente rápido que pudo escalar gracias a su modelo de intercambio P2P (en su momento, Napster fue la aplicación que más rápido creció en la historia de internet, pasando del millón de usuarios a 50 millones en tan solo siete meses)[8]. En su punto álgido llegaron a alcanzar los 80 millones de consumidores, casi uno de cada cinco usuarios de internet de aquel momento[9]. Estos compartían sus bibliotecas y atraían a otros que se animaban a hacer lo mismo, lo cual derivó en un círculo virtuoso para Napster, dado que el crecimiento en consumidores y contenido de la plataforma era exponencial. En resumen, fue la disrupción combinatoria –la combinación de los valores de coste, experiencia y plataforma– lo que hizo que Napster fuera tan sumamente disruptiva.

3. Sangre nueva: ClassPass, Jet.com y Freightos

La disrupción digital que se ha dado en los últimos diez años era más acusada cuanto más digitalizable era el producto o servicio, como hemos visto en el caso de la música y en otros sectores basados en la información. Esto es lo que se creen los directivos de las industrias de productos físicos, como la farmacéutica, textil, combustibles fósiles y del transporte. Si bien es cierto que los sectores más vulnerables son los de la tecnología y del entretenimiento –en parte por la digitabilidad de sus productos y servicios– con nuestro estudio hemos descubierto que este fenómeno está ganando tracción en todas las industrias, independientemente del grado de digitabilidad de sus ofertas. Quiere decir que los disruptores están aplicando modelos de negocio digitales para desafiar el *statu quo*. Uber es el ejemplo más recurrente en lo que a productos o servicios físicos se refiere (en este caso, trayectos en automóvil).

¿Pueden los vampiros crear valor de coste, experiencia y plataforma en ofertas poco digitalizables? En el vórtice digital, todo lo que pueda ser digitalizado será digitalizado, tengámoslo claro. De modo que, en las industrias cuyos productos son inherentemente físicos, cuando decimos «lo que pueda ser digitalizado será digitalizado» lógicamente nos referimos a algún canal, eslabón de la cadena de valor o a algún paso del ciclo de vida del cliente, no al producto en sí mismo.

Para comprender cómo se puede extrapolar la repercusión de los vampiros del valor más allá de las industrias de la información, analizaremos tres empresas relativamente nuevas: ClassPass, Jet.com y Freightos. Pese a su juventud, hay varios detalles que delatan su carácter vampírico.

Con una valoración de 400 millones de dólares a mediados de 2016[10], ClassPass se define como el nuevo modelo de suscripción de gimnasios: *«Thousands of classes. One pass»* («Un paso. Miles de clases»). En lugar de pagar para ir a un solo gimnasio, los miembros de ClassPass pagan una tarifa plana al mes y pueden ir a cualquier gimnasio de la red de la compañía y todas las veces que quieran (con un máximo de tres clases al mes en el mismo gimnasio). Es una característica que aporta valor de coste a sus clientes: la tarifa plana, de unos 125 dólares mensuales en la mayoría de las ciudades en las que opera, les sale más barato que pagar clases sueltas, incluso para quienes solo hacen ejercicio de vez en cuando (por ejemplo, cinco o seis clases al mes)[11].

Al igual que los portales de reserva de viajes, que en sí mismos no son ni compañías aéreas ni hoteles, ClassPass tampoco es un gimnasio, sino que ha reintermediado para crear una nueva relación comercial entre los gimnasios y los clientes. Sin embargo, la rentabilidad de los gimnasios depende de que la afluencia de sus clientes sea baja (menos clientes haciendo uso de sus instalaciones se traduce en costes variables más bajos). Por eso, la competitividad de los gimnasios se ve comprometida cada vez que un socio de ClassPass se apunta a alguna de sus clases: no solo porque supone un mayor uso de sus instalaciones, sino porque quita una de las plazas de la clase a otro cliente que hubiese sido más rentable para ellos. La propuesta de ClassPass también aporta valor a la experiencia porque pone a disposición de sus usuarios una oferta mucho más amplia de horarios y lugares a los que ir, y gran variedad de clases como yoga, pilates, *cardiokickboxing,* baile y bicicleta estática. Un menú tan completo y variado que ningún gimnasio podría ofrecerlo.

En cuanto al valor de la plataforma, lo genera con el efecto red de sus más de 8000 gimnasios y centros de *fitness*. ClassPass crea presión competitiva para que estos centros promocionen sus clases en su plataforma, los cuales se apuntan por miedo a quedar desplazados, dadas las nuevas expectativas que esto ha generado en sus clientes objetivos. De hecho, los propios clientes pueden recomendar su actual gimnasio para que ClassPass lo incorpore a su red. Los síntomas «vampirógenos» apuntan a que el crecimiento continuado de la red de la plataforma hará que los márgenes de los proveedores tradicionales entren en una espiral descendente[12]. Según los datos, la compañía ha reservado más de 15 millones de clases desde su lanzamiento en 2013, afirma que su base de usuarios sigue creciendo un 20 % cada mes y ahora opera en casi cuarenta ciudades de todo el mundo[13]. Aunque aseguraron que en 2015 sus gimnasios adheridos obtendrían gracias a ellos ingresos por valor de más de 100 millones de dólares[14], será curioso ver cómo afectará este modelo a los ingresos de los gimnasios en los próximos años[15].

Jet.com es otro gran ejemplo de disruptor digital con poderes vampíricos, esta vez, en un mercado multisectorial que abarca diversas categorías de venta minorista. Jet se describe a sí mismo como «la tienda que te ayuda a ahorrar con cualquier cosa que compres». Combina los modelos de coste cero o gratuito/precio muy bajo y de transparencia de precios para ofrecer jugosos descuentos en una gran variedad de productos, desde alimentos hasta electrodomésticos o joyas.

Al principio, su estrategia consistía en prometer los precios más bajos de internet (generalmente un 10-15 % más barato que en cualquier otra página[16]), no cobrar márgenes en los productos (de hecho, sus márgenes solían ser negativos) y obtener sus ingresos a través de una cuota anual de 49.99 dólares. Esta cuota era una reminiscencia de las que cobraban las empresas con las que pretendía competir: Costco y Amazon Prime. En octubre de 2015, la empresa anunció que eliminaría esa cuota anual de membresía[17] y que, en lugar de eso, cobraría comisiones a los minoristas por las ventas que consiguieran gracias a Jet.

Jet compra los artículos a los comercios y estos se encargan de entregarlos directamente al consumidor. En julio de 2015 lo probaron unos reporteros de *The Wall Street Journal*. Compraron una cesta de doce artículos y se fijaron en que «en Jet, la compra de esos doce artículos sumaba 275.55 dólares, es decir, un 11 % menos de lo que Jet pagó a los comercios por esos mismos artículos. El coste total para Jet, incluyendo los costes de envío y los impuestos, ascendía a 518.46 dólares, lo que significa que la compra de esos doce artículos supuso para Jet una pérdida de 242.91 dólares[18]».

Jet también hace que la experiencia sea impresionante, sobre todo en cuanto a la personalización (mayor abanico de opciones) y a la fricción reducida (porque elimina las ineficiencias del proceso). Un detalle concreto de su modelo de negocio consiste en «descomponer los costes para dar más opciones de compra. Hemos desmontado el modelo tradicional para que el cliente no cargue con los costes que suelen ocultarse tras los precios. Por ejemplo, si no te hace falta la devolución gratuita de un artículo, te damos la opción de renunciar a ese servicio y así ahorrar más[19]». Este detalle ilustra a la perfección el concepto de centrarse en el «valor, no en la cadena de valor». A los clientes les da igual cómo se hayan tenido que organizar tradicionalmente las empresas o cómo se las arreglen para solucionar sus trabas operativas. Solo quieren pagar lo menos posible.

Jet utiliza algoritmos para crear ventajas basadas en la información como, por ejemplo, agrupar los productos para que los envíos sean más eficientes y ello se traduzca en menos costes, más opciones y más flexibilidad para el consumidor. Su habilidad para ligar los valores de coste y experiencia demuestra que las estrategias competitivas tradicionales que contraponían «liderazgo de costes» a «diferenciación»[20] son irrelevantes cuando la competencia juega a la disrupción combinatoria. También recalca por qué esta forma de valor es tan revolucionaria, y es que así el cliente no se ve obligado a tener que elegir entre el coste o la calidad de la experiencia.

El modelo de Jet también es interesante porque no merma el margen de los comercios de manera directa (aunque, al parecer, ahora sí que le tienen que pagar comisiones, como hemos mencionado antes). Todo lo contrario, los algoritmos del carrito inteligente (Smart Cart) de Jet propician cestas de la compra aún más grandes, ya que los clientes se dan cuenta de que cuantos más artículos añadan mayor será el ahorro. A simple vista es una simbiosis; para los comercios, Jet es otro canal de venta y, además, media entre ambos lados del mercado, oferta y demanda. Sin embargo, lo que deberíamos plantearnos en realidad es si Jet estará desatando una sigilosa guerra de precios en toda la industria de venta minorista al crear valor de coste a tan gran escala e infundir en los clientes la expectativa de pagar lo menos posible por absolutamente cualquier cosa. Boomerang Commerce, proveedor de *software* de fijación de precios para *e-commerce,* estima que el 81 % de los productos de Jet se venden más baratos que en Amazon[21].

Desde su lanzamiento en julio de 2015, la empresa ha conseguido más de 100 000 usuarios y aspira a conseguir una valoración de 3000 millones de dólares[22]. La compañía confiesa que no tiene previsto dar beneficios en los próximos cinco años, pero afirma que empezará a ser rentable una vez sobrepase el umbral de los 15 millones de usuarios (lo que no está tan claro es cómo piensa transitar este camino hacia la rentabilidad si ha dejado de cobrar la membresía[23]).

Ante semejante plan no podemos evitar preguntarnos si este modelo es sostenible. Es más, ¿puede decirse que un vampiro como Napster finalmente ganó la partida? Más adelante veremos que lo importante es la disrupción en sí, no el disruptor, porque, independientemente de lo que le pase a Jet.com, será improbable que todas las empresas dejen de utilizar las analíticas que les permiten exprimir el margen de sus precios (en todo caso, lo harán con mayor intensidad si cabe). Sin embargo, esta disrupción ha abocado a las empresas tradicionales a una carrera hacia el abismo, y muchas de ellas caerán.

Como ya hemos visto, los vampiros se dedican a chupar los márgenes de beneficio, o la propia fuente de ingresos, hasta dejarlos secos y lo hacen con una estrategia de disrupción combinatoria abanderada por precios realmente agresivos. Si bien la mayoría de los vampiros acechan a los sectores B2C, también empiezan a asomar *startups* sedientas de mercados B2B.

La logística, por ejemplo, es un sector que globalmente mueve 4 billones de dólares[24], y muchos de sus segmentos más lucrativos presentan características propicias para la disrupción. Como era de esperar, los inversores han estado inyectando fondos a las *startups* de este sector a un ritmo sin precedentes. Uno de los objetivos principales es el transporte de mercancías, un mercado de 160 000 millones de dólares que cuenta con unos pocos agentes globales, como Kuehne + Nagel y DB Schenker, pero que, por lo demás, está muy fragmentado[25]. La mayoría de estas compañías no transportan la mercancía, sino que actúan de intermediarias y coordinan los envíos en nombre de sus clientes. A medida que las cadenas de suministro se han hecho más internacionales y complejas, el papel de estas empresas ha cobrado mayor importancia, sin embargo, muchas de ellas siguen utilizando tecnologías anticuadas, como el correo electrónico, hojas de cálculo y máquinas de fax. De media, una empresa tarda unos tres días en recibir un presupuesto de una transportista. Además, la poca competencia y la falta de transparencia hace que las compañías sufraguen márgenes mayores. Los envíos *ad hoc,* que son encargos muy puntuales en comparación con los contratos de transporte regular, si bien representan menos del 1 % del volumen de pedidos de una empresa transportista, suponen el 30 % de sus costes de envío[26].

Freightos, disruptor con sede en Israel, utiliza el modelo de negocio de *marketplace* digital para reducir estos costes al hacer que el proceso sea más transparente y competitivo. Recopila datos no estructurados de la web relativos a costes de envío, los analiza, y condensa hasta veinte tarifas diferentes en una única cuota que cubre la ruta óptima para el envío. Y todo en menos de un minuto. Los costes son más bajos porque hay varias empresas transportistas compitiendo en el modelo de subasta invertida. Además de beneficiarse de mejores precios y presupuestos más rápidos, las compañías pueden utilizar Freightos para controlar el estado del envío y ver cómo pasa de un agente a otro hasta llegar a su destino final.

Freightos es un ejemplo de vampiro del valor en potencia que combina los valores de coste, experiencia y plataforma para succionar los márgenes de beneficio de la industria transportista[27]. Si bien los vampiros no necesitan el valor de la plataforma para revolucionar un mercado, las plataformas que conectan a ambos lados (*marketplaces* digitales) y utilizan las analíticas de datos para descubrir oportunidades (orquestador de datos) redundan en precios más bajos, valor que sí necesitan aportar para arrebatar su puesto a las empresas tradicionales y reducir el tamaño del mercado.

4. Un nuevo fenómeno paranormal

El símil de los vampiros pretende ser más descriptivo que peyorativo, aunque aún está por ver si en última instancia estos serán un bien para la economía general. Unos opinan que, dado el valor de coste que aportan, contribuirán a contener la inflación, es decir, que los precios de productos y servicios se mantendrán bajos. El contexto de tipos de interés bajos que hemos presenciado en los últimos 20 años propició dos grandes burbujas de activos, movimiento de la riqueza favorecido por la revalorización de acciones e inmuebles y el repunte del consumo por parte de particulares y empresas, lo cual puede ser una prueba de que los vampiros del valor estén desatando todo el potencial de la economía. Estés o no de acuerdo con la idea de que las tecnologías digitales impulsan la productividad, lo que es innegable es que los consumidores sí perciben un mayor valor desde que llegó la disrupción, sobre todo en lo que a precios se refiere. Así que, quizá los bajos niveles de inflación de los que hemos disfrutado en las últimas décadas puedan atribuirse, al menos en parte, al valor de coste que han generado los disruptores digitales, algunos con tintes vampíricos.

Otra corriente, sin embargo, tiene una opinión más negativa del fenómeno. Su presión en los márgenes no solo no contiene la inflación, sino que debilita la deflación, sobre todo en los sectores asediados por los vampiros. La deflación frena las inversiones, congela los salarios, ralentiza el crecimiento de la economía y produce desempleo estructural, sobre todo cuando las empresas que desaparecen son las que daban trabajo a muchas personas.

Los vampiros del valor pueden exprimir los costes de productos y servicios a base de eliminar capas del proceso de producción, distribución y gastos indirectos. Pero, al hacer eso, también reducen el tamaño del ecosistema de esa industria, así como la cantidad de empresas que pueden vivir de ella.

Si bien afirmamos que los vampiros del valor son una realidad incuestionable (allá quien se empeñe en negar su existencia), algunos observadores sostienen que son un fenómeno transitorio alimentado por el dinero fácil. Según dicen, en cuanto se cierre el grifo de las inversiones, la capacidad de los disruptores digitales para crear valores de coste, experiencia y plataforma también se irá aplacando.

En un capítulo anterior comentábamos que las ventajas de las empresas existentes se deben principalmente a su gran tamaño, sus balances, su cartera de clientes, la fuerza de su marca, etc. Sin embargo, también señalamos que los disruptores pueden igualar fácilmente estas ventajas de escala (como, por ejemplo, MyFitnessPal y SnapChat). Otro motivo que hace que los vampiros del valor sean particularmente dañinos para las empresas, es que se benefician de las deseconomías de escala, es decir, convierten el hecho de ser pequeño en una ventaja.

Los vampiros del valor no necesitan hacerse con todas las fuentes de ingresos de un mercado. Les basta con producir el suficiente margen (o generar los suficientes beneficios) como para hacer ricos a sus dueños e inversores. Pocas *startups* se pensarían dos veces si atacar un pequeño segmento de una industria multimillonaria si ello implica ganarse unos millones, ya sea con los beneficios o con su salida a bolsa (de hecho, muchos afirman que esa es la verdadera razón de ser de los emprendedores de hoy en día).

En ese sentido, la pregunta sobre la sostenibilidad de esta dinámica competitiva adquiere otro cariz. Si decíamos antes que lo que cuenta para los disruptores es el valor, no la cadena de valor, para las empresas del mercado lo que cuenta no es el disruptor, sino la disrupción. Lo que pase al final con un disruptor en concreto no borra del mapa las consecuencias que este haya desencadenado en el panorama competitivo. De hecho, los disruptores digitales de hoy en día podrían equipararse a los frágiles negocios de la burbuja de las puntocom. Aunque las empresas más astutas puedan (y consigan) vencerlos, estos les habrán dejado con tal reducción de ingresos, presión en los márgenes y pérdida de clientes, que la mera supervivencia planteará todo un desafío para las grandes empresas.

Las desafortunadas compañías a las que hayan mordido su negocio principal palidecerán irremediablemente. De ahí pasarán, o bien a una muerte rápida, o bien deambularán como muertos vivientes, sin llegar a recuperar nunca su vitalidad. En cuanto a los clientes, no estarán dispuestos a renunciar a esas nuevas formas de valor de las que ahora disfrutan, lo que hará aún más difícil encerrar al vampiro en su ataúd.

5. Las vacantes del valor

Pero no todo son malas noticias para las empresas tradicionales. De hecho, a medida que las industrias se aproximan al centro del vórtice digital, surge una nueva posibilidad: ocupar las vacantes del valor.

En el pasado, los mercados presentaban ciertos espacios en blanco –oportunidades sin aprovechar que ignoraba la competencia; las opciones de despuntar eran, o bien sacar ventaja a la competencia, o bien crear un nuevo mercado. Los mercados siempre han sido una especie de mosaico muy bien definido: «*nosotros* hacemos esto y así es como *nuestro* mercado crea valor para los clientes; *vosotros* hacéis esto otro y así es como *vuestro* mercado crea valor para los clientes». En este contexto, la fórmula del éxito era sencilla. Aunque la competencia entre las empresas fuera feroz y los mercados estuvieran muy saturados, podían crecer y aumentar sus márgenes de beneficios con solo «aprovechar los espacios en blanco»[28], los huecos del mosaico.

Cuadro 3.4 ¿Qué son las vacantes del valor?

Vacante del valor

Una oportunidad de mercado que se puede explotar con estrategias de disrupción digital

- Da las empresas la oportunidad de atacar; es la cara positiva de la disrupción digital para las empresas tradicionales.

- Puede encontrarse en mercados colindantes, en mercados totalmente nuevos o introduciendo innovaciones digitales en mercados existentes.

- La oportunidad ya no es duradera, sino temporal, debido a la dinámica competitiva del vórtice digital (descomposición, recombinación y evolución exponencial de las industrias).

- Para ocupar una vacante del valor, las empresas deben ser rápidas y crear valor desde múltiples frentes con la disrupción combinatoria.

Fuente: Global Center for Digital Business Transformation (DBT), 2015

Sin embargo, en el vórtice digital, las industrias colisionan y se entremezclan dando lugar a nuevas formas de competencia –y el cambio se acelera exponencialmente conforme convergen hacia el centro–. El resultado ya no es un mosaico estático y perfectamente delineado, sino un caleidoscopio que no deja de moverse. Más empresas (y más diversas) pueden rivalizar por una misma oportunidad de mercado. Por eso, es mucho más difícil, primero, conservar la posición en el mercado, aunque se haya ocupado el espacio en blanco, y, segundo, mantenerse ojo avizor, es decir, prever lo que sucederá y sumarse a las transiciones del mercado a tiempo. En este contexto, lo único cierto es la incertidumbre.

Pese a todo este caos, las oportunidades existen en el vórtice digital, aunque solo podrán aprovecharlas las empresas más avispadas y rápidas, antes de que otros se adelanten. Por eso las llamamos *vacantes*. En definitiva, una vacante del valor es una oportunidad que surge en el mercado y que se puede explotar con estrategias de disrupción digital (cuadro 3.4). Las empresas seguirán pudiendo aspirar a períodos de rápido crecimiento, generosos márgenes y a una posición privilegiada en el mercado, pero sus tiempos de bonanza cada vez durarán menos. La competencia de otros sectores, las *startups* y los vampiros del valor no tardarán en hacer su incursión para aguarles la fiesta. Las empresas que quieran seguir creciendo deberán buscar y explotar vacantes del valor sin cesar.

Si los vampiros son la cruz de la digitalización para las empresas tradicionales, las vacantes del valor son la cara; su baza para defenderse de los vampiros y para preparar su ofensiva.

La capacidad de detectar y ocupar vacantes será clave para el éxito de las empresas que, de un momento a otro, se vean en el centro del vórtice digital. La descomposición y recombinación características de este fenómeno implica que muchas empresas pueden lanzarse a por oportunidades del mercado y salir victoriosas aunque pertenezcan a otros sectores. En parte, esto es lo que hace tan temibles a los vampiros del valor –porque pueden salir prácticamente de la nada–, pero también es lo que hace que esta sea un factor crucial para ser competitivo.

Pero, como si del primer puesto de una competición se tratara, el campeón que se haga con una vacante del valor debe tener claro que su ocupación es solo temporal. Con el tiempo, alguien más aspirará a arrebatarle su puesto. Al contrario que los espacios en blanco del panorama competitivo clásico, las vacantes del valor son efímeras por naturaleza. Como Rita Gunther McGrath apunta en su libro *The End of Competitive Advantage* (*El fin de la ventaja competitiva)*, mantenerse a flote en un entorno de cambio perpetuo es un cometido colosal: «Quizá resulte abrumador tener que basar tus estrategias en supuestos nuevos continuamente, incluso aunque sepas que es lo correcto. Y representa un desafío aún mayor cambiar el objetivo último de tu estrategia y reorientarla de una ventaja competitiva sostenible a otra transitoria. Pero ya no puedes pensar en plantarte en una ventaja competitiva y sacar todo el provecho de ella si, mientras tanto, no estás dando pasos para hacerte con la siguiente[20]».

Como ya hemos dicho anteriormente, el panorama competitivo del vórtice digital se parece más a un caleidoscopio de formas cambiantes que a un mosaico inmutable. Rectifica a la famosa teoría de la estrategia del océano azul por la que los innovadores dan por sentado que su ocupación «hace que la competencia sea irrelevante[30]». Ideas como las fronteras del mercado (el espacio que hay entre oportunidades, empresas y su posición competitiva) y las barreras contra la imitación cada vez son menos significativas[31]. Como ya dijimos en el capítulo 1, las ventajas inherentes a las empresas existentes (marca, finanzas y cartera de clientes) tienen cada vez menos fuerza frente a la preponderancia de la digitalización y de la reconfiguración de las cadenas de valor. Ahora, gracias a tecnologías digitales como el *software* de código abierto o la computación en la nube, cualquier empresa, independientemente de su tamaño o de su procedencia, tiene capacidad para innovar y acceso a aplicaciones y recursos que hasta hace poco eran dominio exclusivo de las grandes multinacionales. Todo esto acelera el ritmo de la innovación en el vórtice digital y reduce la durabilidad de las vacantes del valor a medida que se forman, prueban e implementan nuevas ofertas competitivas.

Las vacantes del valor no son necesariamente espacios en los que no hay competencia. Tampoco hace falta crear un mercado totalmente nuevo para encontrarlas, sino que pueden estar en mercados contiguos o crearse al introducir innovaciones digitales en los ya existentes. Simplemente hay que entenderlas como la oportunidad de crear valores de coste, experiencia o plataforma, y de obtener ventajas competitivas como resultado de aplicar herramientas y modelos de negocio digitales.

Las empresas que aspiren a medirse con los vampiros más perjudiciales y a ocupar esas vacantes del valor, deberán conocer muy bien la disrupción combinatoria, es decir, saber combinar diferentes tecnologías y modelos de negocio digitales para crear nuevos mercados y sinergias. Un nivel de competencia muy exigente, pero ese es el precio de ocupar una vacante del valor. En el capítulo 4 ahondaremos en ello.

6. Apple: El experto en vacantes del valor

Antes pusimos a Tesla como ejemplo de disrupción combinatoria (ya que aprovecha sus innovaciones en *software* y baterías para revolucionar diferentes industrias). En efecto, el caso de Tesla ilustra a la perfección cómo hay que utilizar las tecnologías y modelos de negocio digitales para ocupar las vacantes del valor[32]. Pero veamos ahora el caso de otra empresa famosa por su capacidad de hacerse con nuevos mercados. No hablamos de un pequeño y repentino disruptor como Napster, sino de una compañía listada en la Fortune 500: Apple. La compañía es un claro ejemplo de cómo una empresa grande y con solera también puede llegar a revolucionar en lugar de que la revolucionen.

Cuadro 3.5 Lo que quieres, cuándo y dónde tú quieres

	Modelo de negocio	Valor para el cliente
Valor de coste	**Transparencia de precios:** Duras negociaciones con las discográficas, las cuales necesitaban monetizar la música en su formato digital. **Pago por consumo:** Pagar solo por lo que se utiliza/consume.	Daba la opción a los clientes de pagar solo por la música que querían (sencillos o álbumes). Los precios de la música digital redujeron considerablemente los precios del formato físico, incluso en álbumes completos.
Valor de la experiencia	**Autonomía del cliente:** Autoservicio. **Gratificación inmediata:** Descargas instantáneas, poder disfrutar de la música en cualquier parte (iPod, iPhone). **Personalización/Automatización:** Listas de reproducción creadas automáticamente con Genius gracias a las analíticas, sugerencias de canciones y artistas para comprar en la tienda de iTunes, relacionadas con los gustos personales del usuario. **Fricción reducida:** Pagar con el ID de Apple.	iTunes y iPod/iPhone han hecho que obtener, organizar y consumir música sea más fácil.

Valor de la plataforma	**Comunidades:** Modelo de distribución de uno a muchos infinitamente escalable.	Los clientes pueden adquirir una gran variedad de canciones y álbumes de forma legal y con muy buena calidad.
	Marketplace **digital:** Conexión de compradores con discográficas/ artistas mediante una plataforma *e-commerce.*	

Fuente: Global Center for Digital Business Transformation (DBT), 2015

En el año 2010, Apple se convirtió en el líder mundial de venta de música[33]. Si alguien lo hubiese dicho hace diez años nadie lo habría creído, básicamente porque la compañía ni siquiera pertenecía a la industria musical, sino que se la identificaba en el nicho de la industria tecnológica.

Hoy, Apple lidera también el sector de los *smartphones,* un mercado que ha revolucionado siendo en su día ajeno al sector. Durante la última década y media, Apple ha ido invirtiendo estratégicamente en creaciones de valor de coste, experiencia y plataforma, consiguiendo así proteger su fondo de utilidades más preciado: el *hardware* de los dispositivos.

Apple ha consolidado su liderazgo en el segmento de la informática personal, no solo por mejorar las características y funcionalidades de sus productos principales (ordenadores de mesa y portátiles), sino porque revolucionó el sector con una categoría completamente nueva: las *tablets.* Y es que fue meteórico el auge que experimentó la compañía bajo el mando de Steve Jobs, pero no nos desviemos con esa historia. Analizaremos el éxito de Apple desde su capacidad para explotar las vacantes del valor en la industria musical.

La empresa fue muy astuta al reconocer que el terreno ya estaba abonado para la disrupción. No solo porque las compañías existentes cobraban precios excesivos, sino porque no vendían la música de la manera en la que los consumidores querían comprarla: por canciones y en un formato que les facilitara escucharla cómo y dónde ellos quisieran. Además, en el mercado ya se habían dado los primeros pasos hacia el cambio, como por ejemplo la digitalización y la desmaterialización (con los CD, MP3 y el intercambio de archivos P2P), lo cual daba pie a oportunidades de crear nuevos tipos de valor.

En su evento Macworld de 2001, Apple lanzó iTunes, con lo que marcó una nueva etapa en la disrupción digital. Lo que entonces se presentó como un espacio para la venta de música digital (al que posteriormente añadieron películas, series, libros y otras categorías) no se quedó en una simple tienda *online*. Apple creó todo un ecosistema digital para comprar música y ofreció a sus consumidores un elegante dispositivo (el iPod y después el iPhone y el iPad) en el que integrarlo y disfrutarlo desde cualquier lugar. Esta estrategia de ecosistema demostraría ser una pieza clave para ocupar futuras vacantes del valor como, por ejemplo, cuando lanzaron su tienda, App Store. Aunque la música no era gratuita en iTunes, sus precios eran más baratos que los de los CD (de 6.99 a 9.99 dólares) y también daban la opción de descomponerlos y comprar canciones sueltas, de 0.99 a 1.29 dólares cada una.

Otra ventaja para los consumidores es que iTunes les permitía organizar su música y crear sus propias listas de reproducción. Años después introdujo las analíticas con Genius, una funcionalidad capaz de hacer listas de reproducción automáticas uniendo canciones que combinaran bien entre sí, y todo gracias a los datos de los millones de usuarios de iTunes (léase, valor de plataforma). Lo más importante es que iTunes reunía en una sola tienda *online* cualquier cosa que los amantes de la música quisieran comprar. Además, les daba la opción de pagar con solo introducir su ID de Apple, previamente vinculado a una tarjeta de crédito, lo cual lo hacía más atractivo y cómodo que comprar en diferentes tiendas. Apple combinó la música digital con un dispositivo que la hizo portátil y además proveyó los medios para comprarla y organizarla. De modo que, por el camino, se hizo con una vacante del valor con la que revolucionó la cadena de valor física del sector musical. Todas estas innovaciones asestaron un duro golpe a los comercios y empresas de electrónica.

Apple fue capaz de ocupar esa vacante del valor que había en la distribución de música digital porque supo cubrir una necesidad insatisfecha del mercado que a las discográficas y comercios no les interesaba satisfacer. Si algo está claro sobre la disrupción digital es que ha puesto fin al lucro basado en obligar al consumidor a pagar lo que no valora (cuadro 3.5).

No obstante, las ventas de música de Apple han ido decayendo, lenta pero incesantemente, durante los últimos tres años debido a la nueva oleada de innovadores que también quieren hacerse con esa vacante del valor. Para competir contra nuevos agentes como Pandora o Spotify, Apple creó su propio servicio de *streaming*, Apple Music, así como una emisora de radio que emite todos los días y a todas horas, llamada Beats 1, para diversificar sus fuentes de ingresos (con publicidad, por ejemplo) y crear o mejorar los valores de coste, experiencia y plataforma para sus clientes[34]. Con Pandora y Spotify amenazando el sector musical como no se había visto desde Napster (y iTunes), Apple debe responder como empresa asentada que es. Los vencedores del vórtice digital saben que tienen que ganarse su puesto en la vacante del valor de manera continua si quieren evitar que se sequen sus fuentes de ingresos o sus márgenes, o quedarse obsoletos. Los lanzamientos de Apple Watch y Apple Pay en 2014 marcan los últimos pasos en su estrategia de inversión para ocupar nuevas vacantes del valor (incluso se rumorea que planea introducirse en la industria de la automoción[35]) y para apuntalar su posición de cara al futuro.

7. Cazadores: Dollar Shave Club, WeChat y GE

Al igual que a las compañías de taxis, no se puede culpar a los vendedores de cuchillas por creer que el viaje hacia el centro del vórtice digital no iba con ellos. Históricamente, este sector en Estados Unidos se ha mantenido estable y dominado por dos gigantes –Procter & Gamble (propietaria de la marca Gillette) y Schick, división de Energizer Holdings. Por su parte, P&G es líder mundial a la hora de crear valor comercial con las tecnologías de la información. Sus procesos de innovación disruptiva se han convertido en casos de estudio de transformación empresarial[36].

Sin embargo, varias compañías le siguen disputando el mercado estadounidense de productos de aseo para el hombre (valorado en 3300 millones de dólares), y cabe esperar una buena sacudida en el horizonte[37]. Dollar Shave Club es un disruptor que está desafiando el duopolio Gillette-Schick en Estados Unidos con una osada combinación de los valores de coste y de experiencia. Los clientes de Dollar Shave Club pagan una suscripción mensual, desde un dólar para el servicio más básico[38]. En lugar de comprar sus recambios de cuchillas en una tienda –una experiencia un tanto incómoda y, a veces, hasta desesperante, ya que son productos que se guardan bajo llave en los expositores– los clientes tienen la opción de recibirlos directamente en la puerta de su casa a cambio de su suscripción.

Dollar Shave Club ha captado la atención de analistas e inversores por su rápido crecimiento. A mediados de 2015 llegó a valorarse en más de 615 millones de dólares[39]. Lo más importante es que el modelo de negocio de Dollar Shave Club ha sido lo que ha impulsado su rápida conquista de cuota de mercado. Ahora, la compañía vende el 8 % de todas las cuchillas que se venden en Estados Unidos, y siguen creciendo modelos similares (como Harry's) prácticamente de la nada desde 2012. Dollar Shave Club ya ha logrado arrebatar a Schick su puesto como segundo mayor fabricante de cuchillas de afeitar de Estados Unidos[40].

Se espera que la venta *online* de cuchillas de afeitar aumente un 25 % anual durante los próximos cinco años –un incremento que ha pillado a P&G y Schick por sorpresa–. Como dijo un directivo de P&G hace poco, «el crecimiento ha sido considerable y las necesidades y hábitos de consumo de nuestros clientes están cambiando»[41]. El éxito de Dollar Shave Club pone de relieve el hecho de que el carácter físico de los productos de una empresa no es ninguna garantía de inmunidad. La disrupción digital puede llegar a cualquier sector. Como ya hemos visto en otros ejemplos, el cazador acaba siendo cazado. Pero P&G no se ha quedado de brazos cruzados, sino que ha empezado a aplicar el modelo de pago por consumo para sus cuchillas[42] y también ha creado un nuevo envase para evitar que en los supermercados tengan que guardar el producto bajo llave[43]. Tales son sus esfuerzos por hacerse con esta vacante del valor que representa la compra por suscripción de productos de afeitado[44].

Setecientos millones de personas utilizan WeChat, la aplicación de mensajería móvil desarrollada por Tencent, el rey asiático de las redes sociales[45]. Al percatarse de la vacante del valor que había en el mercado de servicios financieros para particulares (un sector que le era completamente ajeno), WeChat decidió facilitar la concesión de préstamos a través de su aplicación con un nuevo servicio al que llamaron Weilidai (minipréstamo). Con él, conceden a sus usuarios préstamos de hasta 200 000 yuanes en cuestión de minutos[46] (unos 25 500 dólares una cifra no muy mini que digamos). Weilidai evalúa la solvencia del usuario analizando los datos bancarios y otros datos personales básicos que este haya proporcionado previamente, y también con sus propios datos y la información sobre los estados de los préstamos facilitada por el Banco Popular de China.

El servicio de Weilidai aporta valor de coste, ya que sus condiciones para obtener préstamos son muy ventajosas como, por ejemplo, que no exige avales. El valor de la experiencia también es significativo porque a sus prestatarios les basta con coger sus móviles e introducir unos pocos datos para conseguir su préstamo al instante. Ya no tienen que desplazarse a una sucursal bancaria, ni tan siquiera ponerse delante del ordenador. También les evita el largo y tedioso papeleo de la mayoría de las instituciones financieras de China. Dado que la aplicación integra muchas otras funciones, como la mensajería y el comercio electrónico, los usuarios se benefician del hecho de formar parte de una plataforma mayor: una ventanilla única.

A largo plazo, la matriz de WeChat, Tencent, podrá beneficiarse de la nueva oferta al crear relaciones con los consumidores en el ámbito de los servicios financieros. Una vez consolide su posición en esa área, estará en disposición de cruzar más fronteras del mercado en el futuro.

No hay empresa más arraigada –ni más lastrada– que GE Capital, el conglomerado de 124 años de antigüedad cuyos negocios abarcan maquinaria industrial, producción eléctrica, servicios financieros y productos de consumo no perecederos, entre otros. En los albores de la crisis financiera, sus acciones se desplomaron a menos de 6 dólares, desde sus máximos de 60 dólares en 2000[47]. GE se vio obligado a recurrir a la Corporación Federal de Seguro de Depósitos (FDIC) para proteger GE Capital, su anterior máquina de hacer dinero y un peso pesado en el sector de la deuda inmobiliaria comercial; y es que su cartera había recibido un duro golpe. La compañía se enfrentaba, además, a una intensa competencia en su mercado de electrodomésticos. En consecuencia, GE se desprendió de los activos de GE Capital[48] y vendió su división de electrodomésticos a la empresa china Haier[49] (en el capítulo 4 veremos con más detalle cómo fue esta estrategia de GE). Resumiendo, la compañía está desprendiéndose de negocios que en 2015 le aportaban ingresos por valor de 19 600 millones de dólares o, lo que es lo mismo, casi el 17 % de los ingresos de GE[50].

Con una desinversión de tal magnitud, GE corre el peligro de estancar sus ingresos a largo plazo... salvo que reoriente el rumbo hacia otros mercados florecientes. Con este fin, la compañía ha ido a por todas hacia la conquista de una vacante del valor de enorme potencial: *softwares* que conectan a internet maquinaria industrial, como motores a reacción, turbinas o robots de fábricas, para recopilar y analizar los datos que toda esta maquinaria genera. GE lo llama el *mercado industrial digital*. La compañía ya ingresa 5 000 millones de dólares con su línea de *software* y aspira a estar entre las diez mayores empresas de programas informáticos a nivel mundial en 2020 gracias a sus plataformas de IoT basadas en la nube, como GE Predix[51].

Predix planea convertirse en la mayor plataforma de *software* para maquinaria industrial, así como iOS y Android lo son para los *smartphones*[52]. GE utiliza Predix para desarrollar aplicaciones de todo tipo para mejorar el valor de sus productos y crear nuevas fuentes de ingresos. Por ejemplo, lo utiliza para ayudar a sus clientes a prevenir averías en sus equipos de GE y programar mantenimiento predictivo. También lo emplea para optimizar el posicionamiento de los aerogeneradores en tiempo real, según las condiciones climáticas (como veremos en el capítulo 7). Además, con Predix, GE ha lanzado aplicaciones para ferrocarril como GE Trip Optimizer, que analiza datos de cientos de sensores de las locomotoras GE para automatizar factores como la velocidad y el frenado, lo que contribuye a una operación más eficiente y al ahorro de combustible[53].

GE también ofrece Predix a los clientes que construyen su propia maquinaria industrial y se lo venden como una plataforma de *software* en lugar de como un simple extra de la maquinaria de GE. Pitney Bowes, que fabrica y provee máquinas para el envío de correspondencia de gran volumen, utiliza Predix para evitar paradas imprevistas y mejorar el rendimiento de sus máquinas[54]. Esta estrategia pone a GE en competencia directa con titanes tecnológicos como Google y Amazon, y con compañías de *software* como SAP e IBM, que también han visto en el IoT una vía de crecimiento[55]. Lo que todavía está por ver es si GE finalmente llegará a ocupar esta vacante del valor. Sin embargo, Predix es exactamente la clase de oferta que la compañía necesita si quiere competir en este incipiente mercado y seguir creciendo a medida que se desprende de sus líneas de negocio tradicionales.

ALTERNATIVAS ESTRATÉGICAS PARA LAS EMPRESAS

4

1. Estrategias competitivas

Muchas empresas se paralizan ante la amenaza de la disrupción digital. La competencia convencional les es familiar y se sienten cómodas, por muy complicados que sean sus mercados. Pero adaptarse a las nuevas formas de competir y lidiar con modelos de negocio digitales es harina de otro costal. Creemos que, para combatir la disrupción digital, hace falta un plan bien estructurado y fundamentado en cuatro estrategias competitivas –a las que llamaremos *el manual de respuestas estratégicas*–. Dos de ellas son defensivas (las que mostramos en la parte izquierda del cuadro 4.1) y las otras dos, ofensivas (en la parte derecha).

Cuadro 4.1 Manual de respuestas estratégicas

Repliegue
Estrategia defensiva para retirarse estratégicamente de segmentos del negocio amenazados por la disrupción

Cosecha
Estrategia defensiva para bloquear amenazas disruptivas y optimizar el rendimiento de los segmentos del negocio amenazados

Ocupación
Estrategia ofensiva para conservar los beneficios competitivos obtenidos con la disrupción

Disrupción
Estrategia ofensiva para disrumpir el propio negocio principal o para crear nuevos mercados

Fuente: Global Center for Digital Business Transformation (DBT), 2015

Estas estrategias indican cómo crear un nuevo valor para el cliente con medios digitales y cómo maximizar los ingresos y beneficios de sus modelos operativos anteriores a la disrupción (que, para muchas de las empresas tradicionales, son esenciales). Las estrategias defensivas son para repeler a los vampiros del valor (y a otras amenazas más modestas) y para maximizar el período de vida útil de los negocios que se encuentran bajo asedio. Las estrategias ofensivas están relacionadas con la búsqueda proactiva de una vacante del valor. Las empresas pueden pivotar de las estrategias defensivas a las ofensivas, como explicaremos en este capítulo.

1.1. Cosecha: Maximizar el valor de los negocios amenazados

Cuando la competencia disruptiva acecha, una de las opciones que tienen las empresas es la cosecha. Se trata de una estrategia defensiva diseñada para maximizar los beneficios de un negocio en declive. Esta estrategia suele comenzar con tácticas de bloqueo que la empresa puede aprovechar por su actual posición en el mercado y por su estatus con respecto a clientes, socios, reguladores, creadores de opinión y proveedores de capital. Estas medidas de contraataque persiguen el objetivo de, o bien frenar al disruptor, o bien ganar tiempo para que la empresa pueda diseñar una respuesta más contundente. Algunas de estas tácticas pueden ser, por ejemplo, incoar demandas judiciales para detener las operaciones del disruptor, emprender campañas de marketing que mejoren sus promesas o aprovechar sus recursos financieros para superar su valor de coste (aunque, con esto, les puede salir el tiro por la culata y acelerar aún más la pérdida de márgenes). Pero recuerda que no son más que parches. Las tácticas de bloqueo no impiden, en última instancia, el avance de la disrupción.

Con la cosecha lo que se pretende es sacar partido a una situación negativa y obtener el máximo margen posible durante el período de declive, lo cual implica una reconfiguración considerable de la empresa para adaptar el negocio a la nueva realidad. Esta reorganización incluye, por ejemplo: consolidar operaciones; optimizar costes y agilizar procesos; reducir la producción, limitarse a segmentos de clientes leales o dependientes; primar la calidad y el valor de la marca en los mensajes de marketing, y eliminar de la cartera aquellos elementos que ya no contribuyen a crear valor. Para ejecutar esta estrategia hay que dar una serie de pasos que permitan una cesión inteligente del terreno competitivo. En otras palabras, el terreno no se cede hasta que la empresa cruza ese umbral por el cual los costes de mantener el negocio en cuestión descompensan los beneficios financieros o estratégicos. *Digitalizar* es, por tanto, fundamental para cosechar, no solo para desencadenar la disrupción, sino también para articular una defensa sólida (por ejemplo, para mejorar la eficiencia, que será necesario para ejecutar la cosecha).

Desgraciadamente, la mayoría de las empresas tradicionales no son muy buenas en la cosecha, porque eso implica reconocer que una parte de su negocio está en decadencia. Por lo general, las compañías son reacias a admitirlo por el colapso organizativo al que puede dar lugar. Ningún directivo quiere estar al frente de una compañía en su ocaso. Para muchos es una situación que denota falta de liderazgo o la pérdida de la visión, algo que se supone que un líder debe aportar. También influye el castigo financiero al que se exponen, ya que, cuando una empresa entra en fase de cosecha, los inversores suelen interpretarlo como el preludio de algo peor. Todo esto les reafirma en su resistencia.

Pero la cosecha no debe interpretarse como sinónimo de fracaso, sino que debería verse como la progresión natural de un negocio maduro que está tomando medidas para defenderse de la pérdida de exclusividad de sus productos, del desgaste del cliente, de la reducción de sus márgenes y de otras desgracias derivadas de la disrupción digital. Los líderes suficientemente perspicaces como para aceptar este hecho están más predispuestos a corregir el rumbo de sus organizaciones hacia la transición.

La disrupción digital es dolorosa y, a menudo, irreversible. El ritmo al que se produce en el vórtice digital no suele dejar demasiado margen para capear el temporal, como sí ocurriría si fuera por una recesión, por un lanzamiento frustrado o por mala prensa. Y es especialmente cierto cuando se trata de vampiros del valor, el disruptor más extremo y ruinoso. Estos aportan tal valor a los clientes que elevan sus expectativas hasta el punto de eliminar toda posibilidad de retroceder a la jerarquía competitiva de antaño.

Las empresas tradicionales pueden llegar a imponerse, pero no lo conseguirán si se limitan a parapetarse y a seguir haciendo lo mismo de siempre. La mayoría de los observadores no meterían a Netflix en el saco de las empresas tradicionales. De hecho, a menudo se habla de ella como la quintaesencia de la disrupción digital. Pero lo cierto es que Netflix sí que tiene un negocio maduro que, por culpa de la disrupción, está en plena decadencia: el alquiler de DVD por catálogo, también con un modelo de suscripción.

El vídeo en *streaming* –una disrupción que Netflix ha contribuido a universalizar– crece a un ritmo impresionante. En enero de 2016, llegó a congregar a 75 millones de clientes y de más de 190 países (prácticamente de todos, menos de China). Netflix sigue manteniendo sus servicios de alquiler de DVD para más de 4 900 000 clientes en Estados Unidos, una línea que le generó 80 millones de dólares de beneficio (o el 23 % del mercado estadounidense) en el último trimestre del ejercicio fiscal de 2015[1].

Desde que Netflix alcanzó su máximo de 20 millones de suscriptores en 2010, el DVD por catálogo cayó un 18 % en el último ejercicio fiscal. Para exprimir al máximo el margen que aún pudiera sacar, Netflix emprendió la estrategia de la cosecha e introdujo varios cambios que hicieran más eficiente la gestión de su negocio tradicional como, por ejemplo, agilizar y automatizar las operaciones de sus almacenes. Algunas de estas tácticas se detallan en un artículo de *The New York Times* sobre el centro de distribución de la compañía en Fremont, California: «Por la máquina de devoluciones pasaban unos 3 400 discos por hora. Cinco veces más que cuando los empleados de Netflix procesaban los discos manualmente. Esa máquina –o, Amazing Arm (brazo prodigioso), como lo llamaban sus ingenieros– representa la estrategia que ha permitido a Netflix seguir rentabilizando su línea de alquiler de DVD, mientras que, a la vez, se iba preparando para transformarse en el servicio de *streaming* global que es hoy[2]».

Sin embargo, es crucial comprender que la cosecha no es la única arma de las empresas tradicionales en el vórtice digital. También pueden preparar su ofensiva y combatir la disrupción con la disrupción (como veremos en su correspondiente epígrafe).

Emprender estas estrategias en paralelo es un asunto delicado. Según el estudio que realizamos en el sector manufacturero, la complejidad que plantea esta guerra de dos frentes es lo que realmente frena a los fabricantes a la hora de transformar sus líneas de negocio de maduras y centradas en productos, a otras orientadas a servicios y con mayor potencial de crecimiento[3]. Es el mismo dilema al que se enfrentan las organizaciones que quieren lanzar negocios disruptivos, pero a la vez proteger sus fuentes de ingresos tradicionales. Y es que, a veces, es arriesgado canibalizar el propio negocio. Pero más allá de estas dificultades, las organizaciones deberán sopesar cuidadosamente sus inversiones en estas estrategias contrapuestas (cosecha y disrupción) y valorar en cuál de ellas harán un uso más inteligente de sus recursos en cada momento.

Cosecha: Lo que deberían preguntarse los directivos

- ¿Qué tácticas de bloqueo nos ayudarían a frenar a los disruptores?

- ¿Cuáles de los elementos del negocio amenazado aún son fondos de utilidades sostenibles?

- ¿Qué podemos aprender de los disruptores para mejorar nuestro negocio actual?

- ¿Qué pasos deberíamos dar para reorganizar la empresa y adaptarnos a la nueva realidad competitiva?

- ¿Deberíamos pivotar de la cosecha a la disrupción (la detallaremos más adelante) y pasar a una estrategia ofensiva?

- ¿Cómo y cuán rápido deberíamos plantearnos pasar al repliegue?

1.2. Repliegue: Una huida estratégica

La cosecha consiste en mejorar la experiencia del consumidor y la eficiencia operativa en segmentos amenazados, pero cuando el coste de mantener un negocio excede los beneficios, es momento de plantearse el repliegue, es decir, enfocarse en nichos de mercado en los que se concentre una subcategoría de clientes con necesidades muy específicas. Normalmente, se trata de un mercado que la empresa ya dominaba en el pasado y del que ya sabe cómo obtener rentabilidad. Esta fase requiere aportar cierto valor a la experiencia del consumidor (sobre todo en cuanto a la personalización) que a los disruptores no les interese aportar.

Al igual que la cosecha, el repliegue no es un signo de fracaso. De hecho, puede contribuir a que la empresa saque ventaja de las nuevas vacantes del valor que posteriormente reemplacen esta fuente de ingresos a punto de extinguirse, fortaleciendo así el rendimiento de su capital. El paso de la cosecha al repliegue denota el cierre o empaque del negocio principal, cuando ya no se deben invertir más recursos tratando de escurrir un valor que ya no compensa. El repliegue es una estrategia oportuna cuando se ha agotado toda oportunidad en el mercado y solamente queda un fondo de utilidades que aprovechar.

Kodak es un buen ejemplo. Su auge y caída como gigante fotográfico es un caso de sobra conocido. En su momento álgido era una máquina de hacer dinero y la principal marca a nivel mundial que dominaba la mayoría de los mercados en los que estaba presente. La creencia popular es que la digitalización mató a Kodak, pero eso no es del todo cierto. Kodak no murió, sigue existiendo, aunque es cierto que ahora es mucho más pequeña y su actividad es mucho más especializada. Hoy en día opera fundamentalmente como proveedor B2B de soluciones de tratamiento de imagen de alta calidad. Por ejemplo, es la proveedora de las películas que se utilizan para grabar muchos de los largometrajes de Hollywood.

Existen muchos ejemplos parecidos en otras industrias que todo el mundo da por sentenciadas. Las agencias de viajes, por ejemplo, han enfocado su negocio en organizar itinerarios más complicados y en los viajes corporativos. Otras empresas se han lanzado a la producción y venta de discos de vinilo. De hecho, te sorprendería saber que en 2015 este es el segmento de la industria musical que más rápido creció en Estados Unidos (duplicando el índice de crecimiento de *streaming*), llegando a ventas de casi 500 millones de dólares[4]. Algunas compañías de taxi están especializándose en áreas como, por ejemplo, el transporte seguro, algo difícil de garantizar para Uber y empresas similares. En fin, las alternativas de nicho están ahí, pero, evidentemente, representan una línea de negocio menor con respecto a la principal anterior.

Estas tácticas de repliegue culminan con el abandono del mercado, cuando ya no se puede crear más valor sin incurrir en demasiados costes o cuando seguir invirtiendo capital ya no es una buena opción. Es importante saber cuándo es el momento adecuado para abandonar un segmento del mercado: precipítate y dejarás dinero sobre la mesa; hazlo demasiado tarde y habrás perdido tu valor. Como decíamos en el capítulo 3, GE cambió radicalmente de estrategia y puso rumbo a lo que ellos llaman el *mercado industrial digital*. Para hacer este cambio, la empresa resolvió que había partes de la organización que ya no encajaban en su nueva estrategia, por lo que habría que transformarlas o venderlas. Como parte de su evolución, GE se comprometió a desinvertir activos de más de 200 000 millones de dólares, incluyendo su compañía de medios y entretenimiento NBC Universal, su línea de electrodomésticos y, lo que hasta entonces se consideraba la joya de la corona, GE Capital[5], algo que muchos estimaron demasiado radical. Esta había sido durante décadas la llave del crecimiento y el motor de beneficios del conglomerado. A pesar de todo, venderla cuando todavía estaba bien valorada demostró ser una táctica inteligente y perspicaz.

Tanto la cosecha como el repliegue son estrategias defensivas que permiten a las organizaciones adaptarse a mercados cambiantes y a la disrupción digital. Pero, para sacar ventaja de las vacantes del valor e iniciar un crecimiento que compense la pérdida de los negocios afectados, serán necesarias las estrategias ofensivas que veremos a continuación.

Repliegue: Lo que deberían preguntarse los directivos

- ¿Qué costes de oportunidad (estratégicos y financieros) tiene para nosotros el seguir invirtiendo en estrategias de cosecha?

- ¿Existen nichos rentables en los que podamos centrarnos y en los que a los disruptores les cueste competir?

- ¿Alguna de nuestras líneas existentes sigue siendo viable?

- ¿Deberíamos desinvertir alguna de ellas?

- ¿Y cómo deberíamos hacerlo (consolidar, vender o cerrar)?

- ¿Qué aprendizaje podemos extraer para impulsar un nuevo negocio (es decir, encontrar vacantes del valor)?

1.3. Disrupción: Aportar un valor para el cliente con medios digitales

En el momento en que una empresa detecte una vacante del valor, debe iniciar su estrategia de disrupción. Esta táctica se centra en crear valores de coste, experiencia y plataforma (o, idealmente, los tres a la vez) utilizando las tecnologías y modelos de negocio digitales, lo cual requiere un análisis pormenorizado de la evolución de las necesidades del cliente, estudiar las capacidades y movimientos de la competencia y hacer un examen crítico de la disposición de la organización para ir a por la oportunidad.

La disrupción consiste en aplicar nuevos métodos que permitan crear las tres formas de valor y así alterar la dinámica competitiva. En el capítulo 2, estuvimos analizando quince modelos de negocio disruptivos con los que crear estos tipos de valor, los cuales constituyen una guía para que formes tu estrategia disruptiva.

Las tácticas para la disrupción dependen de que la empresa tenga un buen conocimiento del entorno y sepa, por ejemplo:

- Cuál es el nivel de costes (precios) actual.

- Cómo son ahora las experiencias del cliente y qué posibilidades hay de mejorarlas (más personalización, comodidad, control, rapidez).

- Cómo están actualmente conectadas (o no) las partes interesadas de dentro y fuera del mercado –clientes, socios, empleados, contribuidores– y de qué manera las plataformas podrían aportar nuevas conexiones o con más valor añadido.

Hemos hecho hincapié varias veces en que lo que cuenta en la disrupción digital es el valor, no la cadena de valor. De modo que, para acometer sus tácticas de disrupción, las empresas deben quitarse el sombrero de proveedores y ponerse el de clientes, y así poder ver el mercado como lo ven ellos, es decir, deben centrarse en el producto final en lugar de en el proceso de producción.

Si el punto de partida de las empresas ya era malo para la cosecha, con la disrupción están mucho peor. El principal problema de las compañías tradicionales es que las ventajas estratégicas que antaño les condujeron al éxito, de poco o nada les sirven a la hora de crear o sacar provecho de las innovaciones disruptivas. Por este motivo, la mayoría apenas encuentra estímulos para buscar vacantes del valor. Según nuestro estudio, solo una de cada cuatro de estas empresas se propone ser agente de cambio. De ahí que sus estrategias tiendan más bien a una disrupción reactiva, es decir, limitarse a copiar a los disruptores o aventajarles. Son menos comunes las iniciativas proactivas para encontrar vacantes del valor, una actitud que les servirá de poco en el vórtice digital.

Las tácticas de disrupción tampoco dan resultado si las empresas hacen adquisiciones poco recomendables solo para reposicionarse (a menudo a bombo y platillo) como innovadores de un nuevo espacio de mercado. De hecho, esas adquisiciones pueden acelerar su declive competitivo si la estrategia no es buena o si está mal integrada (o ambas). Una estrategia de disrupción temeraria e irreflexiva, cuyo único fin sea paliar una línea de negocio moribunda o mal gestionada, estará sentenciada desde el principio. Hasta las tácticas más prudentes pueden llegar a fracasar si la empresa carece de los recursos (procesos, sistemas, habilidades) para adaptarlas a las prioridades cambiantes del mercado.

En la disrupción no hay solución de talla única. Para algunas empresas, serán las adquisiciones, para otras las *joint ventures* o empresas conjuntas y, para otras, será crear una compañía derivada o dar un nuevo giro a la actual. Otras actúan como inversoras de nuevas empresas, para que sean estas las que incuben innovaciones para su beneficio.

La disrupción combinatoria (que, como recordarás, consiste en combinar los valores de coste, experiencia y plataforma) hace que el desafío de aplicar con éxito las tácticas disruptivas sea aún mayor. Los valores del coste y la experiencia, por ejemplo, siempre se han visto como alternativas opuestas. Sin embargo, como ya hemos podido ver, los disruptores digitales han desmontado este paradigma. La mayoría de las empresas tradicionales han crecido en un mundo en el que se daba lo uno o lo otro por lo que intentar aportar ambos conducía a una estrategia diletante y abocada al fracaso. El valor de la plataforma también es un misterio para las empresas tradicionales porque la mayoría llevan impregnados en su ADN los incentivos para perpetuar métodos de interacción y comercio tradicionales y antiplataforma.

Disrupción: Lo que deberían preguntarse los directivos

- ¿Cómo podemos aportar nuevos valores de coste, experiencia y plataforma para nuestros clientes?

- ¿Podemos crear una disrupción combinatoria que sea aún más atractiva y disrumpir al disruptor?

- ¿Qué retorno obtendremos de la inversión en la disrupción (pese al riesgo de canibalizar nuestros actuales negocios)? ¿Compensará a las tácticas de cosecha?

1.4. Ocupación: Prolongar la posesión de la vacante del valor

Si disrumpir iba sobre revolucionar el mercado con acciones catalizadoras, las tácticas de ocupación persiguen el objetivo de conservar todo lo posible las ventajas competitivas obtenidas gracias a dicha disrupción. La ocupación refuta el tropo de Silicon Valley, «Constrúyelo y vendrán», y sostiene que, aunque una empresa haya sido la precursora de la disrupción de un mercado, no implica que vaya a ser la vencedora definitiva. Más bien reconoce que las vacantes del valor son oportunidades de mercado que despiertan una competencia feroz que, a su vez, amplía el abanico de opciones para los consumidores. También establece que, para sacar el mayor provecho de estas oportunidades, las empresas deben preparar estrategias que les permitan dar más de sí a su disrupción y prolongar su posesión en la vacante del valor. Esta táctica es, por tanto, clave para poder competir y crecer dentro del vórtice digital.

Si las estrategias de cosecha y disrupción planteaban un dilema a las empresas tradicionales, la ocupación tampoco iba a ser una excepción. Cuando se dice que para las empresas es difícil convertirse en disruptores, por lo general se están refiriendo a su incapacidad de culminar con éxito su estrategia de ocupación. El problema para estas empresas es que se encuentran en terreno desconocido. Antes decíamos que las vacantes del valor se pueden encontrar en mercados contiguos, al crear uno nuevo o al introducir mejoras digitales en los ya existentes. Pero, en cualquiera de esos tres casos, las empresas se encuentran en *terra ignota,* en la que no hay normas de circulación marcadas ni estrategias probadas, ni modelos mentales en los que apoyarse, ni trucos que copiar ni ejemplos de empresas de éxito en los que inspirarse. La ocupación significa gestionar una parte totalmente nueva del negocio, a lo cual hay que sumar todas las dificultades que hemos descrito anteriormente, sobre todo si las empresas están en proceso de gestionar sus negocios en declive (cosecha, repliegue) a la vez que intentan hacer crecer los nuevos (disrupción, ocupación).

Dado que la vida útil de las vacantes del valor es muy corta, sus ocupantes deben afrontar, tarde o temprano, la competencia de los insurgentes que se alcen a la caza de su oportunidad de mercado. A medida que la vacante del valor vaya madurando o perdiendo fuelle ante nuevas disrupciones, las empresas deben plantearse pivotar de su posición ofensiva de ocupación a la defensiva de cosecha, y así exprimir al máximo sus ingresos y beneficios.

KONE, el fabricante y proveedor de servicios de ascensores finlandés, no es el típico ejemplo en el que uno piensa cuando se habla de digitalización. Al fin y al cabo, el movimiento de sus ascensores es puramente mecánico, no digital. En 2015, KONE, como tantas otras empresas, empezaba a hacer frente a una serie de desafíos estratégicos y tácticos como, por ejemplo, la competencia de bajo coste desde China o la recesión del sector de la construcción en muchos países. Ninguno de estos problemas era de corte digital, pero si escarbamos un poco más, veremos cómo enseguida empiezan a aflorar las amenazas y oportunidades digitales.

Por ejemplo, las empresas tecnológicas como IBM, Toshiba, Honeywell y Samsung se propusieron revolucionar la industria de la construcción creando ciudades, comunidades y edificios inteligentes. Este cambio incluía, entre otras cosas, conectar infraestructuras digitalmente, como ascensores y escaleras mecánicas. Debido a la digitalización, las empresas de administración de instalaciones asumían cada vez más responsabilidad en cuanto al mantenimiento de las infraestructuras. Los ascensores y las escaleras mecánicas se estaban convirtiendo en dispositivos conectados que se podían monitorizar, evaluar, mantener y reparar a distancia. KONE se percató de que todos esos cambios estaban originando numerosas vacantes del valor y, por consiguiente, vio en la digitalización la llave para modernizar y asegurar las futuras fuentes de ingresos de sus nuevas líneas de negocio de equipos y mantenimiento.

KONE también se dio cuenta de que no podría ocupar esas vacantes ni hacer frente a las amenazas ella sola; necesitaba un socio. Así que, en febrero de 2016, la compañía anunció su alianza estratégica con IBM, por la que juntas desarrollarían e implementarían servicios en la nube, dispositivos conectados y tecnologías de analíticas avanzadas[6]. Como dijo Henrik Ehrnrooth, CEO de KONE, «Vivimos en un mundo conectado. Las soluciones mejoradas de diagnóstico y predictibilidad que podremos ofrecer junto a IBM nos permitirán dar un mejor servicio a nuestros clientes y mejorar la experiencia de quienes utilicen nuestros equipos». Para KONE, la batalla por la nueva vacante exigía un enfoque diferente: colaborar con una empresa que, de lo contrario, se habría convertido en un temible competidor.

Ocupación: Lo que deberían preguntarse los directivos

- ¿Cómo diferenciaremos nuestra oferta disruptiva y daremos más valor de coste, experiencia y plataforma a nuestros clientes?

- ¿Deberíamos construir, comprar o aliarnos con otras empresas para ocupar la nueva vacante del valor?

- ¿Cómo podríamos aprovechar las plataformas para escalar?

- ¿Podemos levantar barreras que inhiban a la competencia (por ejemplo, protección derivada de nuestro estatus de plataforma o de la propiedad intelectual)?

- ¿Se ha llegado a tal punto de madurez que haga necesario pivotar a la cosecha?

- ¿Qué aprendizajes podemos extraer para impulsar un nuevo negocio (por ejemplo, vacantes del valor adicionales)?

2. Casos de estudio de la estrategia de ocupación: Las historias de tres empresas

Vamos a examinar un poco más de cerca la estrategia de la ocupación, la cual debería ser la primera en la lista de los directivos que ya estén en el vórtice digital. Concretamente, analizaremos tres tácticas de esta estrategia –construir, comprar y aliarse– y cómo se están llevando a cabo en el sector de servicios financieros, un sector que, en nuestro estudio, calificábamos como el más vulnerable en los próximos cinco años.

La gestión de inversiones es uno de los pilares más lucrativos y prósperos para las instituciones financieras tradicionales. La gestión de activos movió globalmente 74 billones de dólares y sus beneficios llegaron a rozar los 100 000 millones[7]. No es de extrañar que bancos, aseguradoras, empresas de valores y asesores financieros ansíen ampliar su cartera de clientes-inversores, sobre todo con los más acaudalados. Por desgracia para estas empresas, los robot-asesores (disruptores digitales que utilizan algoritmos para gestionar el dinero automáticamente, sin intervención humana) han emergido como una alternativa viable para cientos de miles de inversores, lo cual ha hecho peligrar la principal fuente de ingresos de las empresas del sector. El robot-asesor (o asesor automático) es la disrupción, por lo que ahora la batalla es por la ocupación de esta nueva vacante del valor.

Empresas como Betterment, FutureAdvisor y Wealthfront lideran esta primera hornada de disruptores decididos a atacar la cadena de valor de las firmas tradicionales. El modelo de negocio de los robot-asesores aporta valor a los inversores de múltiples formas. En primer lugar, les genera valor de coste porque elimina los elevados honorarios de los asesores financieros. Cobran un pequeño tanto por ciento del activo gestionado, como los instrumentos financieros de tipos más bajos de los bancos (por ejemplo, los fondos indexados). En segundo lugar, aporta valor a su experiencia porque reduce la carga de gestionar su propia cartera («Configúralo y listo»)[8]. Los robot-asesores también aportan valor a la experiencia con otros detalles como, por ejemplo, la automatización del reajuste de la cartera y de la reinversión de los dividendos.

Aún no está claro si los robot-asesores son vampiros del valor y si su ventaja competitiva minimizará el tamaño del mercado. Hasta ahora no lo parecen, ni tienen por qué llegar a serlo. Quizá con sus servicios contribuyan a abastecer a un segmento del mercado que hasta ahora estaba desatendido y que lo que estén haciendo sea, precisamente, agrandar el pastel. Sin embargo, a corto plazo, el riesgo de que la disrupción que representan erosione una piedra angular para las empresas tradicionales es real: los analistas estiman que los robot-asesores llegarán a gestionar activos por valor de hasta 450 000 millones de dólares hacia 2020[9]. Pese a que es una porción relativamente pequeña del negocio multimillonario de la gestión de activos, los modelos de negocio de los robot-asesores han captado la atención de las empresas.

La intensidad de la disrupción ha suscitado debates entre los observadores de la industria, pero sí parece haber consenso en cuanto a que los elementos del modelo (las analíticas y la automatización, por ejemplo) han llegado para quedarse y se acabarán incorporando en los servicios de asesoría financiera de forma generalizada. Asimismo, nos da un ejemplo perfecto para estudiar diferentes tácticas de ocupación de las que pueden aprender las empresas. A continuación, examinaremos los casos de tres compañías dedicadas a la gestión de activos –Charles Schawab, BlackRock y Fidelity– las cuales han seguido tres tácticas diferentes de ocupación –construir, comprar y asociarse, respectivamente– para atajar la amenaza de los robot-asesores.

2.1. Charles Schwab: Construir

Charles Schwab Corporation emergió en los años setenta como la principal empresa de corredores de descuentos y, en los noventa, se puso a la vanguardia de la correduría electrónica. Ahora, con la reciente amenaza de los robot-asesores, Schwab vuelve a ponerse las pilas. En octubre de 2014, la compañía anunció que tenía previsto lanzar Schwab Intelligent Portfolios, su propia línea de robot-asesores. Al contrario que sus pequeños rivales disruptores, esta empresa no cobra comisiones. Según la compañía, «Schwab Intelligent Portfolios es un servicio de asesoría de inversión automatizado. Su sofisticada tecnología crea, monitoriza y reajusta tu cartera para que tú no tengas que preocuparte. Tampoco cobra cuotas ni comisiones sobre los servicios[10]». Tras el primer trimestre de comercialización de Intelligent Portfolios, Schwab informó de que su servicio ya contaba con 39 000 cuentas y unos 3000 millones de dólares en activos[11].

Al eliminar las comisiones, la compañía añadió un nuevo valor de coste para sus clientes. También les liberó de la responsabilidad de controlar los mercados y reajustar sus inversiones, haciendo, así, que las operaciones fueran más cómodas e inteligentes, dos elementos del valor de la experiencia que los disruptores utilizan con excelentes resultados. El uso de canales como Apple App Store y Google Play para registrarse se lo pone aún más fácil a los clientes para que se unan, en lugar de tener que pasar por los típicos y tediosos papeleos de la mayoría de los gestores de inversión.

Schwab también ha añadido una versión de su oferta para los más de 7000 asesores de inversiones registrados (AIR) de su red de custodios; en el breve período de seis meses, más de 500 se dieron de alta[12]. En un artículo reciente de *Investment News* se decía que «los asesores podrán personalizar la aplicación y utilizarla para crear sus estrategias de inversión e incluso añadir sus propios logos a la interfaz[13]». Cuando la disrupción deriva en la habilitación de un canal o de un segmento de consumidor de esta forma, podemos decir que, a las mejoras obvias de los valores de coste y experiencia de los robot-asesores, se les ha unido también el valor de la plataforma, multiplicando aún más los efectos de la disrupción combinatoria.

Schwab Intelligent Portfolios ilustra así una de las posibles tácticas de la estrategia de ocupación: construir. La empresa aprovechó su condición de compañía establecida como arma competitiva en lugar de escudarse en ella. Es un gran ejemplo de líder de mercado que ha sabido pasar de la estrategia defensiva a la ofensiva a la hora de abordar la disrupción. Asimismo, Schwab observa las implicaciones que pueda tener para su negocio actual de asesoría. Cuando lanzaron Intelligent Portfolios, su CEO Walter Bettinger decía con aplomo que «nunca temimos estar canibalizando parte de nuestro negocio tradicional», a lo que añadió, «dicho esto, para nuestros clientes es una solución muy diferente con respecto al resto de nuestras soluciones de asesoría, que requieren de un contacto más estrecho. En gran parte, creemos que atraerá aquellas personas a las que no les interese un modelo tan relacional como nuestras otras soluciones[14]».

Ahora, Schwab tendrá que gestionar su negocio de asesoría tradicional en paralelo con sus propuestas disruptivas, como Intelligent Portfolios. Sin embargo, está claro que la estrategia de Schwab era menoscabar el valor de coste de los disruptores, vencerles en su propio terreno eliminando las cuotas y ligando el servicio a otros fondos de utilidades clave para que estos no se vieran perjudicados por la disrupción. Con esta compartimentación, Schwab ha conseguido maximizar el valor de su diversificada cartera de negocios. También ha logrado que los disruptores se pongan en la piel de las empresas existentes y deban pasar de la disrupción a la ocupación.

2.2. BlackRock: Comprar

La táctica de construcción de Schwab era una de las posibles. Veamos ahora otra estrategia para hacer frente a los robot-asesores: comprar.

BlackRock, Inc., filial del *holding* bancario PNC Financial, es el mayor gestor de inversiones del mundo, entre sus clientes cuenta con empresas, gobiernos, fondos de pensiones e inversores particulares y gestiona más de 4.6 billones de dólares en activos[15].

En agosto de 2015, la compañía anunció la adquisición del robot-asesor FutureAdvisor, una *startup* financiada con capital riesgo y que gestiona activos por valor de 600 millones de dólares[16]. FutureAdvisor fue integrada en BlackRock Solutions, la división de gestión de inversiones y riesgo de Black-Rock para bancos, aseguradoras y otros asesores de inversión que quieren incluir el asesoramiento automático entre sus ofertas.

Sin desmerecer los méritos de BlackRock, esta táctica de compra es muy útil para las empresas que carezcan del ADN adecuado para incubar y lanzar disrupciones internamente. La idea de tener que seguir el ritmo frenético de la tecnología digital es otro motivo para que las empresas vean la adquisición de otros disruptores con buenos ojos, tal y como destacó el consejo de Administración de BlackRock cuando compró Future Advisor[17], por 152 millones de dólares[18]. En la nota de prensa en la que anunciaba la compra, BlackRock se refirió al coste financiero de la transacción como «poco importante para los beneficios por acción de BlackRock[19]», prueba de que las innovaciones disruptivas pueden incorporarse a un negocio preexistente a un precio que, para un gigante como BlackRock (que pagó 50 veces más de lo que la *startup* ingresaba), resulte apetitoso[20], ya que con esta absorción «solo» añadió 600 millones de dólares en activos. Parece que la compra de FutureAdvisor está más motivada por la tecnología y velocidad digital que por las cuentas de los clientes.

Cabe destacar que el negocio de FutureAdvisor quedará integrado en BlackRock Solutions, la rama B2B de la compañía, a la cual BlackRock se refiere como el «corazón analítico de la empresa[21]». Al ofrecer los robot-asesores a consejeros e instituciones financieras, BlackRock ha dado la vuelta a la tortilla poniendo de su parte la amenaza que suponía la asesoría a inversores particulares (B2C) «desmercantilizando la mercantilización de los robot-asesores[22]».

Básicamente lo que han hecho ha sido convertir la plataforma de robot-asesores en un canal de distribución que pueda hacer crecer una de sus líneas más estratégicas: BlackRock iShares, una familia de fondos cotizados que se venden a través del canal de asesoría de la compañía y que ha sido posible gracias a esta nueva herramienta.

2.3. Fidelity Investments: Alianzas

Veamos ahora la tercera y última táctica de la ocupación: las alianzas. Lo haremos con el ejemplo de otra gestora de inversiones tradicional.

Fidelity Investments es líder en la gestión de inversiones multiservicio, con más de 2 billones de dólares en activos gestionados y con líneas de negocio en fondos de inversión, planes de pensiones, gestión patrimonial, correduría de descuento, ejecución y compensación de valores, y seguros[23].

En octubre de 2014, estableció una alianza estratégica con Betterment. Esta última era, hacia abril de 2016, el mayor robot-asesor puro, con un total de 3900 millones de dólares[24] en activos, todos ellos gestionados automáticamente. Con esta alianza, Fidelity Institutional Wealth Services (IWS) pudo convertir los servicios para asesores de Betterment, Betterment Institution, en su marca blanca y ofrecerlos a las casi 10 000 asesorías que trabajan con Fidelity. Ambos han posicionado estos servicios como un híbrido entre asesoría humana y tecnología (haciendo que el trabajo de los asesores sea más práctico y eficaz). Gracias a esta solución han captado nuevos clientes, sobre todo inversores más jóvenes y menos acaudalados, y han facilitado que los asesores puedan centrarse en el trabajo que exige una mayor dedicación al cliente, como los fideicomisos o las herencias[25].

Un mes después, en noviembre de 2014, se asociaron con otro agente disruptivo, LearnVest[26], que en 2015 acabó en manos de otra empresa, Northwestern Mutual[27]. Los lazos que ha creado Fidelity con los robot-asesores y otras *fintech* da a las empresas tradicionales el ejemplo de cómo pueden aplicar esta táctica de alianzas si quieren llevar a cabo la estrategia de la ocupación o, como decía con sorna un observador, «si no puedes vencer a los robots, únete a ellos[28]». Ante la posibilidad de aprovechar la propia inercia de los disruptores para crear valor de coste, de experiencia y de plataforma, Fidelity lo vio claro.

Las alianzas también sirven como placa de Petri para incubar tácticas de disrupción y ocupación que puedan derivar en el modelo de construcción y de esta manera permita a la empresa tradicional desarrollar una oferta disruptiva con sus propios recursos cuando considere que ha llegado el momento oportuno. Michael Durbin, presidente de Fidelity IWS, comentó la posibilidad de pasar de la alianza a la construcción: «Tenemos asientos en primera fila para ver lo que quiere el mercado, y lo monitorizamos con mucha rapidez para sopesar qué soluciones podríamos proporcionar nosotros mismos. Que no se sorprenda el mercado si con el tiempo empezamos a ofrecer estos servicios de forma nativa[29]». De hecho, en noviembre de 2015, anunciaron la prueba piloto de un nuevo servicio, Fidelity Go, para proveer asesoramiento automático[30].

Construir, comprar o aliarse son tácticas que pueden aprovechar las empresas tradicionales para debilitar a sus advenedizos rivales a largo plazo. Les puede ayudar, incluso, a consolidar su posición en el mercado, como hemos visto en el caso de la compra de FutureAdvisor por parte de BlackRock y en las maniobras de adquisición de Northwestern Mutual y otros. Por otro lado, la proliferación de los robot-asesores entre las empresas asentadas puede contribuir a su aceptación generalizada en el mercado y el consiguiente estímulo de disruptores como Betterment y Wealthfront. Evolucione como evolucione, no cabe duda de que el sector de gestión de inversiones será un crisol de competitividad de la disrupción digital.

3. Tipos de valor para el cliente y respuestas estratégicas

¿Cómo encajan los valores de coste, experiencia y plataforma en el manual de respuestas estratégicas? A continuación, analizaremos cada estrategia en función de los valores que deban priorizarse (cuadro 4.2).

Cuando la empresa entra en modo cosecha para defenderse de una amenaza disruptiva, los principales valores que debe priorizar son los de coste y la experiencia. Debe ajustar al máximo sus costes para que su oferta sea lo más competitiva posible y, a la vez, enriquecer la calidad de la experiencia para fomentar la lealtad de sus clientes.

Una vez traspasado el momento crítico de declive, la empresa debe iniciar el repliegue, lo cual implica seguir recortando costes y, sobre todo, enriquecer aún más el valor de la experiencia para seguir siendo diferentes a ojos de los clientes que les quedan. Estos últimos suelen ser usuarios con necesidades muy específicas, a quienes la compañía debe seguir satisfaciendo a la vez que se repliega a un mercado de nicho. El valor de la plataforma no suele darse en ninguna de estas estrategias defensivas (cosecha y repliegue).

Cuadro 4.2 Tipos de valor para el cliente en función de la estrategia

	Estrategias defensivas		VACANTE Estrategias ofensivas	
	Cosecha	Repliegue	Disrupción	Ocupación
$ Valor de coste	✓	✓	✓	✓
⏱ Valor de la experiencia	✓	✓	o... ✓	y... ✓
Valor de la plataforma			o... ✓	y... ✓

Fuente: Global Center for Digital Business Transformation (DBT), 2015

En la estrategia de disrupción se puede priorizar un valor y respaldarlo con otro. Por ejemplo, se puede ofrecer una experiencia significativamente mejor a un precio similar o algo más barato (como en el caso de Uber) o bien ofrecer una experiencia que sea lo suficientemente buena, pero a un precio radicalmente más bajo (como, por ejemplo, las llamadas por Skype o los mensajes por WhatsApp). El peso que tenga el valor de coste dependerá, en cierto modo, del punto de partida, es decir, de si la empresa emplea la estrategia de disrupción como defensa ante una amenaza, o si es una táctica proactiva para revolucionar el mercado. Si es el primer caso, debería hacerse más hincapié en el valor de coste para contraatacar directamente al advenedizo competidor para, en última instancia, imponerse al enemigo aprovechando la superioridad de su músculo financiero. En el segundo caso, el valor de coste será un complemento al valor principal (raro será que una empresa tradicional se dedique a menoscabar sus precios por voluntad propia).

Si bien las tácticas de disrupción suelen plantearse en torno a un tipo de valor, las de ocupación normalmente requieren de los tres. Esta última estrategia sume a las empresas en una guerra sin cuartel por la vacante del valor, armadas con la disrupción combinatoria. El valor de la plataforma es el diferenciador clave, ya que permite a las empresas enraizarse, que no eliminar, a más largo plazo en las vacantes del valor al alzar barreras de entrada al mercado, hacerse adictivo para sus participantes y sentar las bases para dar cabida a ingresos complementarios que hagan prosperar a la plataforma.

4. Cuando los vampiros se comen la fuente de ingresos

Todas estas estrategias deben plantearse reiteradamente. Ninguna empresa puede acaparar una vacante del valor de forma permanente, y quienes lo consigan desde luego no será desde una cómoda posición de repliegue. La evolución de la empresa debe ser constante y debe aplicar estas estrategias una y otra vez a lo largo del tiempo, extrayendo todos los beneficios en cada ocasión. El vórtice digital está lleno de oportunidades. La pregunta es cuántas de esas oportunidades sabrán aprovechar las empresas.

Pero volvamos ahora al negocio musical para ver cómo se entrelazan estas estrategias con la dinámica competitiva que hemos descrito. En el capítulo

3 expusimos cómo se produjo la disrupción digital en la industria discográfica a partir de la digitalización de la música y con la aparición de Napster y su servicio de descargas gratuitas. Como ya hemos visto, Napster fue el desencadenante, pero cuando la industria discográfica consiguió que este disruptor cerrara (mediante una táctica del bloqueo), dejó un vacío en el mercado. Los consumidores querían descargar música, eso era indiscutible. Y aunque muchos se fueron en tropel a páginas de *torrents* ilegales, como Pirate Bay, Apple apostó a que millones de consumidores estarían dispuestos a pagar un precio razonable a cambio de disfrutar legítimamente de música de buena calidad. El rotundo éxito de iTunes demuestra que estaban en lo cierto.

Así que, por mucho que Napster fuera el causante de la disrupción en la industria discográfica, finalmente no fue capaz de ocupar esa vacante del valor. Apple, en cambio, con su combinación de *hardware* y *software* intuitivos y con el valor que aportaba su plataforma gracias a los acuerdos a los que llegó con los principales sellos discográficos y artistas, se erigió como conquistador absoluto. Hay una diferencia entre revolucionar un mercado y ocuparlo, y es vital que las empresas sean conscientes de ello. Las compañías que prevalecen en la vacante son excelentes ejecutoras de la disrupción combinatoria y, sobre todo, tienen la habilidad de compaginar un rápido crecimiento (valor de la plataforma) con un modelo de negocio que les permita ganar los suficientes ingresos y márgenes aun vendiendo más barato que la competencia (valor de coste). Apple lo hizo y convirtió a iTunes en el rey de las ventas de música digital.

Sin embargo, y por desgracia para Apple (pero por fortuna para los amantes de la música), el vórtice digital nunca deja de girar. Apple tenía lo que, en la era prevórtice digital, podrían considerarse ventajas insuperables: una plataforma de distribución de casi 900 millones de usuarios[31] (iTunes) estrechamente ligada a sus dispositivos móviles (los iPod y, posteriormente, los iPhone) con más de 1000 millones de ventas acumuladas[32].

Pero entonces surgieron otros proveedores de música en *streaming*, como Pandora o Spotify, que perturbaron con su vampírica presencia la plácida existencia de iTunes. Solo en Estados Unidos duplicaron las escuchas de música a más de 317 000 millones de canciones en 2015[33]. Ambos servicios ofrecían acceso ilimitado a toda la música, gratis para quienes no les importara escuchar anuncios y *premium,* con más prestaciones a cambio de una suscripción mensual de 10 dólares (lo que hubiese costado comprar diez canciones en iTunes). La gran mayoría escogió la opción gratuita, con anuncios[34].

A los consumidores les gusta escuchar música, pero no quieren pagar una suscripción: el 78 % de los usuarios estadounidenses afirmó que era improbable que lo pagaran porque el hecho de poder disfrutarlo gratis hace que 10 dólares resulten caros en comparación[35]. Lo cual nos lleva a la pregunta de cuántos de esos ingresos perdidos podrá recuperar Apple incluso si consiguiera alcanzar a Spotify. Todo este arco de disrupción que hemos visto en la industria discográfica muestra la presión implacable que habrán de soportar las empresas para innovar, encontrar vacantes del valor y ocuparlas. Incluso, aunque las empresas logren repeler con éxito a los vampiros –Apple únicamente ganó el asalto inicial–, los ingresos no volverán de rebote, sino que deberán posicionarse para la siguiente gran acción. Este ejemplo también ilustra cómo las ofertas que ya están listas para digitalizarse tienden a un «coste marginal cero»[36].

Veamos cómo reaccionó Apple a la disrupción de la música en *streaming* desde el prisma de nuestro manual de respuestas estratégicas. La empresa optó por un enfoque multidimensional:

- **Cosecha:** Apple está exprimiendo los ingresos de su decadente negocio de iTunes lo máximo posible y, para ello, lo ha integrado con Apple Music, su nueva oferta de música en *streaming* (que veremos a continuación). Recuerda, una buena estrategia de cosecha persigue el objetivo de que la empresa siga obteniendo beneficios de una línea de negocio, aunque su demanda se esté reduciendo. De hecho, en 2014 la venta de música digital superó por primera vez a la de los CD físicos[37]. Y, según Pricewaterhou-seCoopers, se prevé que las descargas digitales también se reducirán un 10 % anual entre 2015 y 2019[38]. Es una caída considerable, sin duda, pero todavía deja margen para que Apple pueda ordeñar algunos millones más antes de pasar a la estrategia del repliegue.

- **Disrupción:** La música, aun con la venenosa mordida de los vampiros, sigue siendo un negocio sumamente importante para Apple. Las descargas todavía le generan miles de millones, así que tiene todo el interés en conservar esta fuente de ingresos. Aunque los servicios de música en *streaming* han hecho que ya no sea tan relevante en qué dispositivo escucharla (pues basta con tener la aplicación y conexión de banda ancha), Apple no renunciará a este vínculo sin más. iTunes fue un elemento crítico para el éxito de su línea de *hardware*, tanto en lo que se refiere a las unidades vendidas como al margen de beneficio.

De los ingresos de iTunes, Apple cede a los dueños del contenido el 65 %[39] y vende las canciones entre 65 y 99 céntimos. Cuando preguntaron hace años a Steve Jobs que por qué no cobraban más por cada canción, su respuesta fue «porque estamos vendiendo iPods»[40]. En un mercado tan ferozmente competitivo como es el de los dispositivos, Apple fue capaz de vender iPods a 399 dólares —mucho más caros que los reproductores de la competencia— y obtener un 30 % de margen de beneficio[41]. De hecho, el contenido digital de iTunes se ha llegado a calificar como la «argamasa del imperio financiero de Apple», porque define la experiencia del usuario y hace que los consumidores se mantengan fieles y compren cada nuevo dispositivo que sacan[42]. En pocas palabras, iTunes hace que el *hardware* de Apple sea más valioso y ha sido una pieza clave de su estrategia corporativa[43]. Las plataformas sientan bases muy valiosas sobre las que construir otros ingresos complementarios (o clave, como en el caso de Apple). En algunas ocasiones, el propio negocio de la plataforma puede servir como producto de gancho.

Aunque el pastel de la industria discográfica no hacía más que encoger[44], Apple no se contentó solo con su jugada de la cosecha, así que aceptó el arriesgado desafío que planteaba la vampírica propuesta de música en *streaming* y subió la apuesta ofreciendo aún mayores valores de coste, experiencia y plataforma a los consumidores. Una maniobra que afectaría a su propio negocio y (seguramente) a sabiendas de que terminaría de acelerar el fin de iTunes. Una maniobra que, cinco años atrás, habría sido inconcebible.

En junio de 2015, Apple lanzó su propio servicio de *streaming*, Apple Music[45]. En enero de 2016 ya tenía 11 millones de suscriptores de pago, menos de la mitad de los 30 millones de Spotify[46], pero hay que tener en cuenta que lo consiguió en tan solo siete meses[47].

- **Ocupación:** Desde que Apple tomó la decisión de contratacar a los vampiros del valor, pelea con uñas y dientes por ocupar el mercado. Para atraer a suscriptores de pago a su Apple Music, ofrece lanzamientos exclusivos[48] y más de 10 000 listas de reproducción filtradas por músicos, DJ y otros creadores de tendencias[49]. En concreto, Apple se dirige a los *millennials*, un público que, en su mayoría, no suele continuar con el servicio pasado el periodo de prueba inicial[50]. Por eso, por ejemplo, la compañía firmó hace poco un contrato con Dubset Media Holdings para reproducir mezclas *(mashups)* hechas por DJ, compuestas por una gran variedad de canciones, lo cual a su vez les ha traído auténticos quebraderos de cabeza por problemas de derechos de autor[51]. A los fans más jóvenes les encanta y es una opción a la que no tenían acceso con otros servicios.

Sin embargo, la mayor maniobra de Apple para diferenciar sus servicios de música en *streaming* no tiene que ver en absoluto con la música, sino con el vídeo. Apple ya ha empezado a colaborar con otra gran favorita de los *millennial*, Vice Media, para producir en exclusiva una serie de vídeos llamada *The Score*[52]. Netflix y Amazon consiguieron muchos suscriptores gracias a su estrategia de producir sus propias series, y Apple no piensa quedarse atrás. Dado que la gente joven prefiere ver contenidos a demanda en sus *smartphones* y ordenadores en lugar de en los televisores[53], resultaba más lógico lanzar su contenido de vídeo en Apple Music que en Apple TV, el reproductor de contenido digital de la compañía para el hogar.

Apple Music sigue ganando suscriptores de pago a gran velocidad, lo cual está presionando a Pandora, anterior innovador y líder del mercado. Esto prueba, una vez más, que ser el disruptor de un mercado no garantiza ser el vencedor final[54]. Sin embargo, la batalla está lejos de finalizar ahora que muchos otros competidores se están dando cuenta de que el verdadero valor de la música en *streaming* no radica en sus ingresos directos, sino en el hecho de que es la puerta hacia otras vacantes del valor.

Amazon, por ejemplo, también se ha propuesto ocupar la nueva vacante del valor de la música en *streaming* con su Amazon Echo, el dispositivo que combina la inteligencia artificial con la conexión permanente *(always on)* a sus líneas de comercio electrónico y de contenidos. Los miembros de Amazon Prime pueden utilizar Echo para escuchar música desde Amazon o de sus cuentas de Spotify o Pandora. Siguiendo una línea estratégica no muy distinta a la de Apple, el objetivo de Amazon no es ganar dinero con la música –prácticamente la está regalando– sino con las compras que harán los consumidores mientras escuchan música. Con Amazon Echo, los consumidores pueden pedirle a Alexa, su asistente de inteligencia artificial, que ponga música desde su cuenta de Amazon Prime o desde cualquier otro servicio de *streaming*. Pero, si por ejemplo están cocinando mientras escuchan música, también pueden pedirle a Alexa que apunte otra botella de aceite de oliva y una lata de tomates italianos. El dueño de un casino nunca quiere que sus clientes abandonen el edificio, por eso pone a su alcance toda clase de alicientes para que sigan jugando. Lejos de propulsar el renacimiento de la industria discográfica, la música en *streaming* y los dispositivos para escuchar música son en realidad para Amazon un bufé complementario.

5. Disruptores y disrumpidos

Parece como si las empresas tradicionales estuvieran siempre condenadas a comprar cuando más alto está el mercado. En el vórtice digital, la desventaja inherente a su existencia previa es la ley de Moore, la cual, descrita *grosso modo*, afirma que el coste de la tecnología como factor de producción se reduce exponencialmente. Las empresas tradicionales se encuentran en el extremo equivocado de esta curva, mientras que en el correcto están los disruptores, que gozan de una base de costes más competitiva.

En resumen, la competitividad de costes es un indicador retardado. En parte por eso, antes nos hemos referido a ellas como empresas lastradas, porque cargan con estructuras de costes y cadenas de valor que eran válidas para la dinámica competitiva de otros tiempos. Aunque tampoco queremos caer en el tópico de que las empresas jóvenes son más competitivas que las tradicionales en el vórtice digital. A medida que los innovadores maduren y vayan gravándose con las mismas cargas que las empresas tradicionales, ellos también caerán presas de la siguiente generación de agentes disruptivos, quienes se beneficiarán del implacable avance de la ley de Moore. Por tanto, el desafío de las empresas es reiniciar su posición con respecto a esta curva de costes.

El hecho de que el coste de la innovación vaya cayendo da a disruptores de toda índole (sí, también a las empresas tradicionales) más bazas para crear ofertas y modelos de negocio disruptivos. Por consiguiente, las empresas siempre podrán transitar por nuevas y emocionantes sendas en pos del valor para el cliente. Pero siempre recordando que hay otros muchos rivales ávidos de hacerse con la fórmula del éxito. Que esto sea bueno o malo para una empresa en concreto dependerá de cuán eficiente sea la compañía para crear ese nuevo valor.

PARTE 2

LA AGILIDAD
EMPRESARIAL
DIGITAL

5

1. Agilizar es el nuevo planificar

La velocidad de la evolución tecnológica, de la innovación en los modelos de negocio y de la confluencia entre industrias sigue aumentando conforme el vórtice digital arrastra a más y más empresas hacia su centro. Los nuevos competidores se van posicionando y adquiriendo ventajas competitivas que harán postrarse a los actuales líderes del mercado, a menos que estos hagan algo al respecto. ¿Pero qué?

Las empresas deben aportar a sus clientes los valores de coste, experiencia y plataforma y, para ello, deben aplicar los modelos de negocio que presentamos en el capítulo 2. Asimismo, necesitan ejecutar las estrategias que hemos descrito en el capítulo 4 para combatir a los vampiros del valor y hacerse con las vacantes del valor. Es decir, que deben innovar y, al mismo tiempo, sacar el máximo beneficio posible de sus actuales y vulnerables negocios. Pocas empresas son capaces de hacer bien alguna de estas cosas (no digamos ya las dos a la vez)[1]; en parte, porque las empresas confunden el concepto de *estrategia* (que implica velocidad y flexibilidad) con el de *planificación*, que es más rígida y, a menudo, laboriosa. Como dijo el famoso boxeador Mike Tyson, «todo el mundo tiene un plan hasta que lo golpean en la boca».

Los altos directivos deben crear una visión estratégica para sus empresas, pero sin caer en los cantos de sirena de los planes a uno o varios años vista. Suelen ver en estos planes una protección contra la disrupción digital, pero no es más que eso, una falsa sensación de seguridad. Como apuntó Roger L. Martin, de la Universidad de Toronto, «prácticamente siempre que se habla de estrategia se asocia con la palabra *plan* en alguna de sus formas, como en planificación estratégica o plan estratégico. Este sutil error de conceptos se debe a que la planificación es un ejercicio minucioso, factible y cómodo... El plan suele respaldarse con hojas de cálculo que proyectan ingresos y gastos a largo plazo, de modo que, al final del proceso, todo el mundo se siente más seguro[2]».

Por tanto, la planificación no es otra cosa que un intento de predecir el futuro. Osado propósito[3] que, ahora más que nunca, roza el absurdo si tenemos en cuenta la dinámica competitiva y la velocidad del cambio que hemos descrito en la primera parte de este libro. Mientras estos directivos siguen enfrascados haciendo planes, sus empresas siguen precipitándose hacia el centro del vórtice digital, donde la evolución tecnológica, la innovación en los modelos de negocio y la confluencia entre industrias avanzan sin tregua. Cada vez con mayor regularidad, los disruptores digitales son capaces de anular los planes de crecimiento de una empresa antes de que hayan podido compartirlos siquiera con empleados y accionistas, mientras secan su principal fondo de utilidades.

Demasiadas empresas afrontan esta evolución exponencial con la fe de que su enfoque lineal de estrategia (léase, planificación), será un arma suficiente. En un mundo de constante cambio, los planes a largo plazo no son un timón, sino el ancla que encalla a la empresa en una posición sin sentido. En palabras de Woody Allen, «si quieres hacer reír a Dios, cuéntale tus planes». En el vórtice digital, la planificación es el problema, no la solución.

2. Un nuevo enfoque

Más bien deberían proponerse desarrollar una serie de capacidades que les permitan competir con la velocidad, fluidez y eficacia que caracterizan a los disruptores.

Crear disrupción combinatoria y, a la vez, ejecutar estrategias defensivas y ofensivas exige aplicar un nuevo enfoque. A este conjunto de nuevas capacidades[4] lo llamamos *agilidad empresarial digital*. Este concepto se define mejor como una especie de metacapacidad que, a su vez, se sustenta en tres capacidades subyacentes: hiperconciencia, toma de decisiones informada y rapidez en la ejecución (cuadro 5.1). La agilidad empresarial digital permite a las empresas aportar unos valores de coste, experiencia y plataforma superiores, ya que les capacita para:

* Percibir los cambios más importantes que se están produciendo en el entorno, gracias a la recopilación de datos e información relevantes.

* Analizar datos, extraer conclusiones e implicar a las personas adecuadas para tomar siempre buenas decisiones.

* Ejecutar y escalar con rapidez, y desprenderse de planteamientos infructuosos u obsoletos.

Cuadro 5.1 Agilidad empresarial digital

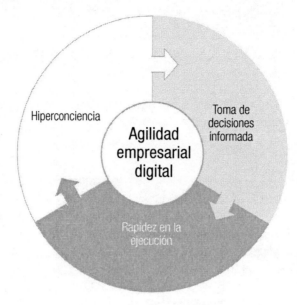

Fuente: Global Center for Digital Business Transformation (DBT), 2015

Así, las empresas pueden anticiparse a las necesidades cambiantes de sus clientes en lugar de dejarse sorprender por un repentino disruptor que les ofrezca una propuesta de valor más atractiva. Pueden decidir si ir a por una vacante del valor y cómo hacerlo según los datos de que dispongan y toda la información que puedan recopilar. También pueden introducirse rápidamente en nuevos mercados, establecerse y optimizar sus márgenes. En este capítulo nos centraremos en el concepto general de *agilidad empresarial digital,* mientras que en los capítulos 6, 7 y 8 concretaremos cómo se desarrollan la hiperconciencia, la toma de decisiones informada y la rapidez en la ejecución, respectivamente. Como veremos a continuación, estas tres capacidades confluyen y se fortalecen entre sí.

Las compañías con una sólida agilidad empresarial digital son capaces de reaccionar rápida y eficazmente ante las amenazas emergentes, así como de aprovechar las oportunidades antes de que sus rivales se percaten siquiera de ellas (hiperconciencia). Aprovechan las ventajas de la información para detectar nuevas fuentes de valor y formular estrategias y propuestas de valor fructíferas (toma de decisiones informada). Por último, pueden corregir el rumbo con rapidez conforme cambian las circunstancias, combatir amenazas y sacar provecho de las oportunidades haciendo uso de las plataformas para crear un cambio exponencial (rapidez en la ejecución). Estas capacidades les permiten:

- Diferenciar y blindar su negocio principal, haciendo que su valor sea más difícil de copiar o reemplazar.

- Exprimir al máximo el valor de los negocios que empiezan a decaer en cuanto los vampiros empiezan a merodear.

- Ocupar vacantes del valor para seguir creciendo a raíz de la disrupción.

No es casualidad que siempre se mencione a las mismas empresas (Amazon, Apple, Google, Netflix y Tesla) cuando hablamos de disrupción digital. Todas ellas saben que la batalla por la supremacía del mercado en el vórtice digital no tiene fin. Todas ellas tienen estrategias que aplican sistemáticamente para abordar y ocupar las vacantes del valor las veces que haga falta. Por eso Amazon está invirtiendo en un proyecto espacial y por eso Apple se está introduciendo en el segmento de los pagos, Google en el de los vehículos autónomos, Netflix en la producción televisiva y Tesla en el negocio del almacén de energía. Son tácticas motivadas por la ambición (por el potencial de crecimiento que representan las vacantes del valor) y también por el miedo (pues saben que siguen siendo vulnerables). Poco importa si estas inversiones dan dividendos o si finalmente hay que desestimarlas por haber pecado de arrogancia. Todas dependen del nivel de agilidad empresarial digital.

Comparémoslo con los deportes e imaginemos que una empresa es la mejor corriendo, por ejemplo, los 1500 metros lisos. Ahora, imaginemos que entra un disruptor en esta industria de los 1500 metros y que surgen nuevas oportunidades en lanzamiento de peso. Nuestro «campeón» no estaría bien equipado para este nuevo escenario porque sus destrezas aeróbicas y anaeróbicas, perfectas para correr esa distancia, son insignificantes en comparación con la fuerza y energía que requiere el lanzamiento de peso. Si no se hubiese centrado en exclusiva en los 1500 metros, sino que se hubiese entrenado para un decatlón (que requiere un entrenamiento y aptitudes físicas más completas, como flexibilidad, capacidad cardiovascular, masa muscular y buena coordinación mano-ojo), daría igual que la nueva oportunidad surgiera en el lanzamiento de peso, que en el salto con pértiga o en los 100 metros lisos, porque podría adaptarse para cualquiera de esos casos. De modo que la forma física es a nuestro ejemplo lo que la agilidad empresarial digital a las empresas del mercado.

3. Hiperconciencia

La hiperconciencia es la habilidad de la empresa para detectar y monitorizar cambios en su entorno. Por *entorno* nos referimos a factores internos y externos que repercuten en las oportunidades y riesgos que rodean a la empresa. La hiperconciencia implica ser capaz de percibir tendencias digitales relevantes y la cambiante dinámica competitiva, y recopilar información clave relativa y procedente de clientes, socios, empleados y activos físicos de la compañía (como edificios, máquinas, vehículos y sistemas de TI).

Gracias a una conectividad en red ubicua, a los dispositivos móviles, a los sensores –diminutos y baratos– y a la proliferación de herramientas de captura de datos, las empresas pueden tener una visión más completa que nunca de su mercado. Pueden saber más de sus operaciones con solo integrar sensores en sus equipos, flotas, instalaciones y productos. Pueden saber lo que dicen sus clientes de ellos en las redes sociales gracias a las plataformas de escucha activa y, al rastrear los datos sobre el uso de sus dispositivos móviles, también pueden saber dónde están. Las herramientas que «arañan» la web en busca de datos y los «limpian» para su análisis pueden recopilar cantidades ingentes de información sobre prácticamente cualquier cosa (competencia, tendencias macroeconómicas y patrones meteorológicos). Las empresas también pueden obtener información muy detallada sobre los socios de la cadena de suministro (no solo si la mercancía llegará o no a tiempo, sino si se ha producido de forma ética y sostenible o si se ha respetado la cadena del frío que evita que el producto se estropee). Todas estas fuentes de datos fluyen constantemente en la empresa hiperconsciente y se monitorizan en tiempo real.

La hiperconciencia es la savia –datos y conocimiento– que alimenta a los otros dos pilares de la agilidad empresarial digital. La toma de decisiones informada, fase en la que se analizan y distribuyen los datos en los que se apoyan las decisiones estratégicas y las reglas automatizadas del negocio, depende de la cantidad y calidad de los datos que se hayan recopilado en la fase de hiperconciencia, necesaria para que las empresas no se vean en el dilema «basura entra, basura sale», y saboteen cualquier buena decisión por haber dado crédito a datos erróneos. Estas decisiones estratégicas a su vez favorecen la rapidez en la ejecución y guían los esfuerzos y el rumbo de toda la empresa. Además, las conclusiones y lecciones aprendidas se reencauzan de vuelta a la organización, formando así un circuito cerrado.

Las empresas deben saber qué conocimiento quieren generar y determinar qué van a monitorizar para ello y qué infraestructuras de TI y recursos humanos necesitarán. Por ejemplo, para detectar a los vampiros del valor antes de que su presencia sea obvia (y más peligrosa), las empresas deben prestar mucha atención al descontento de sus clientes, a nuevas necesidades que puedan surgir en el mercado y pensar qué tecnologías y modelos de negocio podrían aplicar para aportar valor con mayor eficacia (incluso a clientes de mercados diferentes al de la empresa). Para detectar vacantes del valor, lo primero es identificar las necesidades que aún no están satisfechas, ver qué medios se podrían utilizar para ello (por ejemplo, digitalizando algún eslabón de la cadena de valor) y buscar ejemplos de modelos de negocio que hayan dado resultado en otras industrias. Una buena función de detección puede ayudar a las empresas a desarrollar una hiperconciencia sofisticada, con la tecnología como aliada para emprender objetivos corporativos más amplios.

Hay menos probabilidades de coger por sorpresa a las empresas hiperconscientes. También son más difíciles de aventajar porque ellas mismas saben de sus propias vulnerabilidades y ajustan sus procesos y modelos de negocio en consecuencia. Por ejemplo, una empresa hiperconsciente sabe cuándo sus clientes están contrariados y por qué. Y pueden encauzarles hacia lo que verdaderamente valoran de sus productos. Asimismo, cuando una empresa es hiperconsciente de su panorama competitivo, comprende cuáles son las fortalezas y debilidades de sus rivales tradicionales y del impacto que podrían causar nuevas líneas de negocio o adquisiciones. Además, las empresas hiperconscientes anticipan qué competidores no tradicionales (*startups*, empresas procedentes de otras industrias) podrían amenazar su posición en el mercado y qué modelos de negocio tecnológicos podrían emplear para su disrupción (dedicaremos el capítulo 6 a explicar cómo desarrollar la hiperconciencia).

3.1. La hiperconciencia en acción: Nestlé

Los medios de comunicación digitales se han convertido enseguida en un elemento crítico para las estrategias de marketing y comunicación de las compañías de bienes de consumo. Muchas llevan una gestión muy bien estructurada de sus activos digitales, como sus redes sociales, aunque no siempre ha sido así.

En 2010, Nestlé, la empresa de alimentación más grande del mundo en cuanto a ingresos, daba sus primeros pasos a nivel corporativo en las redes sociales.

Tenía muchas páginas de Facebook y cuentas de Twitter para sus diferentes marcas y mercados, y cada una se gestionaba de manera independiente, con una mínima supervisión desde la sede. Mientras, a espaldas de Nestlé, el grupo ecologista Greenpeace había creado un vídeo contra la compañía por su abastecimiento de aceite de palma, ingrediente clave para producir su chocolate. Greenpeace denunciaba que la demanda de Nestlé de este ingrediente estaba provocando la deforestación de las principales selvas de países tropicales, como Indonesia, destruyendo así el hábitat de orangutanes y demás vida salvaje. El vídeo de Greenpeace, que simulaba uno de los anuncios publicitarios de KitKat, muestra al personaje principal abriendo el envoltorio y encontrándose los dedos de un orangután en lugar de la chocolatina. A continuación, se los come, dejando así una imagen de lo más cruenta.

Greenpeace lo subió a diversas plataformas de vídeo como YouTube y Vimeo, pero para cuando Nestlé se dio cuenta, ya se había hecho viral y era demasiado tarde para eliminarlo (aunque lo intentaron). De hecho, la situación empeoró. La misma noche en la que se publicó el vídeo, los internautas comenzaron a publicar comentarios negativos en el Facebook de Nestlé. En ese momento, la página estaba gestionada por dos becarios, quienes reaccionaron de la peor manera posible. La tragedia estaba asegurada. Nestlé fue duramente criticada por su inapropiada respuesta al incidente y por su deficiente estrategia de gestión de redes sociales[5]. Finalmente, la compañía pidió disculpas y prometió colaborar con Greenpeace para solucionar el problema con el aceite de palma[6].

Nestlé aprendió una dura lección de esta experiencia y cambió radicalmente sus políticas de gestión de redes y participación digital para evitar que algo así volviera a suceder en el futuro. Cinco años después, la presencia digital de Nestlé mejoró considerablemente, con más de 200 millones de fans en las páginas de sus marcas en Facebook y 1500 publicaciones en redes cada día[7]. Pero, para llegar hasta ahí, hizo falta todo un ejercicio premeditado y altamente innovador de hiperconciencia.

En 2011, Nestlé creó un programa llamado Equipo de Aceleración Digital (DAT, por sus siglas en inglés, *Digital Acceleration Team*) con el que estableció nuevas y sofisticadas capacidades de monitorización de redes sociales. El DAT reúne a docenas de personas de todo el mundo en encargos de ocho meses para trabajar en centros de escucha digital activa. Crearon el primer centro en la sede de Nestlé en Vevey, Suiza. Desde entonces han abierto otros doce centros locales en todo el mundo[8]. Un dato que quizá nos dé una idea de cuán importante es este centro para la compañía es que el de Vevey está justo encima de la planta de los despachos de los directivos.

Este Centro DAT de la sede de Nestlé, que más bien se parece al centro de control de la NASA, está equipado con filas de pantallas planas que muestran información en tiempo real sobre la actividad que se produce en las redes sociales con relación a las marcas de Nestlé. Los datos fluyen desde todas las plataformas principales, como Facebook, LinkedIn, Google+, Twitter, Pinterest, Instagram y YouTube[9].

Las aplicaciones de visualización de datos contextualizan los datos entrantes para que el equipo pueda identificar eficazmente los acontecimientos y tendencias. Su personal tiene acceso a millones de publicaciones y también a métricas de todo tipo como, por ejemplo, cuánta conversación se genera, en qué tono o qué contenido funciona mejor. El equipo puede rastrear qué sentimientos despiertan las principales marcas de Nestlé y qué se dice de ellas en comparación con la competencia. También utilizan una herramienta llamada Pulse que integra los datos de las preguntas que los clientes formulan a Atención al cliente, lo que les permite tener puntos de vista diferentes, más allá de lo que pueda decirse en el reino de las redes sociales.

Gracias a todos estos recursos de escucha, los equipos de los Centros DAT pueden hacerse una idea completa de cuán estrecha es la relación digital de su público con la marca. Pero sus capacidades no se limitan a la escucha, sino que la plantilla también interactúa directamente con los consumidores y las comunidades digitales ante cualquier alerta de actividad inusual. Por ejemplo, pueden responder a las preguntas que los usuarios planteen en las redes, así como publicar contenido en los mejores horarios para optimizar el alcance, gracias a las indicaciones de los algoritmos. Las alertas automatizadas también delatan comportamientos extraños como, por ejemplo, picos de reacciones inesperados en algún tema en concreto[10]. Eso permite al equipo actuar con celeridad en caso de que se haya producido alguna crisis de marca, lo cual es crítico en un entorno en el que los sentimientos se pueden intensificar (o cambiar de rumbo) en cuestión de minutos.

El programa también contribuye a difundir una cultura de hiperconciencia en todas las operaciones de Nestlé a nivel mundial, además, muchos de sus graduados se encargan del marketing digital en sus mercados locales. De hecho, aunque las funcionalidades del Centro DAT aportan un valor colosal a la compañía, para Nestlé está inversión es una forma de desarrollar el liderazgo. Los directivos de la compañía entienden que la hiperconciencia debe convertirse en una pieza fundamental de sus operaciones si quieren garantizar su éxito en el vórtice digital.

4. Toma de decisiones informada

La toma de decisiones informada es la habilidad de una compañía para tomar la mejor decisión posible en una situación concreta. Para dominar esta habilidad, las empresas deben desarrollar capacidades sólidas de análisis de datos que encaucen con acierto el juicio humano: las herramientas de análisis predictivo ayudan a prever qué puede suceder en el futuro en función de hechos pasados, la visualización de datos ayuda a los responsables a tener una comprensión intuitiva de datos complejos, los análisis de vídeo y texto están transformando la gestión del conocimiento y hacen que sea más fácil y rápido dar con la información adecuada[11]. Además, los rápidos avances que se están produciendo en la inteligencia artificial –como Siri, de Apple, o Echo, de Amazon– son el preludio del nivel de acceso a datos que llegarán a tener las empresas.

Por otro lado, para tomar decisiones informadas es imprescindible contar con una tecnología que convierta los datos en conocimiento. De lo contrario, se corre el riesgo de tomar decisiones equivocadas, incluso, aunque se cuente con toda la información necesaria, como le pasa a la mayoría de las empresas. Con frecuencia, supeditan decisiones estratégicas vitales a la opinión de algún alto directivo indocumentado, lo que suele tener consecuencias catastróficas[12]. Algo de razón tenía el antiguo primer ministro británico, Benjamin Disraeli, al decir que «hay tres tipos de mentiras: mentiras, grandes mentiras y estadísticas». Pero los líderes tampoco deben quedar ciegamente supeditados a los datos (el panorama competitivo evoluciona a tal velocidad en el vórtice digital que, lo que era cierto ayer, puede que hoy ya no lo sea). Una de las conclusiones más claras que hemos sacado de nuestro estudio a más de cien *startups* de éxito es que crean su disrupción al combinar las ciencias de la gestión con el aprendizaje iterativo y, por ello, dan menos importancia a factores como la experiencia previa o el instinto a la hora de tomar decisiones.

Buena parte de una decisión acertada tiene que ver con la calidad del análisis de los datos y con garantizar que los expertos internos y externos tengan acceso a todo el conocimiento necesario. Estos expertos deben participar en el proceso de toma de decisiones en las fases adecuadas, independientemente de su ubicación, función o rango. Todas las partes pertinentes deberían tener la oportunidad de colaborar en el proceso, aportar pruebas contrarias y hablar con franqueza, aunque ello signifique contradecir a algún alto cargo. La diversidad de opinión hace que la toma de decisiones sea más rica, si bien esto no es más que un elemento que forma parte de un cometido de inclusión corporativa mayor.

Además de maximizar el conocimiento de la organización a nivel interno, la colaboración con clientes, socios y expertos ajenos a la empresa le permite obtener puntos de vista frescos y poner a prueba sus creencias heredadas. Cada vez es más frecuente que las empresas recurran al *crowdsourcing* para hallar respuestas a preguntas complejas y encontrar alternativas cuando las capacidades internas son insuficientes o cuando hace falta corroborar decisiones.

Las compañías que se toman en serio esta capacidad deben ser críticas con sus actuales fortalezas y debilidades. Pueden preguntarse si son vulnerables a la disrupción y cómo pueden mejorar los precios, la experiencia o la plataforma que brindan a sus clientes para prosperar. Si ya están padeciendo las consecuencias de la disrupción, y si cuentan con la información necesaria, pueden decidir qué es mejor: si plantar cara al disruptor o ir a por alguna otra vacante del valor. También pueden determinar si disponen de las habilidades o procesos adecuados para prosperar o si, por el contrario, deberían hacer algún cambio.

La toma de decisiones informada no se reduce solo a las grandes decisiones estratégicas de la compañía. Las grandes empresas podrían tomar miles de mejores decisiones cada día si propagaran el conocimiento del negocio por toda la organización, si integraran en sus procesos de negocio herramientas que facilitaran buenas resoluciones y si automatizaran la toma de decisiones mediante normas empresariales. Digitalizar los procesos de negocio es vital para conseguir una empresa informada (en el capítulo 7 explicaremos con más detalle cómo desarrollar esta capacidad).

4.1. La toma de decisiones informada en acción: Deutsche Post DHL

El ejemplo de Deutsche Post DHL ilustra lo hondo que puede llegar a calar la toma de decisiones informada en cada estrato e individuo de la organización. DHL es consciente del enorme valor que puede extraer al integrar la toma de decisiones informada directamente en los procesos del negocio y en los flujos de trabajo de toda su plantilla, ya estén en la oficina, en una fábrica o en pleno reparto.

DHL es la empresa de mensajería más grande del mundo con una plantilla de casi 500 000 trabajadores y opera en más de 220 países. Ofrece soluciones muy variadas, como servicios de gestión de la cadena de suministro, de transporte o de mensajería bajo su marca DHL[13].

La mayoría de los empleados de la empresa trabajan en almacenes, vehículos o en otras instalaciones de logística. En uno de los tres centros globales de DHL llegan a procesarse 46 millones de envíos internacionales al año[14]. Con operaciones de tal magnitud, todos y cada uno de los empleados de DHL toman individualmente, y a diario, cantidades ingentes de decisiones que afectan a toda la empresa.

Para que sus empleados pudieran beneficiarse de manera directa de la toma de decisiones informada, DHL puso en marcha la prueba piloto de una función digital innovadora. En 2015 anunció su alianza con Ricoh y con la firma de tecnología *wearable*, Ubimax, para probar la técnica de *vision picking* en un almacén de Holanda[15] (en el ámbito de la logística, *picking* es el proceso por el cual los trabajadores recogen del inventario los artículos necesarios para preparar los pedidos de sus clientes).

Durante tres semanas, DHL equipó a la plantilla del almacén con unas gafas inteligentes, como las Google Glass, en cuyas pantallas se iban proyectando gráficamente los datos sobre las tareas de *picking*, a modo de realidad aumentada. Así, los trabajadores tenían a la vista información precisa y optimizada acerca de la localización y cantidad de productos que debían recoger. Durante esta prueba piloto, 10 trabajadores recogieron más de 20 000 artículos para preparar 9000 pedidos.

Con esta solución, los trabajadores pudieron desempeñar su trabajo sin tener que buscar la información manualmente y fueron capaces de tomar miles de pequeñas decisiones sobre la recogida de artículos. Así, tenían a su disposición una guía fácil que les ayudaba a tomar decisiones de patrones de *picking* óptimos fundamentadas en datos y analíticas de casos previos.

Gracias a esta ayuda, los trabajadores pudieron dedicar más tiempo a decisiones más importantes y a otros aspectos de su trabajo. También mejoró la productividad en un 25 % durante los procesos de preparación de pedidos[16].

El piloto de DHL es un ejemplo fascinante de lo transformadora que puede llegar a ser la integración directa de las analíticas en los flujos de trabajo de los empleados. Además, en este ejemplo no hacía falta que los empleados fueran científicos de datos. Todo lo contrario, las analíticas les facilitaron un trabajo en el que ya estaban especializados, solo que ahora pueden hacerlo mejor y más rápido. En vista del éxito de esta prueba piloto, DHL se está planteando ampliar el uso de esta funcionalidad.

5. Rapidez en la ejecución

La rapidez en la ejecución es la capacidad de una empresa para llevar a cabo sus planes con rapidez y eficacia. Por desgracia, no es una capacidad muy común, sobre todo en las grandes empresas cuya ejecución es más lenta por inercia cultural, indecisión, disputas territoriales, aversión al fracaso y por la reticencia a invertir en recursos que ayudarían a culminar tareas. Por eso, la velocidad y calidad de la ejecución es una de las principales preocupaciones de todo consejero delegado[17].

Como ya comentamos en el capítulo 1, las *startups* superan a las empresas tradicionales en aspectos como los tiempos de salida al mercado, la experimentación y la asunción de riesgos (aspectos fundamentales para triunfar en el vórtice digital, un entorno en el que los disruptores salen de la nada y asaltan las vacantes del valor apenas emergen). Para atajar las dificultades y acelerar la ejecución, las empresas pueden emular las estrategias de las *startups*. Mientras muchos de los grandes encuentran dificultades para lanzar rápidamente nuevos e innovadores productos y servicios, el programa FastWorks de GE acelera el lapso entre la fase de concepto y la del producto mínimo viable que los clientes puedan probar. Las opiniones de estos le sirven a GE para perfeccionar, reorientar o descartar la idea[18].

Otro ámbito en el que los disruptores se desenvuelven mejor es en el uso de recursos a demanda para reducir los ciclos de decisión-ejecución. La capacidad de adquirir experiencia explotable con recursos de terceros que escale rápidamente cuando se necesita y de contratar rápidamente en cuanto surge la necesidad es característica inconfundible de la rapidez de ejecución. Las empresas pueden utilizar diversas aplicaciones y servicios en la nube para adquirir la capacidad de asignar recursos de forma más dinámica, lo cual puede ser útil cuando no se cuenta con el personal lo suficientemente especializado para alguna tarea en concreto o si se necesitan diversas personas durante una fase específica del proyecto. Los modelos de pericia explotable también ayudan a las empresas a acortar largos períodos de aprendizaje y que suelen darse en los procesos de contratación o subcontratación convencionales. Eden McCallum, por ejemplo, proporciona servicios de consultoría a demanda sin los elevados costes y obligaciones contractuales típicos de las grandes empresas de servicios profesionales. En lugar de contratar en plantilla a escritores, diseñadores gráficos y programadores, las empresas pueden encontrar a miles de autónomos en plataformas como Upwork y Guru para cuando lo necesiten, o acelerar el diseño de *software* accediendo a la plataforma de desarrolladores de GitHub. Como veremos en el caso de Starbucks, es crucial tener un ecosistema que pueda proveer las capacidades que hagan falta y que esté preparado para asimilar los cambios operativos.

Aunque las personas influyen en la velocidad de ejecución de una empresa, para que esta rapidez se dé, también hace falta automatizar los flujos de trabajo. Hay muchas tareas que una máquina puede ejecutar mucho más rápido y con mayor precisión que un humano (precisamente por eso la automatización en las fábricas ha proliferado tanto en las últimas décadas). En los centros de logística de Amazon, la actividad de empleados y máquinas está tan estrechamente ligada que ya hablan de ello como la «simbiosis entre humanos y robots»[19] (en el capítulo 8 trataremos la rapidez de ejecución en mayor profundidad).

5.1. La rapidez de ejecución en acción: Starbucks

Starbucks, la cadena de cafeterías más grande del mundo[20], es un claro ejemplo de rapidez de ejecución. En 2014 descubrieron que el tedio que generan las largas colas era un factor disuasorio de consumo. Quienes van con prisas prefieren abstenerse a tener que esperar. Así que pusieron en marcha un nuevo y agresivo servicio que mejorara esta experiencia (con los modelos de gratificación inmediata y fricción reducida) con Mobile Order&Pay (MOP). Con MOP, los consumidores pueden pedir su comida y bebidas preferidas directamente desde su móvil, con la aplicación de Starbucks (incluso pueden personalizar detalles como la temperatura, cantidad de espuma o los *toppings* que quieran añadir). El importe se cobra directamente desde la cuenta del cliente y simplemente tienen que acercarse a la tienda a recogerlo, sin colas ni esperas. Al integrar la aplicación con las herramientas de análisis de la tienda y Google Maps, los consumidores también pueden ver cuánto tiempo de espera estimado hay en las tiendas cercanas[21]. Además, MOP hace que el servicio de Starbucks sea más accesible para sordomudos.

El servicio también permite a Starbucks acrecentar los beneficios de su precoz inversión digital, especialmente su sistema de pago por móvil. Según la compañía, más de un tercio de sus clientes utiliza su servicio de pedidos móviles y el 21 % del total de ventas procede de la aplicación[22]. Este método de compra también aumenta el valor del *ticket* medio porque facilita la venta cruzada (*cross-selling*) y fomenta las compras por impulso. Hace poco atribuyeron a MOP el «aumento significativo de las transacciones y del ritmo de crecimiento»[23], así como el récord de beneficios gracias a que el sistema les permite eludir las comisiones de las entidades emisoras de tarjetas de crédito.

Tras la prueba piloto que lanzaron en Portland, Oregón, en diciembre de 2014, la empresa amplió el alcance de la aplicación a otras 7400 tiendas en septiembre de 2015[24]. También la han habilitado para que se pueda utilizar en dispositivos Android (y no solo iOS). Cuando anunciaron la apertura de MOP en todo Estados Unidos, Adam Brotman, director de operaciones digitales de Starbucks, dijo «acercamos Mobile Order&Pay a nuestros clientes para proporcionarles un servicio más cómodo y personalizado [...] el hecho de que también sea la aplicación tecnológica que más rápido hemos implementado es también señal de lo fuerte que es nuestro ecosistema digital, de la buena acogida que ha tenido tanto entre nuestros clientes como entre nuestros franquiciados y de la influencia que creemos que ejercerá en el futuro de comercio[25]». Al mes siguiente, habilitaron MOP en 150 tiendas de Reino Unido y en 300 de Canadá[26].

¿Cuántas empresas tradicionales podrían lograr un engranaje operativo tan eficaz como este? ¿Cuántas grandes empresas podrían aplicar una innovación semejante tan sumamente rentable y a esa velocidad? Pero esto no va solo de TI, sino que también tiene una gran repercusión a nivel operativo, como en la formación, la contratación, la comercialización y la configuración de los espacios de trabajo. Según Brotman, «es como abrir un canal virtual en las tiendas. Es la acción más interdisciplinaria que hemos llevado a cabo hasta ahora[27]».

6. ¡Ahora todo junto!

Conforme vayamos analizando la hiperconciencia, la toma de decisiones informada y la rapidez en la ejecución en los capítulos del 6 al 8, veremos que estas tres fases de la agilidad empresarial digital son una especie de continuo. Podemos examinarlos individualmente para comprender su lógica subyacente y saber cómo desarrollarlas, pero pecaríamos de simples si las consideráramos de manera aislada, pues son capacidades sumamente interdependientes. A continuación, te contaremos el ejemplo de una empresa de seguros con la que hemos trabajado para que veas cómo confluyen las tres para producir un resultado de negocio específico que redunda directamente en la competitividad: reducir la tasa de cancelación del cliente.

La cancelación es un gran problema para las compañías de seguros y ha aumentado considerablemente con la disrupción digital ya que, las aseguradoras digitales y los comparadores de precios han introducido la transparencia de precios (valor de coste) y han hecho que cambiar de proveedor sea menos problemático (valor de la experiencia). En Estados Unidos, las aseguradoras digitales como GEICO y Progressive son dos de las cinco principales aseguradoras de automóvil por cuota de mercado[28]. Según un estudio reciente de Accenture, casi cuatro de cada diez tomadores de seguros cambiarían el suyo de automóvil u hogar a otra empresa a lo largo del año[29]. Pero lo más preocupante es que dos tercios de los consumidores contratarían su seguro a empresas como Google o Amazon, es decir, aunque no fueran aseguradoras tradicionales[30]. El índice de cancelación es mayor en los seguros de automóvil, pero le siguen de cerca los de inmuebles, salud y vida, entre otros; el capital privado se diluye entre el aglomerado de disruptores que acechan al sector de los seguros[31].

En medio de toda esta disrupción –y ante la amenaza de que aún irá a peor–, reducir el índice de cancelación es en sí una gran hazaña para las compañías de seguros en lo que a ingresos y beneficios se refiere. Y si los clientes estuvieran más satisfechos con el servicio, no solo se quedarían, sino que recomendarían la compañía a sus amigos. Un estudio de la consultora Bain and Company reveló que el ciclo de vida de los clientes que ejercen de promotores de la aseguradora vale casi cioto veces más que el de los detructores, y que gran parte de ese valor adicional se debe a que su retención es más prolongada[32].

¿De qué manera puede ayudar la agilidad empresarial digital a una aseguradora tradicional que quiera seguir siendo competitiva en una industria que se precipita hacia el centro del vórtice digital? Vamos a verlo con el ejemplo de AgileCo, una aseguradora con sede en Estados Unidos y más de 15 000 millones de dólares en primas anuales. Cuando conocimos a su equipo directivo, nos dijeron que el abandono de los clientes de su línea de seguros de automóvil se había duplicado del 14 % en 2008 al 28 % en 2014 (más de un cuarto de los clientes no renovó sus pólizas, lo que disparó los costes de adquisición de cliente y desplomó los márgenes). Para resolver este alarmante problema, AgileCo tomó medidas concretas y creó un centro de atención al cliente que se dedicara en exclusiva a atajar las cancelaciones. Siempre que un tomador llamara para quejarse o para hablar de cancelar su seguro, habría que transferirle a este centro de atención. Allí, el insatisfecho cliente sería atendido por un equipo de agentes especialmente formados para persuadirlo de quedarse en la compañía.

Con esta solución, AgileCo consiguió subir la tasa de retención al 16 %. Aunque eso también significaba que el 84 % de los tomadores que llamaron con la intención de irse, finalmente se fueron. AgileCo comprendió lo importante que era mejorar la retención y puso en marcha un programa para lograrlo.

Como cualquier compañía de seguros, AgileCo tenía cantidades ingentes de datos. Sabían muchísimo acerca de sus clientes como, por ejemplo, cuál era su perfil demográfico (por las propias pólizas), su historial (reclamaciones, desembolsos, etc.) o el tipo de llamadas que hacían (consultas, quejas, etc.). Estos datos ya eran valiosos de por sí, pero AgileCo pensó que lo serían aún más si los combinaban con datos de fuentes externas. Así que la compañía comenzó a recopilar todos los datos que pudo de las fuentes públicas disponibles, como las bases de datos de matriculación de vehículos y de aplicaciones de redes sociales como Facebook y LinkedIn. AgileCo reunió toda esta información en un único repositorio de datos.

Aparte de los datos específicos de los tomadores del seguro, AgileCo tenía millones de registros de llamadas y correos electrónicos al centro de atención al cliente. Podía ver qué intervenciones resultaban productivas (que lograban la retención) y cuáles infructuosas (que acababan en cancelación). Con herramientas de análisis avanzadas, AgileCo analizó todos estos datos (al principio solo lo aplicó a los seguros de automóvil) en busca de indicios que pudieran ayudar a reducir el índice de cancelaciones.

Durante mucho tiempo sus análisis eran vanos. Aunque formulaban una serie de hipótesis acerca de la probabilidad de cancelación, la mayoría no se acababa contrastando. Predecían que los cambios en las vidas de sus tomadores (como, por ejemplo, cambios de estado civil o la compra de una casa o un coche) podrían influir en gran medida en la cancelación y, si bien se daban correlaciones significativas, los números eran muy pobres. Incluso plantearon la hipótesis de que la permanencia de un cliente influiría en el índice de cancelación, pero no era así. La correlación que se daba entre el grado de satisfacción del cliente, en base al número de llamadas y quejas, y la cancelación era muy significativa, pero, otra vez, los números eran mucho más pequeños de lo previsto.

AgileCo no se dio por vencida. En lugar de eso amplió el campo de búsqueda de datos para incluir aún más fuentes, y una de estas nuevas fuentes fue la que les dio por fin la clave. No tenía que ver con los datos del tomador del seguro, sino con otra fuente, una a la que AgileCo siempre había tenido acceso, pero que nunca se le había ocurrido consultar: su propia base de datos de su centro de atención al cliente. AgileCo se percató de que determinadas combinaciones de tipos de llamadas y agentes resultaban en índices de retención significativamente superiores. Había algo en la relación particular de esos clientes y agentes que propiciaba resultados fructíferos. Lógicamente, algunos agentes tenían más habilidad que otros para conseguir la retención, pero había algo más. Algunas características de los tomadores combinadas con determinadas características de los agentes daban pie a resultados más favorables, independientemente de otros factores.

La respuesta no era otra que una compatibilidad puramente humana. Ciertos clientes conectaban mejor con ciertos perfiles de agentes y cuando estos perfiles coincidían, entonces, la magia ocurría. Y esta conexión se podría haber predicho estadísticamente. Por ejemplo, el análisis mostró que, cuando llamaban mujeres de unos treinta años y con niños pequeños y les atendían mujeres con ese mismo perfil, la probabilidad de retención aumentaba notablemente.

Para AgileCo este descubrimiento fue como una epifanía. Como en casi todos los centros de llamadas, el criterio que seguía AgileCo era asignar las llamadas al primer operador disponible, es decir, que el cliente podría ser atendido por cualquiera, por el primero que quedara libre. La razón es obvia: los clientes no quieren esperar a ser atendidos. La lógica dice que cuanto más se mantenga a un cliente a la espera, mayor será su frustración y más probabilidades habrá de que acabe colgando. Así que, la regla del primer operador disponible se sustentaba en la premisa principal, aunque no contrastada, de que los agentes son intercambiables (es decir, que da igual que atienda uno que otro).

Los análisis de AgileCo desmintieron esta premisa. Descubrieron que el hecho de juntar a un determinado perfil de cliente con el perfil adecuado de agente sí tenía su importancia. Ahora, AgileCo tenía dos opciones: o bien continuar con su política de atender llamadas con el primer operador disponible o bien cambiar a un nuevo sistema que permitiera conectar a los clientes con agentes que fueran compatibles con ellos. Parece obvio que la segunda opción sería la respuesta correcta, pero no era tan obvio en el caso con AgileCo, ni es algo que suela darse en la práctica. La regla del primer operador disponible está profundamente arraigada en los procedimientos de los centros de llamadas. Se ha probado y demostrado miles de veces durante años. En AgileCo, llevaban décadas con este método. No solo porque funciona, sino porque es el procedimiento que trabajadores, jefes, directivos, vendedores y otras partes interesadas conocen, entienden y esperan. De hecho, tal es el arraigo que así es como funcionan los *softwares* de estos centros, por lo que cambiar a un nuevo sistema no es ninguna tontería.

AgileCo llevó a cabo una serie de experimentos para probar la hipótesis de la compatibilidad cliente-agente y, finalmente, los resultados demostraron que era efectiva. Ahora, después de haber implementado esta regla de compatibilidad en todos sus centros, los índices de retención de AgileCo se han duplicado del 16 al 32 %. Si bien es cierto que muchos clientes tienen que esperar algo más a ser atendidos por un operador, los resultados compensan este inconveniente. En parte, se debe a la mejor experiencia de la que disfrutan ahora. Se quedan porque reciben una atención personalizada. Se sienten más a gusto hablando de sus problemas y frustraciones con agentes afines a ellos, que les hace sentirse cómodos y que se muestran más empáticos. La agilidad empresarial digital contribuyó en este caso a descubrir una oportunidad latente para inyectar a su propuesta de valor un elemento adicional que mejorara su experiencia. Esto es la agilidad empresarial digital en acción.

En primer lugar, AgileCo se dio cuenta de que necesitaban abrir la mente para abordar el problema de las cancelaciones. Sus datos eran insuficientes, así que se pusieron a buscar nuevas fuentes de información que pudieran ser relevantes (hiperconciencia). Supieron ver más allá de los recursos tradicionales y pasar de las bases de datos públicas a la información que ellos mismos generaban en su entorno.

La hiperconciencia es algo más que percibir los cambios que se den en el entorno externo debido a la competencia o a los consumidores. Como veremos en el capítulo 6, también tiene que ver con una percepción más sutil del entorno interno de una organización y de factores como los atributos, opiniones e ideas de los empleados.

Esta información fue crítica para que AgileCo llegara a esas conclusiones. Pero tampoco habrían podido resolver el problema solo con la hiperconciencia: AgileCo necesitaba analizar los nuevos datos de forma eficaz y tomar decisiones en base a los resultados, y encontrar las correlaciones adecuadas para traducirlas en conocimiento útil. Por último, el hallazgo de esa clave de compatibilidad cliente-agente tampoco habría solucionado el problema por sí solo. Necesitaban convencer a los gestores expertos para cambiar el sistema operativo de los centros de llamadas y poner su descubrimiento en práctica.

7. Amigos y enemigos

Creemos que la agilidad empresarial digital constituye los cimientos de una nueva forma de competitividad que se basa principalmente en la capacidad de adaptación. La disrupción digital es la nueva norma para muchas industrias que ya están en el vórtice, y lo será para las que entren en el futuro. Sin embargo, no basta con una mera comprensión del concepto.

La hiperconciencia, la toma de decisiones informada y la rapidez en la ejecución deben llevarse a cabo con eficacia. En los siguientes tres capítulos exploraremos cada una de estas capacidades y te mostraremos algunas de las tecnologías y procesos digitales que las organizaciones pueden utilizar para desarrollarlas. Deben hacerlo si quieren competir contra los disruptores que amenazan con hacerse con sus mercados y, también, para ocupar las vacantes del valor que, a su vez, también les disputarán disruptores y competidores tradicionales. Sin la agilidad empresarial digital, las empresas establecidas no podrán emular los modelos de los disruptores ni ejecutar con éxito las estrategias que les protejan de los vampiros o que les permitan ocupar las vacantes del valor. Estas estrategias exigen cierto nivel de agilidad y de constancia operativa que, hasta ahora, estaba fuera del alcance de todos salvo de unos pocos innovadores famosos.

Para ser más hiperconscientes, tomar mejores decisiones y ejecutar con mayor rapidez, las empresas tradicionales pueden aprovechar los servicios innovadores que ofrecen los disruptores digitales que no son su competencia.

Los disruptores digitales avanzan implacablemente hacia áreas de la empresa como recursos humanos, ventas, marketing y TI. Se ha producido una verdadera explosión de nuevas empresas que ofrecen analíticas, inteligencia artificial y dispositivos conectados y que hacen que sea aún más fácil para las tradicionales recopilar datos, analizarlos e incorporarlos en sus negocios. Representan una amenaza para las empresas que ya ofrecían estos servicios (como subcontratas de procesos de negocio, de servicios de TI, consultorías y empresas similares), pero son una ventaja para todos los demás, porque les ayuda a acelerar su desarrollo hacia la agilidad empresarial digital. Resumiendo, en el vórtice digital, los disruptores que atacan tu negocio y te roban clientes son enemigos mortales, pero los que te ayudan a desarrollar tus capacidades para vencer a esos enemigos se convertirán en acérrimos aliados.

HIPERCONCIENCIA

6

1. El primer paso

La hiperconciencia es la capacidad de percibir lo que sucede en las operaciones de una empresa (tanto entre sus trabajadores y sus clientes como en el entorno externo) y de reconocer qué novedades y patrones influirán en los resultados de la organización. Adquirir esta capacidad es el primer paso hacia la agilidad empresarial digital. La información que se puede obtener gracias a la hiperconciencia es esencial para respaldar decisiones informadas que, a su vez, conduzcan a los resultados deseados. Si la organización no recopila datos en grandes cantidades y de calidad, no podrá tomar decisiones precisas y, por tanto, sus acciones serán menos fecundas. Pero el riesgo de fracaso va más allá de la mera pérdida de oportunidades: el ritmo del vórtice digital es tan vertiginoso, que perder el tiempo en la dirección equivocada por culpa de una mala decisión da a tus enemigos la oportunidad perfecta de hacerse con vacantes del valor e invadir fondos de utilidades que para ti pueden ser vitales.

Nuestra metodología:
Seguir el rastro del dinero y preguntar a los expertos

Para identificar a los agentes más importantes que facilitan el desarrollo de la agilidad empresarial digital, el Centro DBT estudió los modelos de negocio de más de cien *startups* disruptivas. Entrevistamos a fondo a funda dores y consejeros delegados de las más innovadoras para comprender la propuesta de valor de sus empresas y para que nos comentaran cómo creen que la digitalización impulsará la hiperconciencia, la toma de decisiones informada y la rapidez en la ejecución. También entrevistamos a altos directivos y líderes de operaciones de grandes multinacionales. Todas estas empresas pertenecen a un amplio abanico de sectores (como el comercio, la manufactura o los servicios financieros) y a diversas partes del mundo (América –norte y sur–, Europa y Asia). El objetivo de las entrevistas era comprender sus motivaciones y retos frente a la digitalización, los beneficios que estas empresas esperaban obtener y las lecciones que han aprendido en su camino hacia la agilidad empresarial digital, sobre todo en el caso de las grandes organizaciones.

En este capítulo, explicaremos cómo desarrollar la hiperconciencia mediante una combinación óptima de tecnología, mano de obra e innovación de procesos. Concretamente, analizaremos dos tipos de hiperconciencia que las empresas pueden desarrollar y que son críticas para el éxito: conciencia conductual y conciencia situacional (cuadro 6.1).

Cuadro 6.1 Hiperconciencia

Fuente: Global Center for Digital Business Transformation (DBT), 2015

2. Conciencia conductual

Dados los avances en herramientas de recopilación y análisis de datos, quizá te resulte extraño que empecemos hablando de los trabajadores. Sin embargo, pese a que en esta era la tecnología parece imponerse como absoluta soberana, las personas siguen siendo el activo más valioso de una empresa (y una fuente de inteligencia clave sobre clientes y operaciones). Bien canalizados, el

conocimiento y habilidades de la plantilla pueden conducir al siguiente mercado multimillonario. Al fin y al cabo, los modelos de negocio más disruptivos han
sido impulsados por personas, personas que innovan, que colaboran y que
tienen la osadía de asumir riesgos[1].

Sin embargo, el valor de estas no se limita únicamente a la plantilla de una
organización. En última instancia, son los clientes quienes determinan si las
nuevas empresas prosperarán o, en el caso de las existentes, cuáles domi-
narán el mercado y cuáles desaparecerán. Y es aplicable tanto a las empresas que sirven a consumidores (B2C) como a otras empresas (B2B). Todas
deben conocer al dedillo a sus clientes, así como sus cambiantes necesidades y preferencias.

Conocer a fondo el comportamiento de empleados y clientes (es decir, cómo
hacen su trabajo o cómo compran y consumen, respectivamente), y saber
qué piensan y valoran es un primer paso crítico para las empresas en su viaje
hacia la agilidad empresarial digital. A esto lo llamamos *conciencia conductual*.

2.1. Conciencia conductual: Empleados

La clave para llegar a la hiperconciencia es recopilar la información que importa. La plantilla es una de las fuentes mediante la cual la empresa debe alcanzar su hiperconciencia. Los empleados son el nexo más cercano a clientes y
socios y son quienes ejecutan las decisiones de los directivos. Saben lo que
les encanta a los clientes o lo que les disgusta, conocen qué estrategias no
funcionan y reaccionan con gran compromiso y entusiasmo cuando consiguen objetivos que realmente importan. Por eso, las empresas también deben ser hiperconscientes de sus empleados, lo cual implica que deben saber
responder a preguntas como «¿qué hacen y por qué?» y «¿están invirtiendo
su tiempo, energías e inteligencia en algo que contribuya a alcanzar los objetivos de la compañía y que les llene personalmente?».

Cuando las empresas son hiperconscientes mediante y de sus personas, pueden explotar fuentes de conocimiento muy ricas y vastas. De hecho, la propia relación entre jefes y empleados está cambiando. Para retener el talento y
optimizar la productividad y la innovación, los jefes deben conocer a sus empleados mejor que nunca y, en la medida de lo posible, personalizar su trabajo
para sacar el máximo provecho de su talento. Con la hiperconciencia integrada

en la plantilla, los directivos podrán conocer qué sabe su gente e incluso el momento en el que lo saben, ya que esta capacidad les dará acceso a su conocimiento, a sus mejores ideas y, más importante, a sus críticas. Además, podrán saber lo que hacen, cuándo lo hacen y por qué. Las empresas que no son conscientes de que tienen a miles de «sensores humanos» en nómina –o que lo ignoran deliberadamente– lo tendrán más difícil para tomar decisiones informadas o para ejecutar planes con rapidez o eficacia. La hiperconciencia relativa a la plantilla se compone de dos elementos clave:

- Recopilar la información sobre los entornos interno y externo a través de la plantilla, lo que llamamos *captura de conocimiento*. Se refiere a averiguar qué valoran los clientes por medio del personal de ventas de cara al público o de los gestores de cuentas, generar ideas de nuevos productos a través de los ingenieros o conocer la sincera opinión, sobre la estrategia y decisiones corporativas, de la gente que ve los resultados a diario, ya sean estos buenos o malos. Las empresas cuyas plantillas se compongan de miles (e incluso decenas de miles) de empleados y contratistas, y quieran extraer de ellas toda esta información, necesitarán combinar tecnologías que les permitan dar voz a sus empleados durante los procesos de negocio e integrar lo que digan en los procesos de toma de decisiones y de ejecución.

- Saber más sobre los objetivos y actividades de los empleados a la vez que se les ayuda a cumplir con ellos con seguridad y eficacia. Con el modelo al que llamamos *detección de patrones de trabajo*, las empresas pueden recopilar y analizar datos de sensores, aplicaciones del negocio, herramientas colaborativas y otras fuentes digitales para averiguar qué patrones siguen sus empleados para hacer su trabajo. Todo este conocimiento permite vislumbrar cuáles son los procesos que generan resultados positivos y que, por tanto, deberían extenderse por toda la organización. Estos dos enfoques digitales –captura de conocimiento y detección de patrones de trabajo– proporcionan dos nuevas formas de inteligencia que ayudan a las empresas a tomar mejores decisiones.

Captura de conocimiento: Conocer la historia real en tiempo real

Aplicar la hiperconciencia en la plantilla de una empresa plantea numerosos retos. En muchas empresas suele darse una comunicación unidireccional jefe-empleado. Incluso las empresas que se dicen abiertas a las opiniones de sus empleados, personal de cara al público, colaboradores e incluso mandos intermedios, suelen carecer de canales de comunicación efectivos, en tiempo real y, sobre todo, que estén integrados en los flujos de trabajo diarios. En definitiva, las empresas infrautilizan los mejores mecanismos que tienen para detectar rápidamente oportunidades de crecimiento y arreglar problemas. Por otro lado, estos puntos ciegos autoimpuestos dan ventaja a su competencia hiperconsciente.

Pero lo que es aún más difícil es dar malas noticias o valoraciones francas. A la hora de informar a los jefes, los empleados creen que solo quieren escuchar la información que reafirme la sabiduría de sus decisiones. Muchos se lo piensan dos veces antes de dar una opinión sincera a compañeros, jefes o directivos, por miedo a las represalias. Al final, lejos de lograr la hiperconciencia (conocer la historia real en tiempo real), sacan poca información de la plantilla y, además, sesgada, porque los empleados tienen miedo de que su sinceridad perjudique su carrera, por buenas que sean sus intenciones. Como decía Ryan Janssen, CEO de Memo (una *startup* que permite conocer la opinión de los empleados), «no es porque hayas creado un ambiente hostil entre la plantilla o porque seas mal jefe. La autoprotección es puro instinto. Oirás exactamente lo que quieres oír. Si sigues esa progresión tres o cuatro niveles más en la jerarquía, al final lo que encontrarás son gerentes que simplemente contemplan el espejo de su propia creación».

Sin embargo, otras empresas están haciendo un gran trabajo para dar voz a su plantilla y capturar conocimiento muy valioso. Para ello, utilizan diversas tecnologías, muchas de las cuales han sido creadas por disruptores digitales. DropThought y Glint, por ejemplo, son pioneras en el uso de analíticas de texto y procesamiento del lenguaje natural (PLN) y ayudan a las empresas a analizar comentarios por escrito de miles de empleados. Así pueden conocer el sentir de sus empleados e identificar rápidamente los temas más importantes. Las analíticas de audio (*speech analytics*) es otra tecnología innovadora con la que se puede capturar el conocimiento de los empleados. Permite recopilar conversaciones y comentarios verbales, identificar tendencias comunes e informar de todo ello de forma sencilla. Speetra, empresa de analíticas de audio, ofrece una aplicación móvil desde la que los empleados pueden dar su opinión oralmente en lugar de por escrito. En cuestión de cinco o diez minutos, los empleados pueden decir lo que piensan sobre las políticas y operaciones de la empresa, las necesidades de los clientes y la estrategia[2]. Ryan Janssen, de Memo, hacía hincapié en la importancia de tener en cuenta la opinión de los empleados a la hora de dar forma a la cultura corporativa: «La gente quiere estar a gusto en la empresa en la que trabaja. Y es algo que a algunos líderes les cuesta entender porque no se lo creen. Pero las personas son, en esencia, buenas, simplemente se frustran si ven que no tienen ni voz ni voto».

Es más, las empresas pueden aprovechar estas herramientas para automatizar la recopilación y análisis de datos para adquirir el conocimiento de los empleados que trabajan de cara al público (que son quienes mantienen las relaciones más estrechas e interactúan con mayor frecuencia con los clientes, pero quienes menos oportunidades tienen de compartir su conocimiento). Las tecnologías de visualización de datos pueden convertir su conocimiento individual en tendencias que se puedan interpretar fácilmente.

Por último, existen numerosos servicios de analíticas que, a partir de datos y análisis, son capaces de redactar sucintos informes dignos de un periodista. Con la automatización y las analíticas, «la voz del empleado» puede pasar de ser el típico buzón de sugerencias que nadie revisa a un motor de percepciones en tiempo real.

Estas voces serán cada vez más importantes en el vórtice digital, donde las empresas deberán estar siempre atentas si aspiran a identificar rápidamente las vacantes del valor. El estudio del Centro DBT sugiere que, en comparación con las *startups,* muchas de las compañías existentes con grandes jerarquías organizativas tienen dificultades para desbloquear el potencial emprendedor de su plantilla. El personal de cara al público, colaboradores y empleados subalternos suelen tener la información más valiosa sobre las preferencias de los consumidores y sobre qué procesos podrían ser más eficientes, pero allá las empresas que se empeñen en seguir ignorándoles. Michael Papay, cofundador y CEO de Waggl, *startup* de recopilación digital de opiniones de empleados, nos decía que «es un error muy común creer que los líderes tienen que tener todas las respuestas. Eso es imposible. Tampoco es realista, teniendo en cuenta el ritmo del cambio y la precisión de la experiencia que se requiere. La comunicación, sin embargo, es la clave del éxito: comunicarse de forma clara, frecuente, auténtica y transparente con los empleados y compañeros que puedan aportar otras perspectivas y conocimientos».

Escucha activa

Si hay una empresa que destaca por su capacidad de capturar el conocimiento es Zara, la cadena de moda del grupo español Inditex. El conocimiento de los agentes y jefes de ventas son críticos para el modelo de negocio de «moda rápida» de Zara, el cual se basa en detectar las tendencias a medida que evolucionan y producir las prendas en consecuencia, antes de que se pasen de moda. Zara entrena a sus jefes de tienda y agentes de ventas para sonsacar a los clientes lo que les gusta, lo que no y qué comprarían si estuviera disponible. También comparten sus propias ideas de lo que podría o no venderse. Todo este conocimiento se captura desde las tiendas que Zara tiene repartidas por todo el mundo, y los diseñadores de producto lo revisan en la sede de la empresa. Con la estructura verticalmente integrada de Zara, cuyas fábricas y cadenas de suministro se encuentran en Europa para garantizar la mayor rotación de las líneas de productos, los productos llegan a las tiendas en tan solo diez días[3].

Lo más importante para Zara, es que el modelo de negocio fomenta que los clientes vayan a las tiendas para conseguir sus prendas favoritas, ya que su producción es limitada y el *stock* se agota rápidamente. Para la marca, la calidad y puntualidad del conocimiento de sus empleados ayuda a que la empresa identifique qué mercancías se venderán mejor, y con muy poca probabilidad de error. De hecho, ese error es menor del 1 % (en comparación con el de la competencia, que es de un 10 %), a pesar de que producen casi diez veces más tipos de productos al año[4]. Los jefes de tienda y los empleados hacen más que dar parte de lo que los clientes les comentan. Utilizan su conocimiento sobre moda, su experiencia profesional y su habilidad para hacer las preguntas adecuadas. En una época en la que la mayoría de los comercios están desprofesionalizando los puestos de cara al público y exigiendo cada vez menos responsabilidad a esos empleados, para Zara, ellos son los ojos y oídos de la compañía, y les pagan más por esta capacidad extra.

Las competiciones de innovación y los *hackathons* (encuentros de programadores para desarrollar *softwares*) son otra forma de dar a los empleados la oportunidad de hacerse oír y demostrar su creatividad, a la vez que se fomenta el trabajo en equipos interdisciplinaros, sello distintivo de todas las empresas innovadoras.

Cisco organiza regularmente concursos de innovación de participación masiva entre los más de 70 000 empleados que tiene por todo el mundo. En 2014 lanzó un reto de innovación a nivel corporativo que consistía en identificar vacantes del valor relacionadas con el internet de las cosas. El reto estaba abierto a cualquier empleado de la compañía. En una semana recibieron cientos de propuestas, tanto individuales como de equipos. Un porcentaje importante de esas propuestas eran de equipos formados por empleados de diferentes países y departamentos. Seis equipos pasaron a la semifinal para presentar sus ideas ante un grupo de altos directivos de Cisco y de expertos en la materia. De ahí seleccionaron tres ideas que se incluyeron en la línea de desarrollo de Cisco. Muchas de estas propuestas mostraban cómo se podría incrementar la eficiencia operativa (y eliminar los silos interdisciplinares) mejorando procesos progresivamente mediante el IoT. Otras presentaban cambios más generales en cuanto al diseño y modelos de negocio. El éxito inicial de estos retos de innovación ha animado a la compañía a convocarlos cada vez con mayor frecuencia. Los equipos han desarrollado modelos de negocio y compiten por el capital semilla. Los ganadores reciben recursos internos y el patrocinio ejecutivo para incubar sus ideas y crear rápidamente el prototipo, con el objetivo de que al final se convierta en una nueva oferta que Cisco pueda lanzar.

Las empresas que aborden estas iniciativas deben asegurarse de contar con los procesos internos adecuados para poder gestionar estas competiciones, así como con el apoyo de jefes y altos directivos, para asegurar que los empleados puedan dedicar tiempo suficiente a estos retos de innovación. Todas estas medidas permiten que en cualquier empresa puedan emerger las mejores ideas a la superficie, en lugar de confinarlas por culpa de jerarquías o por las limitaciones motivadas por la aversión al riesgo o por personalidades poco colaborativas.

Rompiendo barreras

Tener una plantilla variada también es bueno para la hiperconciencia de la empresa. Contar con empleados de diversa índole –geográfica, educativa, religiosa, étnica, racial y de género y edad– da pie a muchas interpretaciones únicas y complementarias para la resolución de problemas. También puede ayudar a que la compañía vea las cosas como las vería su base de clientes que, en muchos casos, cada vez es más diversa. En el capítulo sobre la toma decisiones informada ahondaremos en esto de la diversidad.

También puede ser que en algunas compañías las ideas y las opiniones no tengan buena acogida. A menudo, los empleados tienen opiniones muy firmes acerca de sus empresas –ya sea sobre el rumbo estratégico como los más pequeños detalles de las políticas y procedimientos– que no llegan a compartir con dirección. No obstante, las diferencias de opinión entre empleados y directivos, e incluso algunas duras críticas, pueden llegar a ser muy sanas si las nuevas ideas son constructivas y contribuyen a cuestionar planteamientos obsoletos o mitos arraigados. Como dice la famosa frase, «la luz solar es el mejor desinfectante». Las organizaciones deben ser muy conscientes de las desavenencias que existan entre sus directivos y el resto de la compañía, así como entre los mandos intermedios y sus subordinados directos. Necesitan conocer la opinión sincera de sus empleados mientras aún haya tiempo de hacer cambios y corregir debilidades. Si dejan que sean los disruptores digitales, inversores o reguladores quienes las descubran, las consecuencias pueden ser mucho peores.

Mecanismos para recibir opiniones anónimas

Crear una cultura de sinceridad puede llegar a ser realmente difícil para organizaciones con plantillas muy grandes y geográficamente dispersas; además de para aquellas que siempre han tenido una cultura cerrada; y también en caso de que los despidos o las disputas internas hayan minado la confianza de los empleados. En esos casos, los mecanismos para recibir opiniones anónimas[5] pueden ser de gran ayuda para minimizar el miedo a las represalias y garantizar que la comunicación honesta fluya en las empresas. Con las herramientas digitales, los empleados podrán compartir sus ideas y críticas constructivas con los altos cargos, sus jefes directos, compañeros o con toda la compañía, y además podrán hacerlo de forma segura. Quizá algunas empresas se sientan intimidadas ante la perspectiva de dar un megáfono a los empleados para que vayan predicando sus ideas y preocupaciones, sin embargo, hay muchas otras formas de averiguar lo que piensan de verdad para maximizar el impacto positivo y, a la vez, minimizar la animadversión.

Están surgiendo nuevos mecanismos para ello muy fáciles de utilizar y que, en algunos casos utilizan la gamificación para que el proceso sea divertido. Officevibe es un ejemplo. Es una plataforma automatizada para dar opiniones que permite a las empresas lanzar cuestionarios a sus empleados semanalmente para captar sus ideas y valorar su satisfacción. Una de sus funcionalidades es un juego que ayuda a que todo el mundo se acuerde de los nombres y caras de los compañeros (FaceGame). Otro (PraiseGame) hace que dar una opinión a un compañero sea una experiencia positiva y agradable. Todas estas funcionalidades fomentan un entorno honesto a la vez que aplaca críticas mordaces que suelen provocar que las personas se pongan a la defensiva. Según Officevibe, el índice de respuesta a sus encuestas es más de tres veces superior a la media del sector[6].

Algunos de estos mecanismos de opinión anónima no solo facilitan que los empleados envíen sus comentarios, sino que también pueden votar (anónimamente, claro) a favor o en contra de comentarios de otros compañeros. Así, las empresas pueden conocer el sentir colectivo de su plantilla con total transparencia y eficacia, y llegar a determinar si una idea o crítica tiene más apoyos. Desde sus inicios, Google reconoció la importancia de crear una cultura de comunicación abierta. A raíz de su iniciativa de dejar que sus empleados dediquen el 20 % de su tiempo a proyectos personales[7], uno de ellos, Taliver Heath, creó una plataforma *online* llamada Dory[8] que permitía a cada empleado enviar preguntas de forma anónima para las reuniones. Otros empleados podían votar esas preguntas para que, las que recibieran el mayor número de votos, pasaran a encabezar el orden del día en tiempo real. Enseguida incorporaron Dory en las reuniones semanales generales de Google, para que el moderador pudiera identificar aquellos problemas que más preocupaban a los empleados y así abordarlos en primer lugar. Dory es un ejemplo de herramienta de opinión anónima que soluciona uno de los principales frenos a la sinceridad: el temor a pronunciarse sobre asuntos delicados ante grupos grandes de gente, un temor generalizado que hemos constatado con el estudio que hicimos a más de 800 empresas. Según nuestro estudio, solo el 33 % de los empleados se siente cómodo compartiendo sus ideas en reuniones corporativas de ese tipo[9].

Los mecanismos para recibir opiniones anónimas también son una oportunidad para sacar a la superficie puntos de vista opuestos o quejas de comportamiento. Aunque este tipo de información puede ser beneficioso para la empresa y sus partes interesadas, ningún empleado quiere pasar vergüenza ni que le etiqueten de soplón, algo que sin duda perjudicaría su carrera (o peor). Sin embargo, si tienen la certeza de que su identidad está protegida, son mucho más proclives a colaborar para evitar lanzamientos de producto fallidos, juicios costosos o incluso que muera gente. Como dijo el científico del MIT, Edgar Schein, «los accidentes de avión y de plantas químicas, los infrecuentes pero graves accidentes de las centrales nucleares, los desastres del Challenger y del Columbia de la NASA y la fuga de la petrolera británica en el golfo de México, el denominador común de todos estos sucesos es que los empleados de rango inferior tenían información que podría haber evitado o paliado las consecuencias del accidente, pero que, o bien no se transmitió a los estratos superiores, o bien se ignoró o no se tomó en serio[10]». Los mecanismos de opinión anónima tienen el potencial de evitar pérdidas tan catastróficas.

Detección de patrones de trabajo: Mide cómo trabajan los empleados

Aparte de revelar lo que saben los empleados, la hiperconciencia también permite descubrir cómo trabajan. Solo sabiendo cómo y con quién trabajan, qué herramientas utilizan y qué producen, las empresas pueden hacer los cambios pertinentes para garantizar que cada empleado contribuya con su trabajo al objetivo colectivo. El auge del trabajo del conocimiento[11] ha hecho que resulte más complicado entender cómo lo desempeñan este tipo de trabajadores. Al contrario que las labores físicas que se pueden observar y medir de forma directa, el trabajo del conocimiento, así como sus resultados, suele ser intangible. Por ello, las empresas tienen escasa o nula visibilidad acerca del modo de trabajar de sus empleados. El trabajo es una caja negra de actividad para muchas organizaciones. Por consiguiente, para los empresarios es difícil descubrir nuevas formas para que sus empleados trabajen con mayor eficacia y aporten mejores resultados a la organización. De hecho, el consultor, educador y autor sobre administración, Peter Drucker definía al trabajo del conocimiento como *grotescamente improductivo*[12].

La convergencia de diversas tecnologías digitales, como el IoT, las analíticas y las plataformas colaborativas arrojan una nueva luz sobre el trabajo del conocimiento mediante la detección de patrones de trabajo. Analiza los datos de sensores, aplicaciones de negocio, herramientas colaborativas y otras fuentes digitales para obtener una imagen muy clara de cómo se comunican y colaboran los empleados entre sí, así como de sus movimientos físicos y de cómo desempeñan tareas concretas de su trabajo. Una vez detectados y asimilados esos patrones, las organizaciones pueden tomar medidas para mejorar el desempeño de sus empleados. Según las previsiones de Cisco, en 2020 habrá 50 000 millones de objetos conectados a internet[13]. Estos miles de millones de dispositivos conectados permiten capturar datos de formas que antes hubiesen resultado inimaginables. Al aplicar las analíticas a estos datos, las empresas pueden averiguar cómo colaboran y trabajan sus empleados, por ejemplo, haciendo que lleven placas «inteligentes».

Humanyze provee placas inteligentes para empleados. Tienen el tamaño de una baraja de cartas y están equipadas con cuatro tipos de sensores: *bluetooth,* acelerómetros, infrarrojos y dos micrófonos. Las placas capturan cuarenta tipos de información, o unos 4 GB de datos al día, y permite a las empresas identificar patrones de trabajo y de comunicación al detalle. Por ejemplo, las placas pueden percibir si dos personas están hablando y detectar detalles de la dinámica de la conversación como, por ejemplo, cuánto tiempo dura, si se dan interrupciones y cómo es el tono. También rastrean patrones de movimiento y pueden percibir, por ejemplo, si los empleados se inclinan hacia delante durante la conversación, una señal de que su interés y participación son elevados.

Los datos de las placas se pueden agregar a otras fuentes de información, como datos de sistemas colaborativos o datos de desempeño. Después, pueden analizarse y presentarse tanto a los jefes como a los empleados a través de paneles de control de informes de datos. Este innovador enfoque de detección de patrones de trabajo ha generado algunos resultados muy interesantes y útiles. El Banco de América, por ejemplo, utilizó las placas para averiguar qué relación había entre la productividad y el compromiso social de sus empleados de los centros de llamadas. Con los cambios que hizo en los horarios de los equipos (e incluso reorganizando las pausas para la comida para fomentar la interacción), el banco aumentó la productividad un 10 % y redujo la rotación de personal en un 70 %[14].

A medida que aumente la variedad y potencia de los sensores y, a su vez, se reduzcan sus costes, cabe esperar que se vaya popularizando este modelo de detección de patrones de trabajo. Fabricantes como Steelcase están integrando sensores en el mobiliario de oficina y en los edificios para saber más sobre las interacciones que se dan entre sus trabajadores[15]. El fabricante de muebles Herman Miller y la consultoría inmobiliaria Jones Lang LaSalle (JLL) también están experimentando con sensores en sus espacios para comprender cómo utilizan los trabajadores las salas de conferencias y, así, optimizar el diseño de los espacios de trabajo en el futuro[16].

Los sistemas colaborativos como el correo electrónico, los sistemas de telepresencia y las plataformas sociales ofrecen datos muy ricos que también pueden contribuir a detectar patrones de trabajo. El proveedor de aplicaciones VoloMetrix ayuda a las empresas a analizar datos de los sistemas de comunicación de la compañía para conseguir objetivos como simplificar la organización o mejorar la productividad de los empleados. Por ejemplo, con la visualización de datos, los líderes de la compañía pueden saber con exactitud qué grupos se comunican entre sí y con cuánta frecuencia. Los empleados pueden recibir paneles de control semanales de manera confidencial para saber cuánto tiempo dedican al correo o a las reuniones en comparación con sus compañeros. Las empresas pueden utilizar esta información para tener una referencia de las mejores prácticas y determinar qué empleados y grupos necesitan mejorar sus habilidades colaborativas o su eficacia en general. Es más, gracias a estos datos pueden determinar cuáles son los mejores comportamientos y patrones de trabajo específicos en lugar de obtener simplemente información general.

Las empresas que utilizan *softwares* de detección de patrones de trabajo se han sorprendido al descubrir qué actividades han hecho perder más tiempo a sus empleados. Seagate Technology, por ejemplo, uno de los mayores fabricantes de discos duros del mundo, descubrió que algunos de sus grupos de empleados pasaban más de 20 horas a la semana en reuniones y otros miles de horas gestionando correos electrónicos innecesarios. Así pues, procedió a reajustar sus procedimientos para el trabajo en equipo[17].

Para ser competitivos y eficaces en el vórtice digital, las empresas deben asegurarse de que sus empleados dedican su tiempo a las tareas que de verdad contribuyan a aportar valor al cliente. De hecho, solo con reducir las pérdidas de tiempo y reencauzar a los empleados hacia actividades más fructíferas y alineadas con los objetivos de la empresa podrían mejorar sus precios (es decir, su valor de coste). Dada la notable dificultad de medir la productividad de los trabajadores del conocimiento, con una detección de patrones que ayude a cuantificar el valor de la actividad de los empleados –asegurando que el personal con talento (a menudo altamente remunerado) está dedicándose a tareas valiosas y provechosas– las empresas tradicionales podrán obtener ventaja competitiva.

La detección de patrones de trabajo tiene el potencial de mejorar tanto el desempeño como el compromiso de los empleados. Sin embargo, hay un problema que los empresarios deben contemplar: la privacidad, que los emprendedores y directivos de nuestras entrevistas han señalado como principal dificultad a la hora de adoptar estas iniciativas. Y su preocupación es totalmente legítima, por eso, los innovadores de esta área están probando diversas ideas que puedan dar solución a este problema. Humanyze apuesta por la participación consentida *(opt-in)* y presenta un contrato que garantiza que ningún dato personal se compartirá con nadie, ni siquiera con el empleador. VoloMetrix elimina cualquier dato de identificación personal de sus análisis y únicamente muestra a los empleadores los datos agregados a nivel de grupo o de empresa. Las compañías deben dejar meridianamente claro a los empleados –y a los organismos reguladores– qué medidas de protección de privacidad van a emplear en sus iniciativas de detección de patrones de trabajo.

2.2. Conciencia conductual: Clientes

La mayoría de las decisiones de marketing y venta siempre se han basado en investigaciones demográficas y psicográficas, por ejemplo, a través de encuestas a clientes, grupos de estudio y análisis etnográficos. Todas ellas son fuentes de información cada vez menos adecuadas para el vórtice digital. Las encuestas a clientes tardan entre tres y seis meses para completarse por lo que, para cuando quiera utilizarse el conocimiento que puedan recabar, ya estará obsoleto y, por tanto, inferirán decisiones equivocadas sobre el desarrollo de productos y servicios porque estos ya no estarán en consonancia con los cambiantes deseos y necesidades de los clientes.

Además, estas fuentes de conocimiento tradicionales como, por ejemplo, los datos demográficos, cada vez tienen menos valor. Estos ya no aportan una información completa del consumidor moderno porque los patrones de comportamiento han cambiado y ya no se atienen a los segmentos de cliente típicos. Los resultados de este consumismo postdemográfico son desconcertantes para las empresas que aún se aferran a seguir categorizando a los clientes a la antigua usanza. En Reino Unido, por ejemplo, resulta que la mayoría de los jugadores de videojuegos son mujeres y que el segmento de usuarios que más creció en Twitter, entre 2012 y 2013, fueron los usuarios de entre 55 y 64 años[18].

Descubriendo patrones ocultos

Las tecnologías digitales, especialmente los teléfonos móviles y los sensores, están ampliando el horizonte de lo que una empresa puede llegar a saber sobre los hábitos de consumo y comunicación de los clientes. Esta nueva capacidad de hiperconciencia está redefiniendo la propia naturaleza de lo que las empresas pueden averiguar sobre el comportamiento del consumidor. Ya no están limitadas a la observación de su comportamiento durante breves lapsos de tiempo (por ejemplo, en grupos de estudio), sino que ahora pueden observarles desde una ventana que nunca se cierra. Este avance brinda una oportunidad sin precedentes a las empresas para comprender qué combinaciones de valores de coste, experiencia y plataforma quieren sus clientes y así renovar y mejorar sus ofertas en consecuencia.

Los *smartphones* de hoy en día vienen equipados con infinidad de sensores, como acelerómetros y giroscopios para medir la orientación, magnetómetros y chips GPS para los servicios de localización, sensores ambientales para la temperatura y la intensidad lumínica y, cada vez más, sensores para el ejercicio como podómetros o para monitorizar las pulsaciones[19]. Algunas empresas incluso pretenden ir más allá de los datos de estos sensores y buscan la manera de sacar conclusiones a partir del uso que se hace del teléfono. Los investigadores de Samsung han descubierto que, si monitorizan ciertos patrones de uso como, por ejemplo, la velocidad de escritura, y la forma de utilizar las teclas de retroceso de espacio y de caracteres especiales, pueden predecir el estado emocional de una persona con un 68 % de exactitud mediante algoritmos de aprendizaje automático[20].

Algunas *startups* disruptivas, como Branch.co e inVenture, están reinventando el sector de los préstamos en los países en vías de desarrollo mediante aplicaciones móviles que valoran la solvencia de los consumidores en función del uso que hacen de sus teléfonos. Es un tipo de hiperconciencia que satisface una necesidad crítica en países en los que cientos de millones de consumidores no disponen de servicios bancarios y en los que la carencia de datos fiables impide que muchas personas tengan calificación crediticia. Las aplicaciones de estas *startups* rastrean hasta 10 000 puntos de datos por consumidor para determinar su solvencia. Los usuarios de las aplicaciones aceptan compartir los datos de sus móviles a cambio de poder acceder a préstamos seguros. Si su calificación es buena, la concesión de su préstamo es inmediata y pueden acceder a los fondos directamente desde su teléfono. Muchos de estos prestatarios son pequeños empresarios que necesitan el crédito para cosas como gasolina o inventario. En este sentido, las aplicaciones no solo dan más oportunidades a nivel particular, sino que también contribuyen al potencial de crecimiento del mercado de negocios locales.

Los nuevos métodos de captura y análisis de datos según el uso del móvil generan resultados interesantes y, a veces, contradictorios. Por ejemplo, se ha descubierto con estas aplicaciones que, cuanto más rápido se agota la batería de un teléfono, menor es la solvencia de su respectivo dueño. Por otro lado, resulta que quienes se toman la molestia de introducir los apellidos de sus contactos en la agenda del teléfono son más solventes. Estas aplicaciones son un excelente ejemplo del uso que los disruptores están haciendo de las tecnologías y procesos digitales para ocupar las vacantes del valor. Sin la posibilidad de recopilar datos de fuentes no tradicionales (como un teléfono móvil), estas empresas no serían capaces de satisfacer las necesidades de este gran, pero desatendido, mercado. Según la firma de inversión filantrópica Omidyar Network, estas aplicaciones podrían a ayudar a entre 325 y 580 millones de personas de economías emergentes a acceder a préstamos de consumo[21]. Estas aplicaciones también pueden acelerar el sistema de concesión de crédito en países desarrollados, como Estados Unidos, en los que la media para confirmar una hipoteca es de 46 días (en el capítulo 3 ya comentamos esta posibilidad de gestionar préstamos y hacer calificaciones crediticias a través de dispositivos móviles con el ejemplo de WeChat)[22]. Estas aplicaciones también ayudan a evitar malas prácticas al poder evaluar con precisión la solvencia de cada prestatario, y detectar a quienes se aprovechan de las hipotecas de alto riesgo para conseguir créditos que luego no pueden devolver, uno de los factores que provocaron la crisis financiera de 2008[23].

Combina fuentes de datos digitales y físicas

Algunas empresas buscan la manera de combinar la hiperconciencia que facilitan los dispositivos móviles con sus activos físicos y sus ofertas para crear nuevas formas de valor. En febrero de 2016, Clear Channel Outdoor Americas, que implementa y gestiona decenas de miles de vallas publicitarias, anunció que se aliaría con AT&T y otros proveedores tecnológicos para poner en marcha un servicio que han llamado Radar en once mercados, incluyendo Los Ángeles y Nueva York[24]. Radar rastrea y agrega datos sobre el uso del móvil para identificar los patrones de circulación y conducta de las personas que pasan cerca de las vallas. Esta información se puede vincular a datos sobre las visitas en tienda para informar a los anunciantes detalladamente sobre las personas que vieron sus vallas publicitarias, como por ejemplo la media de edad y género, y si posteriormente visitaron las tiendas que se anunciaban en las vallas. Según Clear Channel y sus socios, todos estos datos están agregados y anonimizados para que no se pueda identificar a ningún consumidor en particular.

Radar combina diversas tecnologías como móvil, nube y analíticas del entorno físico (por ejemplo, la carretera junto a las vallas) para conferir a los anunciantes un grado de conocimiento de sus consumidores imposible de alcanzar antaño. Las primeras pruebas de Radar con la compañía de calzado Toms demostraron que este servicio permite tomar mejores decisiones publicitarias que impulsen el conocimiento de la marca y las compras[25].

El auge del internet de las cosas también abre nuevas posibilidades para adquirir un gran conocimiento acerca del comportamiento del cliente (por ejemplo, mediante dispositivos ponibles como las pulseras conectadas). Según la empresa de investigación International Data Corporation (IDC), los fabricantes expidieron 78 millones de dispositivos ponibles en 2015, un 172 % más con respecto al año anterior[26].

En 2013, Disney lanzó su sistema MagicBand en Disney World, su parque temático de Orlando, Florida. Las MagicBands, fruto de una inversión de 1000 millones de dólares, son pulseras electrónicas equipadas con un chip de identificación por radiofrecuencia (RFID) y radio, entre otras tecnologías, y permite que los visitantes lleven a cabo casi todas sus actividades de un modo automatizado e ininterrumpido. Antes de su llegada al parque, pueden planificar su visita, por ejemplo, como en qué atracciones se montarán, para que el sistema les indique el mejor itinerario y así pierdan el menor tiempo posible en desplazamientos y lo puedan aprovechar en divertirse al máximo. Los visitantes pueden utilizar las MagicBands para cualquier cosa, desde acceder al parque (prescindiendo así de los *tickets)* hasta pagar comida y los *souvenirs*. También permiten el acceso a las atracciones y solicitar servicios con solo tocar con las pulseras los quioscos ubicados por todo el parque. El objetivo último del sistema es eliminar cualquier fuente de fricción para que, así, los visitantes no tengan nada de que preocuparse y simplemente se concentren en disfrutar de la experiencia en lugar de tener que esperar colas o pagar en las taquillas.

El sistema MagicBand también confiere a Disney hiperconciencia sobre el comportamiento de sus visitantes (comportamientos de los que antes apenas sabía nada). Por ejemplo, las MagicBands pueden rastrear cómo se mueve la gente por el parque, qué compran, a qué atracciones van e incluso en qué mesas de los restaurantes se sientan. Esta hiperconciencia es el primer paso para tomar buenas decisiones y ser más rápidos en la ejecución. Por otro lado, esta iniciativa ha transformado por completo la experiencia de los visitantes de DisneyWorld[27]. Pero Disney no se quedará ahí, sino que seguirá evolucionando y aplicando la tecnología digital para saber más sobre el comportamiento de sus clientes. La compañía anunció que, para la apertura de su resort en Shanghái en primavera de 2016, en el que han invertido 5500 millones de dólares, no utilizarían sus MagicBands, sino que serían los propios teléfonos de los visitantes los que cumplirían la misma función de las pulseras para, por ejemplo, adquirir la entrada al parque, comprar cosas o acceder a las atracciones[28].

Conoce a los clientes como nunca

Ahora las empresas están desarrollando capacidades de hiperconciencia que les permitan ir más allá de datos sobre el comportamiento (como los patrones de desplazamientos o el uso del teléfono) y averiguar con precisión qué es lo que sienten sus clientes. Imagina que al meterte en el coche por la mañana para ir trabajar este pudiera percibir si estás contento, nervioso o enfadado. Podría ajustar detalles del ambiente, como la música, la temperatura o incluso la ruta, para que tu trayecto fuera lo más agradable posible (un ejemplo de personalización, uno de los modelos que aportan valor de experiencia, como vimos en el capítulo 2). Las empresas con visión de futuro ya están manos a la obra para adquirir la capacidad de reconocer las emociones de sus clientes, como si de un amigo, pareja u otro pariente se tratara. Las empresas pueden aprovechar esta empatía para crear experiencias que se adapten a la perfección a las necesidades y deseos únicos de cada consumidor en cada situación, y rentabilizar esta información vendiéndola, por ejemplo, a los promotores de las marcas.

La habilidad de utilizar la hiperconciencia para conectar emocionalmente con el cliente en función de la situación puede ser muy útil para las empresas que necesiten reencauzar el comportamiento del cliente en momentos críticos de su ciclo de vida. Affectiva, empresa derivada del Instituto Tecnológico de Massachusetts, ha creado la base de datos emocional más grande del mundo, con más de 40 000 millones de puntos de datos, a base de analizar más de 3 900 000 imágenes faciales[29]. La compañía permite a sus clientes implementar capacidades de percepción de las emociones mediante un modelo de «emociones como servicio» en la nube, que además incluye herramientas de programación para que los desarrolladores puedan integrar la funcionalidad en aplicaciones móviles y en otras soluciones digitales. El servicio de Affectiva utiliza una cámara (que puede ser, por ejemplo, la del ordenador o la de un móvil) para reconocer los patrones faciales que dan indicios del estado emocional de una persona. Esta capacidad representa un sinfín de oportunidades para comerciantes, compañías sanitarias, agencias gubernamentales, empresas de entretenimiento, etc., para conocer en profundidad a sus clientes y personalizar sus experiencias en consonancia.

The Hershey Company, el mayor fabricante de chocolate de Norteamérica, ha integrado las capacidades de percepción de emociones de Affectiva en un puesto que ha llamado Smile Sampler. Este se encuentra en los pasillos menos transitados de los supermercados (normalmente, donde se colocan los dulces) y ofrece al cliente una muestra de chocolate gratuita a cambio de su sonrisa. El iPad incorporado a la máquina de Smile Sampler utiliza un *software* de reconocimiento facial para detectar la sonrisa y, entonces, entrega la chocolatina. Como el *software* reconoce las caras, solo entrega una chocolatina por persona. Los datos del mapeo se borran a las 24 horas para garantizar la privacidad del consumidor[30].

Hershey decidió poner en marcha la prueba piloto de este dispositivo cuando uno de sus estudios reveló que las muestras gratuitas es lo que más les gusta a los consumidores cuando van a comprar chocolate. Hershey espera utilizar su puesto Smile Sampler para fomentar un mayor tránsito por los pasillos en los que se encuentran sus productos y para crear una conexión emocional con los consumidores mientras estén allí. También esperan extrapolar este enfoque a otro tipo de productos, y cuatro grandes marcas ya le han comunicado su interés por implantar el sistema[31].

Adquiere un conocimiento mucho más profundo

La hiperconciencia que las empresas pueden desarrollar con las tecnologías y procesos digitales facilita una interacción cliente-empleado que dé lugar a relaciones más sólidas. Cogito, otra empresa creada en el MIT, ha desarrollado un *software* de análisis de voz para los centros de llamadas. El *software* analiza patrones de la voz, tanto del cliente como del agente que atiende su llamada, al mismo tiempo en que transcurre la conversación. En función de características únicas como la velocidad con la que hablan, las pausas, patrones de interrupción y el tono, el *software* puede determinar el estado emocional de los clientes e, incluso, si están molestos o confusos. Mientras, el *software* también analiza los patrones del audio de los agentes para informarles de si les están entendiendo bien o si están inspirando empatía y confianza. Se les muestra en pantalla una guía que les va haciendo recomendaciones en tiempo real. Así, pueden ir adaptando su forma de hablar de manera dinámica para aumentar la satisfacción del cliente o para cerrar una venta.

Una gran compañía de seguros de salud probó el *software* de Cogito para analizar las interacciones de 300 000 clientes que utilizaban su servicio de llamadas. El *software* identificaba qué patrones de la conversación reducían las probabilidades de que los clientes suscribieran nuevos servicios, ayudando así a que los agentes modificaran su forma de hablar en tiempo real. Las suscripciones aumentaron un 4 %, lo cual generó millones en beneficios adicionales[32]. Piensa en el enorme potencial que esta capacidad de análisis tendría para la estrategia de retención de clientes de AgileCo (cuyo caso ya comentamos en el capítulo 5) basado en la conexión personal entre el agente y el tomador del seguro.

Las tecnologías y procesos digitales que hemos descrito para construir la hiperconciencia conductual, a su vez, dependen de que se apliquen nuevos métodos de recopilación de información sobre trabajadores y clientes, como el seguimiento de móviles, tecnologías de reconocimiento facial y análisis de audio. Son modelos que, hace diez años, apenas se hubiesen podido aplicar, pero ahora sí. Por otro lado, este ritmo al que avanzan la tecnología y la capacidad de recopilar datos personales no parece que vaya a frenar (solamente Facebook recoge cada día más de 600 *terabytes* de datos personales de sus usuarios)[33]. Naturalmente, la posibilidad de que las empresas rastreen movimientos, estados emocionales y conexiones sociales de cada persona suscita inquietudes obvias sobre la privacidad, pero no nos detendremos a tratar este tema en este libro. Es un problema del que deberán ocuparse las empresas, los proveedores tecnológicos y los gobiernos en un futuro no muy lejano.

3. Conciencia situacional

Hasta ahora nos hemos centrado en la hiperconciencia en lo que respecta a las personas que impulsan el valor de una organización: sus trabajadores y sus clientes. Pero, así como las personas son importantes para el éxito de una empresa, la gestión de sus recursos físicos e infraestructuras representa un desafío aún mayor para muchas de ellas. Además, todas deben bregar contra los desafíos de las fuerzas macroeconómicas, de los regímenes normativos, de los cambios en la competencia y de las tendencias tecnológicas. En pocas palabras, las empresas deben desarrollar una conciencia situacional[34], a la que definimos como la capacidad de identificar los cambios en el entorno empresarial y operativo de una organización, y saber distinguir cuáles son los cambios que importan.

3.1. Conciencia situacional: Entorno empresarial

La conciencia situacional del entorno empresarial es la capacidad de una organización de percibir los cambios que se dan en el mercado –en su base de clientes, su competencia o en su ecosistema de socios– y que serán relevantes para su misión. También se refiere a la capacidad de adquirir conocimiento sobre los sentimientos del cliente, las tendencias macroeconómicas y del sector, los movimientos de la competencia, las actividades de los socios y, sobre todo, las nuevas tecnologías digitales y modelos de negocio[35].

La supremacía de precios de la que goza Amazon depende de su sólida conciencia situacional. Gracias a sus agentes de *software*, que escanean continuamente las webs de la competencia, la compañía recopila datos de precios de millones de productos. Luego, utiliza esta inteligencia para bajar o subir los precios dinámicamente para tentar a los consumidores en detrimento de la competencia, o bien para maximizar sus beneficios. Según Boomerang Commerce, un proveedor de *software* para la fijación de precios, durante las vacaciones de 2014, Amazon cambió los precios aproximadamente 10 000 millones de veces[36].

Sin esta hiperconciencia de los precios de la competencia a gran escala, su estrategia de precios no sería posible (en el capítulo 8 trataremos la dinámica de la fijación de precios en mayor profundidad). Amazon incluso ha extrapolado al mundo físico esta hiperconciencia de comprobación automática de precios, por medio de su aplicación Price Check (actualmente Amazon Shopping). Esta aplicación, que lanzaron en 2011, permite a los consumidores utilizar las cámaras de sus móviles para escanear los códigos de barras de los productos mientras hacen la compra en las tiendas. Entonces, la aplicación les dice por cuánto se vende ese mismo producto en Amazon. Esta funcionalidad permite a los consumidores saber si de verdad están comprando al mejor precio en las tiendas, y les brinda la oportunidad de comprarlo de inmediato y más barato a través de Amazon. A su vez, estos usuarios se convierten en los facilitadores que permiten a Amazon desarrollar sus capacidades de hiperconciencia[37].

Recorded Future es un disruptor digital que ha levantado casi 30 millones de dólares de inversores como Google Ventures e In-Q-Tel, la filial de capital riesgo de la Agencia Central de Inteligencia de Estados Unidos. Recorded Future ha construido una plataforma que mina constantemente datos públicos de la red para identificar posibles ataques de ciberseguridad. Algunas de estas fuentes de datos son periódicos, blogs, registros de empresas, redes sociales e incluso conversaciones entre *hackers* en los foros clandestinos. Recorded Future aplica a estos datos sofisticadas herramientas de análisis, como el procesamiento del lenguaje natural (PLN) y el aprendizaje automático, para aislar las señales que puedan sugerir amenazas de seguridad. Los clientes de Recorded Future, entre los que se incluyen algunas de las empresas más grandes del mundo, pueden agregar a esas alertas los datos de seguridad de sus propios sistemas (como cortafuegos, por ejemplo) para tomar medidas proactivas que les permitan prevenir futuros ataques[38]. En el caso de Recorded Future, la hiperconciencia juega un papel fundamental, no solo para percibir y asimilar cambios competitivos, sino para detectar peligros físicos o financieros.

En el capítulo 5 comentamos cómo Nestlé creó su Equipo de Aceleración Digital (DAT) para recopilar inteligencia procesable sobre sus marcas a partir de diversas plataformas y medios sociales. De hecho, la escucha de las redes se ha convertido en una herramienta competitiva crítica para empresas de todo el mundo que quieran estar informadas sobre el entorno de sus negocios. En 2013, General Motors creó un Centro de Expertos en Redes Sociales global (CoE, por sus siglas en inglés, *Social Media Center of Expertise*), compuesto por aproximadamente 600 empleados repartidos por cinco regiones. El objetivo de esta nueva organización era contribuir a la toma de decisiones basada en el mercado de la compañía por medio de la hiperconciencia adquirida a través de las redes sociales.

El CoE se ubica en la sede de GM en Detroit, Michigan, ocupa un edificio de más de 575 metros cuadrados y utiliza diversas tecnologías digitales, como analíticas y herramientas colaborativas. El personal monitoriza cientos de webs de GM y de terceros, así como foros de vehículos en las que se produce una media de más de 6000 interacciones entre clientes al mes[39]. Las iniciativas de escucha social de GM orientadas a la acción ilustran que la captura de información no es la meta, sino el inicio del viaje. La compañía utiliza la hiperconciencia que genera su CoE para forjar relaciones con sus clientes, ya sea mediante la promoción de su marca, haciéndoles participar en conversaciones *online* o solucionando los problemas específicos que los usuarios plantean a través de las redes sociales[40].

La hiperconciencia también es crucial para otra área que cada vez cobra más trascendencia en el vórtice digital: el ecosistema de socios. Es especialmente relevante para las organizaciones cuyas cadenas de suministro son muy complejas. Los disruptores digitales están desarrollando nuevos e innovadores usos de la tecnología para conseguir una mayor visibilidad de las operaciones de sus socios. Segura System es un proveedor de aplicaciones de visibilidad de cadenas de suministro con sede en Londres que permite a comercios y fabricantes hacer seguimiento de todos los eslabones de la cadena, incluso de las de sus socios comerciales. Al aumentar la visibilidad en la cadena de suministro, las aplicaciones de Segura Systems pueden reducir las vulneraciones a los derechos humanos, como la explotación infantil o la esclavitud. Las principales firmas minoristas, como Debehnams, el operador de grandes almacenes británico, exige a todos sus proveedores que documenten en su plataforma informática todos y cada uno de los componentes de sus propias cadenas de suministro[41]. Como el sistema está en la nube, los proveedores de esas compañías pueden acceder fácilmente, independientemente de su tamaño o ubicación. Este sistema permite que cualquier organización pueda crear un registro de auditoría, completamente transparente y en tiempo real, de las interacciones de los socios que componen su cadena de suministro. También les permite asegurarse de que la mercancía que vende procede solamente de fabricantes y subcontratistas previamente aprobados y que son conformes a las leyes y normas laborales pertinentes[42]. Los subcontratistas que no cumplan los códigos operativos establecidos no podrán acceder a la plataforma y, por lo tanto, no serán candidatos aptos para comerciar con ellos, aunque tengan mejores precios. Además de ayudar a Debenhams y otros minoristas a controlar y gestionar sus prácticas de responsabilidad social corporativa (RSC), el sistema ejerce mayor presión para que las condiciones laborales sean más seguras.

3.2. Conciencia situacional: Entorno operativo

Aunque muchas de las presiones a las que hacen frente las organizaciones proceden del entorno empresarial, a menudo es su entorno operativo el que plantea las principales dificultades de gestión. Los entornos operativos se refieren a los activos físicos, como plataformas petrolíferas, fábricas, flotas de vehículos, edificios y demás instalaciones, que las empresas utilizan para servir sus productos o servicios. La complejidad de estos entornos operativos ha ido aumentando cada vez más rápido. Ahora, las cadenas de suministro son globales y, en muchas industrias, la cantidad de proveedores no deja de multiplicarse. Muchas empresas globales han aumentado sus carteras de activos físicos a niveles sin precedentes. Por ejemplo, FedEx, empresa mundial de transporte, tiene una flota de 43 000 furgonetas con las que recorren 2 500 000 millas en total cada día[43]. La compañía petrolera BP opera en más de 70 países, produce 3 300 000 barriles de petróleo al día y gestiona 17 200 estaciones de servicio[44]. Una escala operativa de tal magnitud representa un reto abrumador para las organizaciones que se proponen rastrear las condiciones o estado de sus activos para mejorar su eficiencia operativa.

Como ya veremos, el IoT es la llave de la hiperconciencia en el vórtice digital. La capacidad de mantenerla en funcionamiento y monitorizar las condiciones operativas de un conjunto de activos de producción tan vasto puede producir resultados sustanciales en industrias intensivas en capital, como la manufactura, especialmente las que operan a escala mundial. Cisco y el fabricante japonés de automatización industrial, FANUC, se han asociado para desarrollar una solución de IoT a la que han llamado Zero Downtime (inactividad casi cero), que permite a los fabricantes conocer en tiempo real el estado de todos los robots de su planta de producción. Los robots capturan una serie de datos operativos y de mantenimiento que, posteriormente, se analizan en la planta de producción. Después, se transmiten a una plataforma de análisis en la nube para que se inicie un mantenimiento proactivo antes de que el problema llegue a producirse. Por ejemplo, si se prevé que hará falta cambiar alguna pieza, puede encargarse con antelación para que esta ya esté disponible durante la siguiente pausa programada para el mantenimiento. FANUC y Cisco hicieron una prueba piloto de la solución en General Motors, con unos 1800 robots. Con esta prueba la compañía ahorró unos 38 millones de dólares y, en vista del éxito, planean ampliar su implantación[45]. La solución de Zero Downtime de FANUC es un ejemplo del modelo de negocio de orquestador de datos que explicamos en el capítulo 2.

Veamos ahora la conciencia situacional en el contexto de una industria en la que nadie suele reparar cuando se habla del cambio digital: la minería. Como decíamos en el capítulo 1, en el vórtice digital cualquier cosa que pueda digitalizarse, acabará digitalizándose a medida que las industrias se aproximen al centro. En la minería, algunos elementos son (y seguirán siendo) físicos. Aun así, la aplicación de la tecnología digital tiene un enorme potencial para mejorar la eficiencia y aumentar la seguridad de las excavaciones y de los movimientos físicos y, en última instancia, ganar en competitividad. Por ejemplo, aunque haya cientos de personas trabajando bajo tierra en un momento determinado y en muchas operaciones, no suele salir demasiada información de la mina. Y la que sí sale, suele ser documentación escrita que se emite por intervalos, en los cambios de turnos de mineros y supervisores que se producen cada ocho horas, lo cual genera graves ineficiencias en el funcionamiento de la mina. O peor, una ceguera operativa que puede comprometer la seguridad de los trabajadores.

La disrupción digital está facilitando que empresas como Dundee Precious Metals (DPM) se desmarquen de competidores ineficientes gracias a la hiperconciencia. DPM es una compañía minera de Canadá que posee la mina de oro más grande de Europa (en Chelopech, Bulgaria). La compañía ha conectado toda la mina y sus activos, como sistemas transportadores, tráileres, luces, ventiladores, el sistema de limpieza e incluso a los propios mineros. La red inalámbrica de la mina, junto con herramientas colaborativas, analíticas y dispositivos móviles hacen de la mina de DPM un caso de hiperconciencia del entorno operativo digno de estudio. Los mineros, conductores y supervisores se pueden comunicar por voz desde cualquier punto, ya sea en la superficie o bajo tierra, incluso en áreas en las que la comunicación por voz siempre se había visto limitada por la falta de cobertura de señales de radio o celulares. También pueden enviarse mensajes instantáneos con sus dispositivos móviles.

Como explicó el director de TI de la compañía, Mark Gelsomini, el objetivo de DPM era «destapar la mina. Queríamos saber exactamente qué estaba ocurriendo y en el momento en el que estuviera ocurriendo, en lugar de tener que esperar al cambio de turno[46]». Eso es lo que hace la hiperconciencia: confiere una conciencia situacional completa de un entorno extremadamente complejo y duro, y que además resulta que se encuentra bajo tierra.

Los supervisores de DPM pueden orientar a los conductores directamente y en tiempo real, monitorizar la producción y el estado del equipo, y ajustar las operaciones para ser más eficientes. En caso de que surja cualquier problema con la maquinaria, los empleados pueden compartir un vídeo desde sus móviles iOS o Android con los ingenieros y técnicos, en tiempo real e independientemente de dónde se encuentren estos, o también pueden realizar una reparación preventiva en lugar de tener que apagar el equipo de producción valioso o tener que repararlo fuera de las instalaciones.

Este tipo de hiperconciencia repercute en la producción. Desde que conectaron sus activos físicos e incorporaron capacidades colaborativas y analíticas, la producción de la mina se cuadruplicó (de medio millón a dos millones de toneladas al año)[47]. Las funcionalidades colaborativas de vídeo también conectan al personal de la mina de Chelopech con los directivos, geólogos y metalúrgicos de DPM en Canadá. Por último, el sistema de limpieza de la mina está equipado con aplicaciones de rastreo de ubicación para garantizar que no queda personal ni equipo en el área y mejorar así la seguridad laboral para los mineros.

4. Evalúa tu hiperconciencia

Como acabamos de ver, las organizaciones tienen la oportunidad de saber mucho más acerca de sus plantillas, clientes y entornos empresariales y operativos, pero ¿cómo pueden evaluar su grado de hiperconciencia? Las siguientes cuatro preguntas os ayudarán a averiguarlo.

- ¿Tenemos la capacidad de capturar conocimiento sobre nuestros trabajadores? Las empresas innovadoras están implantando herramientas de captura de conocimiento para recibir opiniones sinceras y las mejores ideas de sus empleados. En un esfuerzo por descubrir el valor oculto, también aplican la percepción de patrones de trabajo para entender mejor la forma de trabajar de sus empleados.

- ¿Tenemos la capacidad de capturar conocimiento sobre nuestros clientes en un contexto determinado? Con herramientas digitales como dispositivos móviles equipados con sensores, dispositivos ponibles y analíticas de percepción de emociones, empresas como inVenture, Disney y Hershey recopilan información que les ayudará a conocer a sus clientes a un nivel inimaginable hace unos años.

- ¿Tenemos la capacidad de capturar conocimiento sobre el entorno de nuestra empresa (competencia, tendencias macroeconómicas y socios)? Amazon, Recorded Future y otros disruptores utilizan la automatización, las analíticas y la nube para aplicar su hiperconciencia a una escala masiva, permitiéndoles detectar los numerosos y complejos cambios que se producen en sus mercados.

- ¿Tenemos la capacidad de capturar conocimiento sobre nuestro entorno operativo? Como ya hemos visto, FANUC ganó conciencia situacional de su flota de robots industriales y utiliza esa conciencia para ayudar a sus clientes a evitar paros inesperados en la planta de producción.

La hiperconciencia permite a las empresas disponer de información muy rica acerca de sus plantillas, clientes y entornos empresarial y operativo. Hasta ahora, gran parte de esta información era invisible porque no había forma de acceder a ella. Pero con las nuevas capacidades digitales, la mayoría facilitadas por los disruptores, ahora es posible beneficiarse de esta información. En el capítulo 7 veremos cómo pueden aplicar las organizaciones esta información para competir en el vórtice digital y dar el siguiente paso en su camino hacia la agilidad empresarial digital: desarrollar su capacidad para tomar decisiones informadas.

TOMA DE DECISIONES INFORMADA

7

1. La oportunidad de tomar millones de mejores decisiones

Como el propio nombre indica, la toma de decisiones informada implica utilizar la información que se ha recabado durante la fase de hiperconciencia para tomar decisiones con fundamento. En el vórtice digital, estas decisiones son casi una constante y todas y cada una de ellas tienen una gran repercusión. Como ya hemos visto, los directivos deben bogar en un entorno en el que la competencia puede emerger prácticamente de la nada e introducir en el mercado un nuevo y sorprendente valor. Como decía Eric Schmidt, expresidente ejecutivo de Google, «en algún lugar hay alguien apuntándonos desde su garaje [...]. El próximo Google no hará lo que este Google hace, como tampoco Google hizo lo mismo que hacía AOL en su día[1]».

La toma de decisiones informada es el eje de la agilidad empresarial digital. De nada le servirá a la empresa su hiperconciencia o ser rápida en la ejecución si no toma buenas decisiones a diario ni a nivel estratégico. Todos los datos y el conocimiento que pueda recabar serán un desperdicio y, si se precipita en la dirección equivocada, su rapidez de ejecución dejará de ser una ventaja crítica para convertirse en temeridad.

Cuando hablamos de tomar decisiones, nos referimos tanto a las decisiones estratégicas como a las diarias, desde las que toman los ejecutivos que dirigen la empresa como las de los trabajadores en el desempeño de sus funciones[2]. En el vórtice digital, es igualmente importante que ambos tipos de decisiones sean acertadas. Cada vez resulta más difícil tomar buenas decisiones estratégicas dada la agilidad con la que se mueven los disruptores desde sus proverbiales garajes o desde industrias contiguas. Por eso, los competidores más tradicionales lo tienen más complicado para detectar las amenazas y planear un buen contraataque. Y, en vista de que la competencia ocupa las vacantes del valor tan pronto como estas aparecen, la velocidad se ha convertido en una cualidad de valor incalculable. Por eso, a la hora de tomar una decisión estratégica, las empresas deben asegurarse de que está fundamentada en la información correcta, que participan todas las personas adecuadas en el proceso, que sus criterios están basados en datos y que las decisiones son claras y ejecutables.

Las empresas —y quienes les aconsejan— tienden a dar menos importancia a los millones de decisiones que jefes y empleados toman a diario, quizá porque no son las que toman los altos directivos. Sin embargo, son precisamente estas decisiones las que influyen en gran medida en el éxito de una compañía. Desde decidir si ofrecer un descuento a un cliente fiel que está a punto de desertar, hasta determinar cuál es la ruta más rápida para el camión de reparto o decidir si acatar ciertas órdenes, aunque vayan en contra de la política de la empresa. Todas estas decisiones del personal de primera línea y de cara al público, sin duda, suman. Y son tantas que encierran un potencial económico y competitivo enorme. Por eso, las empresas deben hallar la manera de progresar en ese aspecto e identificar los recursos que puedan ayudar a que sus empleados tomen a diario las mejores decisiones.

En última instancia, la importancia de que sus decisiones estratégicas y diarias sean excelentes se reduce a que con ello aporten los valores de coste, experiencia y plataforma que demandan sus clientes. Sin decisiones estratégicas oportunas, las empresas perderán esas fugaces oportunidades en las que podrían combatir a los vampiros del valor antes de que estos den un buen mordisco a sus negocios. Sin decisiones estratégicas buenas, a las empresas les costará aventajar a sus rivales e introducirse en nuevos mercados. La historia reciente está plagada de cadáveres de compañías que no supieron interpretar a tiempo las advertencias de los nuevos peligros que acechaban a sus negocios. La mayoría de las empresas se quedan en el banquillo, embobadas por la velocidad a la que sus competidores más ágiles se hacen con una vacante del valor tras otra.

Por desgracia, no es fácil alcanzar la excelencia en este ámbito. Las empresas establecidas que participaron en el estudio del Centro DBT reconocían su inferioridad en innovación y agilidad, en comparación con las *startups*. Solo el 8 % de estas empresas sobresalía en las tres capacidades de la agilidad empresarial digital: hiperconciencia, toma de decisiones informada y rapidez en la ejecución. Según nuestro análisis, la más difícil de todas ellas es la toma de decisiones informada. Una deficiencia que las empresas pueden solventar si se concentran en mejorar en estos dos ámbitos: la toma de decisiones inclusiva y la toma de decisiones optimizada (cuadro 7.1).

- **Toma de decisiones inclusiva:** Es muy frecuente (demasiado) que las empresas excluyan de los procesos de decisión a personas cuyas habilidades y puntos de vista son críticos, por cuestiones como su rango en la empresa (gerentes subalternos y colaboradores individuales), por la estructura organizativa (en empresas acostumbradas a tomar decisiones de forma aislada), por su situación geográfica o por otros atributos (discriminación consciente o inconsciente por religión, género, raza, orientación sexual, edad, discapacidad u otros factores). Además, esto también suele darse incluso aunque la actividad de esos agentes excluidos sea vital para ejecutar las decisiones en cuestión.

  En este capítulo veremos diversas tecnologías que pueden ayudar a facilitar la coordinación y, así, lograr una mejor toma de decisiones. Estas garantizan que participen en el proceso las personas adecuadas por su pericia y por sus diversos puntos de vista e intereses organizativos. La toma de decisiones inclusiva no es un concepto que aboga por la colaboración porque sí, ni se reduce a un mero aumento de la diversidad, sino que tiene más que ver con asegurar que participen las mentes de las personas mejor posicionadas para ponderar las diferentes alternativas, para dar su consejo experto y para representar los puntos de vista de las partes implicadas más importantes.

- **Toma de decisiones optimizada:** La capacidad de tomar decisiones debe estar optimizada con datos y analíticas que influyan en el proceso. Los increíbles avances que se están produciendo en los análisis predictivos, la inteligencia artificial y la visualización de datos hacen que los responsables de las decisiones realmente puedan ver el futuro (o múltiples posibles futuros) antes de tomar una decisión estratégica. Las empresas también pueden mitigar errores humanos o las decisiones por decreto con la medición de las alternativas. En este ámbito importa mucho cómo se procesan los datos y los análisis (y a quién), para una toma de decisiones optimizada hay que adaptarlos al rango y flujos de trabajo de quien toma la decisión, ya sea un miembro del consejo o un empleado que trabaja de cara al público. Las decisiones también se pueden automatizar si se aplican las analíticas a las reglas de negocio. De esta forma se optimizan también las resoluciones de la compañía a nivel general, y no solo las de un individuo. A veces, las mejores decisiones son las que toman los sistemas de forma autónoma, nutridos con aprendizaje automático y algoritmos.

Cuadro 7.1 Toma de decisiones informada

Toma de decisiones inclusiva

Toma de decisiones informada

Toma de decisiones optimizada

Agilidad Empresarial Digital

Fuente: Global Center for Digital Business Transformation (DBT), 2015

Cuando las decisiones son inclusivas y, a la vez, optimizadas –es decir, si en el proceso participan las personas adecuadas (si es que participan personas), las decisiones se toman en base a los mejores datos y análisis disponibles y si se distribuyen por toda la organización con arreglo a los rangos y funciones pertinentes– entonces las empresas estarán bien equipadas para tomar buenas decisiones de forma rápida y sistemática. A continuación, exploraremos cada uno de estos ámbitos en mayor detalle y descubriremos que, en muchos casos, las analíticas contribuyen a que las iniciativas sean más inclusivas, y esa inclusión será clave para lograr decisiones más optimizadas. Por supuesto, será el contexto de cada compañía el que rija cómo han de combinarse estos factores de inclusión y optimización, y cómo han de equilibrarse las decisiones automatizadas con las que requieran de juicio humano. En todo caso, para tener éxito, las empresas deben asegurarse de contar con ambos elementos en sus procesos de decisión en la medida de lo posible. Si bien es cierto que ninguna empresa puede acertar en sus decisiones al cien por cien, las consecuencias de una mala decisión en el vórtice digital pueden ser súbitas y fatales. Por eso, muchas empresas están reclutando a disruptores digitales entre sus filas, para que les ayuden a acelerar y aumentar su capacidad para tomar decisiones informadas. Como ya comentamos en el capítulo 5, no hay que ver a los disruptores solo como enemigos porque pueden llegar a ser grandes aliados.

2. Toma de decisiones inclusiva

Como decíamos en el capítulo sobre la hiperconciencia, el punto de partida de la innovación es la habilidad de acceder a las mejores ideas y a la pericia de la mano de obra. Todos los trabajadores tienen un bagaje único en cuanto a su formación, experiencia y habilidades, y esa diversidad es esencial para poder detectar tendencias y hallar soluciones a los problemas. Esta diversidad –ya sea de género, raza, religión, cultura, edad o de otra índole– es igualmente importante para tomar decisiones. En una mano de obra diversa, el talento latente es enorme. Sin embargo, si ese personal diverso no tiene forma de compartir ideas y puntos de vista, todo ese valor latente se quedará sin explotar.

La toma de decisiones inclusiva –inteligencia colectiva que emana de la colaboración entre individuos y equipos dispares[3]– es la forma de garantizar que se tengan en cuenta los diversos puntos de vista, experiencias y conocimientos que sean relevantes a la hora de tomar decisiones. La toma de decisiones inclusiva no implica consenso ni que los directivos deban ceder el control de las decisiones a la «masa». Pero las empresas que se acostumbran a tener en cuenta diversos puntos de vista son menos propensas a cometer errores que puedan derivarse de la estrechez de miras de los directivos poderosos. Las tecnologías y modelos de negocio digitales emergentes permiten unir las fuerzas de los empleados y hacen posible la toma de decisiones inclusiva.

2.1. Tres objetivos

Los silos corporativos son la némesis de la toma de decisiones informada[4]. En un estudio reciente se analizaron durante tres meses más de 100 millones de correos electrónicos y de 60 millones de entradas de calendarios en una empresa de 100 000 empleados[5]. La interacción era mil veces más frecuente entre dos personas de la misma área de negocio, función y oficina, que entre dos personas con roles similares pero pertenecientes a diferentes áreas do negocio, funciones y oficina. Asimismo, los analistas se dieron cuenta de que los silos comunicativos también tenían que ver con la jerarquía y de que la interacción entre personas de diferentes categorías salariales era prácticamente nula[6]. La inclusión permite a las empresas alcanzar tres objetivos en lo que a la toma de decisiones informada se refiere:

1. Combinar de forma idónea a los empleados que deben participar en los procesos de toma de decisiones y de resolución de problemas.

2. Proporcionarles el entorno adecuado para que compartan sus ideas y puntos de vista de forma efectiva.

3. Proveer los medios para tomar decisiones informadas basadas en las diversas perspectivas y de la caja de herramientas mental del grupo.

2.2. Establecer la combinación idónea

La toma de decisiones inclusiva depende de que los trabajadores puedan identificar fácilmente qué personas o grupos son los adecuados para intervenir. A la hora de tomar una decisión, la mayoría de los directivos de hoy en día no se plantea consultar más allá de su organización (o de un puñado de subordinados directos), aunque dispongan de trabajadores con los conocimientos y experiencia adecuados, lo cual es muy perjudicial para la empresa por dos razones. La primera, porque menoscaba las probabilidades de llegar a conclusiones fructíferas. Y, segunda, porque infrautiliza el talento que tanto dinero y esfuerzo le cuesta reunir. En el futuro, los directivos dispondrán de *softwares* que les ayudarán a identificar a aquellos empleados que deberían participar en según qué decisiones específicas. Sus algoritmos establecerán la relación entre los diversos individuos y formarán los equipos en base a una serie de características que den lugar a una combinación óptima de diversidad, experiencia, habilidades, localización y de muchos otros factores que maximicen las posibilidades de éxito de la iniciativa en cuestión.

Algunas *startups* ya están desarrollando este tipo de tecnología, como Ranktab, una plataforma para tomar decisiones de manera visual y colaborativa, que identifica qué empleados formarían un mejor equipo, por sus habilidades y predisposición, y tomarían decisiones más efectivas. Como nos dijo Francisco Ruiz, su fundador y CEO, durante la entrevista, «utilizamos inteligencia artificial para prever qué personas de una organización o grupo trabajarán mejor juntas. Podemos visualizar qué agrupaciones no están siendo efectivas en sus decisiones por la tendencia de sus miembros a estar siempre de acuerdo, y qué grupos suelen estar en desacuerdo por cualquier cosa, lo cual no tiene por qué ser algo malo».

2.3. Colaboración ininterrumpida

Una vez identificados los miembros del grupo, las empresas más punteras utilizan nuevas plataformas colaborativas con las que las ideas de todos esos contribuyentes fluyen ininterrumpidamente. Las tecnologías que más se utilizan hoy en día para colaborar, como el correo electrónico, suelen estar más alineadas con la estructura organizativa, dinámicas comunicativas y procesos decisorios más tradicionales. Por eso, no son del todo idóneas para desarrollar la agilidad empresarial digital.

Las nuevas plataformas colaborativas, como Slack y Cisco Spark, sustituyen la comunicación por correo electrónico con aplicaciones de mensajería basadas en salas virtuales en las que también se pueden compartir documentos, hacer videollamadas y muchas otras cosas. Los usuarios crean canales o espacios colaborativos desde los que se pueden comunicar con mensajes de texto, voz o vídeo, publicar contenido indexable y conservar el histórico de las comunicaciones. Con este nuevo enfoque, el conocimiento institucional del individuo queda liberado de sus respectivas bandejas de correo y discos duros, haciendo que la comunicación y la documentación sea accesible para todos los miembros del equipo. También permiten sortear las cadenas de comunicación y subordinación tradicionales, fomentando así una mayor transparencia y una valoración de las aportaciones más meritocrática. Los miembros del equipo tienen acceso directo a las aportaciones de los demás: no hace falta filtrarles los resultados a los altos directivos. Finalmente, con estas herramientas los equipos de trabajo pueden componerse de una mayor cantidad de personas al integrar protocolos de comunicación síncronos y asíncronos. Pueden unirse nuevos miembros y ponerse al día enseguida.

2.4. El conocimiento de la masa adecuada

Un último (y crucial) paso para conseguir decisiones inclusivas es capturar el conocimiento compartido y utilizarlo en el proceso de decisión informada, algo que podrá hacerse con las nuevas herramientas. Además de ayudar a las empresas a crear equipos de decisión sólidos, Ranktab, por ejemplo, utiliza algoritmos que fomentan la inclusión mediante votaciones de múltiples criterios. La herramienta permite a los usuarios ver cómo han evaluado los demás las diferentes opciones, debatir las decisiones y visualizar gráficamente el consenso que se haya alcanzado[7]. Las organizaciones pueden utilizar la plataforma para decidir si contratar a ese o aquel candidato, aprobar solicitudes de *leasing* (arrendamiento financiero) o identificar cuáles son las *startups* más prometedoras en las que invertir.

Nuestros expertos se han dado cuenta de que el aumento de la cantidad y variedad de los datos plantea un problema de sobrecarga de información para las empresas, así como la proliferación de los datos sobre la mano de obra debido a las nuevas fuentes de las que proceden, como herramientas colaborativas, la monitorización del bienestar y los sensores integrados en el mobiliario de la oficina. Por otro lado, las técnicas para analizar los datos desestructurados brillan por su ausencia. En consecuencia, a la hora de implantar tecnologías digitales en los procesos decisorios, es importante tener en mente los resultados finales. Los líderes deberían empezar por preguntarse qué resultados de negocio quieren obtener en una función o área concretos, conocer en profundidad sus procesos pertinentes y trabajar de forma regresiva para dar con las fuentes de datos y técnicas de análisis a partir de los cuales se pueda llegar a esos resultados.

Para garantizar que toda la diversidad de opinión esté representada entre todos los que participan, conviene contar con perfiles diferentes al de la mayoría de los directivos y jefes, los cuales son grupos relativamente homogéneos en la mayoría de las empresas. Conforme evoluciona la demografía de países y regiones, van emergiendo grupos que representan nuevos y fundamentales segmentos de clientes (y potenciales fuentes de talento)[8].

2.5. Elimina el sesgo inconsciente

Las empresas que quieran despuntar necesitan deshacerse de sus ideas preconcebidas sobre cómo es un candidato ideal: qué aspecto tiene, cómo habla o cómo actúa, y eso puede llegar a ser muy difícil. En lo que respecta a la adquisición de talento (léase *contratar*), a las empresas les cuesta hacerlo sin ese sesgo del que las personas no somos conscientes, pero que afecta igualmente a nuestro criterio a la hora de tomar decisiones. Algunos estudios demuestran que las personas tienden a inclinarse a favor de quienes son más semejantes a ellos, de la misma procedencia, educativa o cultural, y con intereses afines[9].

Este sesgo inconsciente es un obstáculo a la hora de crear equipos diversos, los cuales son importantes para impulsar la competitividad general. Si eliminamos el sesgo inconsciente de la ecuación, los resultados cambiarán radicalmente. Un estudio de la Universidad de Stanford reveló que el porcentaje de mujeres en las orquestas se había multiplicado por cinco (del 5 al 25 %)

desde 1970, y todo porque comenzaron a realizar audiciones «a ciegas», tras una pantalla[10].

La tecnología de los disruptores digitales se presenta como una solución para eliminar esta subjetividad inconsciente en los equipos de gestión. Unitive, una compañía de *software,* ha creado una plataforma digital que incorpora analíticas basadas en estudios psicológicos directamente en los procesos de contratación de las empresas para que, así, la toma de decisiones informada forme parte integrante del negocio. Por ejemplo, la función de revisión de currículums de este *software* evalúa, en primer lugar, las características que la empresa contratante busca en un candidato. Solo entonces presenta a los responsables la información objetiva sobre los candidatos más idóneos, separándola de otros datos irrelevantes como sus nombres y aficiones, y otros datos que puedan condicionar inconscientemente al responsable de la contratación[11]. Este enfoque basado en analíticas choca con la forma en la que siempre se han revisado los currículums, mirando todo a la vez, antes de decidir subjetivamente si el candidato es apto o no. Al integrar las analíticas y los procedimientos de decisiones informadas directamente en los procesos de contratación, el *software* evita cualquier riesgo de sesgo inconsciente antes de que llegue a suceder.

En cuanto los directivos aprovechan la pericia y asesoramiento de sus trabajadores, pueden tomar decisiones informadas en las que hayan influido el conocimiento, experiencia y datos cuantitativos relevantes e incluso opiniones opuestas. Por desgracia, la mayoría de las empresas desperdicia el considerable talento con el que cuenta –y por el que paga– y todo por tenerlo esparcido en múltiples departamentos, o bien porque creen que aún está muy verde. La toma de decisiones inclusiva ayuda a las empresas a sacar el máximo provecho de la pericia y opiniones diversas de sus trabajadores, así como de los socios y contratistas de sus ecosistemas, y, en última instancia, a tomar mejores decisiones. Las herramientas colaborativas ayudan a las empresas a escuchar a los empleados e incluirles en los procesos decisorios, justo en el lugar y momentos en los que su contribución sea más valiosa.

2.6. Colaboración en tiempo real

Como ya mencionamos en el capítulo 4, lo que plantea las principales dificultades a las organizaciones es su falta de habilidad para innovar y escalar sus operaciones al mismo ritmo que los disruptores, sobre todo cuando su negocio principal son productos físicos. Sub-Zero, fabricante de electrodomésticos de alta gama con sede en Estados Unidos, utiliza la tecnología colaborativa para juntar en los procesos de decisión a los diferentes responsables de múltiples ubicaciones y cadenas de suministro, y así acelerar su programa de innovación a la vez que aumentan la producción. Hace poco, Sub-Zero tuvo que coordinar el lanzamiento de producto más grande de su historia con la apertura de una nueva fábrica. La compañía necesitaba diseñar la nueva línea de producto en su sede de Wisconsin y, a la vez, construir la nueva planta en Arizona y colaborar con sus socios de la cadena de suministro y de instalaciones[12].

Con maniobras de tal magnitud, necesitaban que todos los directivos y diseñadores de las respectivas ubicaciones colaboraran de forma continua para decidir sobre los últimos diseños o sobre asuntos relativos a la línea de producción, para formar a los instaladores y técnicos de servicio y para minimizar los trayectos de ingenieros, expertos y demás personal. Para ello, Sub-Zero utilizó herramientas colaborativas envolventes, como videoconferencias de alta definición, conferencias a través del móvil y cámaras robustas para las plantas de producción. Gracias a estas herramientas, los equipos podían compartir vídeos e imágenes de la planta de producción con los equipos de diseño y con la cúpula directiva de Wisconsin. También facilitaron una comunicación eficaz entre Sub-Zero y los socios de su cadena de suministro, los cuales estaban dispersados por todo el globo, ya que con las sesiones en vídeo seguras podían compartir y revisar diseños. Las herramientas facilitaron una buena comunicación general y que las decisiones colectivas se tomaran con mayor agilidad. Sub-Zero estima que esta iniciativa de conectar equipos y acelerar las decisiones redujo los ciclos de diseño entre un 10 y un 20 %[13].

3. Toma de decisiones optimizada

Lo ideal es que las empresas combinen sus procesos inclusivos con una estrategia de decisiones optimizadas con el fin de asegurar que las personas adecuadas toman parte en las decisiones tanto a nivel estratégico como a diario. A continuación, te daremos algunos ejemplos de cómo llevar todo esto de la teoría a la práctica.

3.1. Aprende del pasado para superar los desafíos del futuro

Incorporar a un buen socio, cerrar con rapidez una fusión o adquisición o –más importante– generar valor con ese nuevo trato es un proceso plagado de dificultades e incertidumbre. Solo el 30 % de las fusiones culmina con éxito; el 70 % restante no solo representa una carga económica por su precio de adquisición, sino que también supone grandes pérdidas de tiempo, esfuerzos y talento para las empresas[14].

Que se lo digan a IBM, para quien es crucial que sus fusiones lleguen a buen puerto. Entre 2010 y 2015, invirtió más de 20 000 millones de dólares en adquisiciones para la estrategia de crecimiento que había emprendido. En los años anteriores, las ventas habían caído debido, en parte, a la disrupción digital[15]. Sus líneas de negocio de *hardware,* almacenamiento y *software* para empresas se estaban viendo perjudicadas por el auge que estaban experimentando los servicios en la nube, más económicos para las empresas[16]. Google, Amazon y Microsoft están librando una verdadera batalla cuerpo a cuerpo por ocupar la vacante del valor de la nube pública de bajo coste. Así pues, IBM decidió perseguir otras vacantes del valor, como las analíticas de *big data* y tecnologías para servicios sanitarios, y recurrió a las adquisiciones para ello. Solo en 2015 se gastó 4000 millones de dólares en empresas de tecnología sanitaria, como Truven Health[17].

Para garantizar la rentabilidad de sus adquisiciones, IBM utiliza un sistema de análisis que ellos mismos desarrollaron internamente: M&A Pro. El sistema utiliza un algoritmo de *due diligence* que, mediante el aprendizaje automático, identifica los riesgos de sus posibles adquisiciones objetivamente. M&A Pro también facilita que el proceso de *due diligence* se ejecute con mayor rapidez, permitiendo así a IBM tomar decisiones más rápidas y cerrar los mejores tratos antes de que sus rivales tengan oportunidad de atacar. El sistema utiliza datos de más de cien adquisiciones anteriores, sintetiza cientos de variables en 28 factores de éxito y los presenta en formatos fáciles de interpretar para los directivos como, por ejemplo, la visualización de datos y planillas en las que se destacan los riesgos y posibles problemas de integración. También puede hacer predicciones sobre el impacto financiero, según el rendimiento de anteriores adquisiciones[18].

Los directivos de IBM pueden dar los siguientes pasos basándose en decisiones informadas y respaldadas en datos. Así se evitan, por un lado, errores humanos en la evaluación de riesgos y, por otro, que los directivos se inclinen por un trato u otro, movidos por su opinión, relaciones y otros factores subjetivos. Muchos disruptores digitales han desarrollado capacidades tecnológicas para uso interno que, posteriormente, han monetizado al ofrecerlo como servicio. Amazon Web Services, por ejemplo, es la principal competencia disruptiva del negocio de IBM. Pero IBM ya están adoptando este enfoque y monetizando sus sistemas internos para ofrecerlos como servicio a sus clientes mediante M&A Pro[19]. El de IBM es un ejemplo fascinante de cómo las empresas tradicionales pueden aprovecharse de sus activos existentes (que en principio crearon para uso interno) para ocupar una vacante del valor en el nuevo mercado.

3.2. Analíticas ubicuas

Para ser ágiles, las empresas deben tomar decisiones estratégicas sobre la gestión de sus operaciones tan pronto como surgen los problemas y se desarrollan los acontecimientos. Para las grandes multinacionales, esto representa un gran reto dada la complejidad y magnitud de sus negocios. Procter & Gamble, la compañía global de bienes de consumo, vende sus productos en más de 180 países[20]. Comercializan más de setenta marcas, desde pañales hasta detergentes. Debido al vasto alcance de sus operaciones, para P&G es fundamental contar con datos precisos sobre su entorno empresarial, y que estos puedan analizarse y presentarse en un formato que facilite la toma de decisiones. P&G ha creado más de cincuenta espacios de reuniones conectados a los que llama Business Spheres (que podríamos llamar *esferas de negocio*)[21]. Son salas de reuniones envolventes, equipadas con grandes pantallas en las paredes en las que se van mostrando gráficas con gran diversidad de datos sobre el negocio, desde resultados de la compañía hasta previsiones y su inteligencia competitiva[22]. Consejeros y directores se reúnen periódicamente en estas salas para controlar en tiempo real los indicadores del negocio en base a los cuales puedan tomar sus decisiones estratégicas. El sistema facilita el acceso a cientos de *terabytes* de datos, eliminando así los procesos manuales de recopilación y agregación de datos[23].

P&G utiliza modelos analíticos que permiten a los directivos examinar en profundidad diferentes partes del negocio. Por ejemplo, uno de sus modelos le permite calibrar el rendimiento de sus cuarenta categorías de producto principales[24] y ver su cuota de mercado en cada parte del mundo mediante su mapa de calor[25]. Estas salas son una especie de fuente única de la verdad de toda la compañía: estén donde estén, los directivos pueden tomar decisiones fundamentadas en indicadores reales del negocio. Lo más importante es que pueden aprovechar estos datos para establecer hipótesis y plantear escenarios para predecir qué resultados daría esta o aquella estrategia de negocio[26].

También ven las ventajas de poner las analíticas al alcance de sus jefes y empleados. Estos pequeños cuadros de control proporcionan analíticas personalizadas a más de 50 000 empleados, las cuales les permiten tener una mayor visibilidad de los indicadores de rendimiento clave de sus respectivas unidades de negocio[27]. Con esta táctica, Procter & Gamble se ha puesto a la vanguardia de una tendencia en auge: democratizar los datos y las analíticas en toda la organización.

Aunque las empresas acierten en sus grandes decisiones estratégicas, las pequeñas decisiones que toman sus empleados a diario son, asimismo, esenciales para el éxito. Cada empleado es un responsable, un decisor. Si se le da acceso a información de calidad adaptada a sus funciones y requisitos, podrá hacer su trabajo mucho mejor. A su vez, una plantilla dotada con acceso a información y analíticas en tiempo real redundará en un incremento de la productividad de la compañía y sentará las bases para que esta pueda transformar su modelo de negocio.

Las analíticas ubicuas hacen que los empleados tomen mejores decisiones y más rápidas, con lo que no solo mejoran su desempeño individual, sino también el de toda la empresa. En los últimos años han proliferado herramientas muy sofisticadas para el análisis y la toma de decisiones, pero suelen quedar bloqueadas en poder de los decisores principales: los altos directivos y los analistas del negocio. Como ya mencionamos, en una gran empresa, los empleados de primera línea –los que trabajan el terreno, cara a cara con el cliente o como colaboradores individuales– en conjunto toman millones de decisiones individuales cada día. El conocimiento que pueda extraer un pequeño grupo de analistas especializados de entre los números de una base de datos masiva es muy limitado en comparación, y además apenas pueden influir en todas esas decisiones. Las analíticas dan verdadero valor a las empresas cuando todos los empleados, independientemente de su rango o ubicación, cuentan con la mejor información posible que les permita tomar decisiones y desempeñar sus tareas.

No solo es importante para que sus decisiones sean mejores, sino que fomenta y mantiene una mano de obra productiva y comprometida con su trabajo. Un estudio que llevó a cabo la Asociación Estadounidense de Psicología en 2015 reveló que la mayoría de los altos cargos de las empresas sentían tener suficientes oportunidades de intervenir en las decisiones de la empresa, frente al bajo porcentaje que afirmó esto mismo entre los empleados rasos (78 %

frente al 48 %). Tampoco fue una sorpresa descubrir que los jefes tenían una percepción más positiva de su trabajo que estos empleados (el 70 % de los jefes decían sentirse valorados por sus empleadores, en comparación con tan solo el 51 % de los empleados rasos[28]). Los trabajadores que apenas tienen autonomía o que creen que sus opiniones no cuentan tienden a implicarse menos en su trabajo[29]. La baja productividad que genera una actitud desentendida cuesta a las empresas entre 450 000 y 550 000 millones de dólares al año, solo en Estados Unidos[30].

El hecho de participar en las decisiones hace que los empleados se impliquen más y canalicen sus energías en iniciativas más positivas en lugar de sentirse ignorados e infravalorados. Ryan Janssen, CEO de Memo, una *startup* que ayuda a las empresas a capturar el talento latente[31] de sus empleados, nos decía, «el trabajo cobra mucho más sentido para los empleados si ven que ellos también tienen algo que ver en lo que sucede en la empresa. En eso consiste la transformación, precisamente, en facultar a tu gente para que tome decisiones que importan. Nosotros creemos que las organizaciones que hacen que sus empleados se impliquen consiguen tomar mejores decisiones y ejecutarlas mejor».

La mayoría de las organizaciones cree que el empleado medio no es apto para utilizar herramientas de análisis, y este prejuicio se debe, en parte, a la percepción general de su conjunto de habilidades y actitudes. Las analíticas son, por definición, un elemento altamente técnico. Por eso, no se ha considerado del todo adecuado que estén en manos de la gran mayoría de los trabajadores, ni que fuera a ser relevante para que desempeñaran sus funciones de gestión de prestaciones, servicio de alimentos, ventas o de gestión de instalaciones. Sin embargo, estamos asistiendo a un auténtico cambio de paradigma en lo que respecta al uso de las analíticas dentro de una empresa. Cada contribuidor empieza a utilizarlas individualmente para adaptarlas a sus funciones e integrarlas en sus flujos de trabajo. Toda esa complejidad de la que hablábamos al principio de este epígrafe desaparece cuando las reglas de decisión y las analíticas contextuales se integran en las aplicaciones de los empleados de primera línea.

3.3. Las analíticas en el puesto de trabajo

Resumiendo, las analíticas no son solo para analistas. Se están combinando diversas tecnologías para facilitar la inserción de las analíticas en el puesto de trabajo y mejorar así el desempeño de los empleados. De esta manera, se pueden analizar los datos recopilados gracias a la detección de patrones de trabajo (que vimos en el capítulo anterior) para optimizar todo su abanico de decisiones, desde las diarias más pequeñas –como qué caja del almacén coger–, hasta las estratégicas del más alto nivel. Las plataformas en la nube y la conectividad inalámbrica permiten que estos datos y algoritmos, así como los resultados que estos producen, estén disponibles en cualquier momento y lugar. Por último, las funcionalidades de realidad aumentada, como la tecnología de visualización aumentada, permite a los trabajadores disponer de información detallada mientras ejecutan su trabajo y, así, realizarlo con mayor eficacia y sin interrumpir sus procesos. Esta capacidad tan intuitiva de visualización de datos aporta conocimiento crítico a quien más lo necesita, ya esté trabajando en oficina o cara a cara con el cliente.

La prueba piloto de DHL, que comentábamos en el capítulo 5, es un ejemplo perfecto de analíticas ubicuas, pues integraba las analíticas y la capacidad de decisiones informadas directamente en los procesos de trabajo. Asimismo, liberaba a los empleados de todas aquellas decisiones que una máquina puede tomar con mayor eficacia con automatización y algoritmos. Todo ello permite a los empleados dedicar más tiempo a otros aspectos de su trabajo e incluso más gratificantes.

Las analíticas ubicuas se pueden aplicar a una gran variedad de industrias y procesos de negocio, desde procesos de oficina hasta de fábricas, hospitales, laboratorios de investigación o, incluso, en vehículos; y se puede acceder a ellas desde *tablets* y dispositivos móviles, quioscos u otros canales telemáticos y digitales que estén disponibles en el puesto de trabajo.

United Parcel Service (UPS), uno de los principales competidores de DHL, está utilizando una plataforma informática llamada Orion que han desarrollado internamente y en la que han invertido una década y cientos de millones de dólares. Orion expande las analíticas ubicuas en las operaciones, de modo que sus empleados pueden consultarlas en sus respectivos puestos de trabajo y así respaldar sus decisiones con información que les beneficie a ellos, a los clientes y a la compañía[32].

UPS efectúa unas 55 000 rutas en Estados Unidos y cada conductor realiza una media de 120 paradas al día. El comercio electrónico ha disparado las ventas y, por consiguiente, también ha hecho que las rutas sean más complejas. Los conductores y planificadores deben procurar que sus rutas de entrega sean óptimas teniendo en cuenta diversos factores como las obras que pueda haber en ese momento en la carretera, el tráfico, requisitos especiales de la entrega y el volumen del paquete. Y se complica aún más con la buena acogida que está teniendo su plataforma de autoservicio MyChoice, que ya cuenta con 13 millones de usuarios. Este servicio les permite modificar la hora y lugar de las entregas[33].

Cuando se disponen a salir, los conductores de UPS consultan sus *tablets* para ver qué rutas les sugiere Orion. Para ello, la plataforma coteja cientos o miles de alternativas y hace los ajustes pertinentes conforme surgen nuevos factores (por ejemplo, si algún cliente pide la entrega en un horario específico). También tiene en cuenta las preferencias de conductores y clientes, como las rutas de conducción o los plazos de entrega. De momento, Orion se ha utilizado en más del 40 % de las rutas de UPS y, gracias a ello, han conseguido reducir las distancias en unos 12 o 13 kilómetros por trayecto. David Abney, CEO de UPS, comentaba que, hacia 2017, Orion podría ahorrar a la compañía entre 300 y 400 millones de dólares anuales[34].

Pero este uso pionero de las analíticas ubicuas no está limitado, ni mucho menos, a la optimización de rutas de reparto. La *startup* DAQRI, con sede en Los Ángeles, ha desarrollado un casco inteligente y el *software* con el que funciona, para acercar esta capacidad a entornos industriales como fábricas o plataformas petrolíferas. El casco tiene una pantalla equipada con tecnología de realidad aumentada y funcionalidades como imágenes térmicas, seguimiento de los movimientos de cabeza, detección del movimiento y tecnologías de reconocimiento de patrones. Los trabajadores que utilizan el casco realizan su trabajo con información basada en analíticas que se superponen en su campo visual. DAQRI se asoció con Kazakhstan Seamless Pipe (KSP Steel) para una prueba piloto, en la que equiparon con cascos inteligentes a los trabajadores de una línea de producción de tuberías para probar un modelo de operaciones de sala de control descentralizada[35]. Esta línea puede producir 110 toneladas de tuberías por hora y generar más de 23 000 puntos de datos, desde datos sobre producción hasta parámetros de seguridad. Normalmente, para acceder a estos datos, los trabajadores de la planta tendrían que desplazarse a una sala de control. Con los cascos inteligentes, pueden consultar todos estos datos críticos desde su puesto de trabajo, con lo que pueden prescindir de todos esos desplazamientos y reducir las interrupciones. Según DAQRI, la prueba piloto aumentó la productividad de cada trabajador en un 40 %.

3.4. Las analíticas en los ciclos de ventas

Las empresas han procurado durante años que sus equipos comerciales fueran lo más eficientes posible facilitándoles el seguimiento y la captación de las mejores oportunidades. Solo en sistemas de gestión de la relación con el cliente (o CRM, por sus siglas en inglés) se han llegado a invertir 234 000 millones de dólares[36]. Los departamentos de suministro de las empresas también han seguido esta tendencia de consumo de investigar por su cuenta y comprar por internet y por el móvil, eludiendo así al personal comercial de otros y atajando los ciclos de venta tradicionales. Por consiguiente, los comerciales B2B cada vez están más desfasados en cuanto a los hábitos de consumo de sus clientes.

Para competir en este entorno cambiante, las empresas están equipando a sus equipos de ventas con herramientas de análisis y de inteligencia artificial para ayudarles a decidir qué tipo de clientes deben intentar captar, cuándo y cómo. Las *startups* lideran esta digitalización de los ciclos de venta, ya que utilizan herramientas que analizan datos internos (como, por ejemplo, los correos electrónicos o calendarios de la plantilla y las bases de datos de clientes), así como datos externos (como artículos de la empresa o publicaciones en redes sociales[37]) para predecir qué clientes están más listos para la compra. Gracias a estas herramientas obtienen una combinación de predicción, automatización y programación inteligente que ayuda a su personal de ventas a aumentar sus tasas de conversión y a contactar con el cliente justo cuando más receptivo esté.

Por ejemplo, ClearSlide avisa automáticamente a los gestores de cuentas cada vez que un cliente abre un correo e incluso les dice cuánto tiempo ha estado leyéndolo. Así, el gestor de cuentas puede llamarle sabiendo que el producto de su compañía está en la mente del cliente y que, por tanto, es un momento en el que seguramente estará más receptivo. Otras *startups* como 6Sense proporcionan hasta el más mínimo detalle acerca de los potenciales clientes que visitan la web de la compañía como, por ejemplo, en qué trabajan, e indican al comercial cuál es el mejor momento para llamar (con hora y todo) en base a análisis predictivos[38]. Estas analíticas no solo están integradas en el flujo de trabajo del personal comercial, sino que les avisa para que actúen en el momento más oportuno.

3.5. Ayuda a tus clientes a tomar mejores decisiones

Aunque la mayoría de las decisiones informadas se refieren a los procesos internos, algunas empresas ya se están dando cuenta de que ayudar a sus clientes a tomar las mejores decisiones también puede ser un factor diferenciador clave (el cual es esencial para el modelo de negocio de orquestador de datos que vimos en el capítulo 2). Con este fin, muchas empresas están incorporando esta capacidad en sus productos y servicios combinando IoT y sistemas de análisis autónomos.

Por ejemplo, la firma francesa de cosméticos, L'Oréal, ha desarrollado un adhesivo pequeño y transparente llamado My UV Patch que monitoriza la exposición de la piel a los rayos ultravioleta. El consumidor se coloca el parche en la piel y, entonces, puede fotografiarlo con su *smartphone* o bien escanearlo mediante servicios de transmisión de datos en proximidad (NFC por sus siglas en inglés, *near field communication)*. La aplicación analiza el grado de radiación UV al que la persona ha estado expuesta a lo largo del día y durante cuánto tiempo. Después hace recomendaciones al consumidor para el cuidado de la piel como, por ejemplo, aplicarse productos que protejan contra la radiación UV. L'Oréal, a través de su marca de cuidado de la piel La Roche-Posay, pretende ofrecer el parche de forma gratuita a sus consumidores (sobre todo a los que están más concienciados con este tema por salud o por edad) para que puedan tomar precauciones y evitar daños en la piel[39].

La *startup* de seguros de salud, Oscar Health, está haciendo algo parecido con los dispositivos ponibles. Los clientes que dan su conformidad reciben una pulsera conectada a una aplicación que mide su nivel de actividad. Desde la aplicación, les ofrecen recompensas económicas por cumplir objetivos físicos diarios, como andar o correr una cantidad determinada de pasos. Por cada día que logran el objetivo reciben un dólar que pueden canjear por una tarjeta regalo de Amazon cuando han acumulado un mínimo de 20 y hasta un máximo de 240 dólares al año. Con esta iniciativa, Oscar Health crea valor de coste para sus clientes, en forma de incentivos económicos, y da valor a su experiencia por la posibilidad de medir sus objetivos de una forma sencilla y personalizada y porque, llevar un estilo de vida activo, es muy bueno para su salud. Básicamente, lo que dan al cliente es un sistema de información con el que pueden tomar las mejores decisiones sobre su salud según los datos de sus objetivos en tiempo real y en base a recompensas monetarias a cambio de cumplir dichos objetivos[40].

Oscar Health aprovecha el valor de plataforma que proporciona su solución de IoT y basada en analíticas, que le permite escalar su servicio de forma exponencial. Y, lo que es más importante, los consumidores activos tienden a ser física y mentalmente más sanos y, por tanto, menos propensos a necesitar costosas intervenciones sanitarias. Además, Oscar Health puede utilizar los datos recopilados y analizados de los consumidores para mejorar su análisis actuarial, brinda la posibilidad de personalizar sus pólizas a cada cliente teniendo en cuenta su estado físico y su salud en general. A medida que las funcionalidades de la tecnología *wearable* sean cada vez más sofisticadas y estos, a su vez, sean más baratos de producir, Oscar Health y otras compañías de seguros podrán ofrecer asesoramiento en tiempo real sobre salud cardiovascular, mantenimiento de la tensión, nutrición y reducción del estrés[41].

4. Evalúa tu capacidad de tomar decisiones informadas

¿Cómo pueden saber las empresas si están listas para tomar decisiones informadas? Si responden afirmativamente a las siguientes siete preguntas y cuentan con la tecnología digital adecuada para llevarlas a cabo, entonces sí, su capacidad de tomar decisiones informadas es sólida. Probadlo también en tu empresa.

- **¿Somos capaces de tomar decisiones rápidamente?** IBM puede decidir rápidamente si comprar o no una empresa porque cuentan con herramientas de análisis predictivos que les indican qué beneficios producirán esas potenciales adquisiciones.

- **¿Nuestras decisiones son objetivas?** Unitive ayuda a las empresas a tomar decisiones objetivas acerca del personal que contrata, asegurando así la selección del mejor talento y la diversidad.

- **¿El poder de decisión está bien distribuido (y al nivel adecuado)?** En DHL y KSP Steel los trabajadores de primera línea toman decisiones optimizadas con la ayuda de los dispositivos de realidad aumentada que les permiten visualizar datos desde su mismo puesto de trabajo.

- **¿Nuestras decisiones son inclusivas (por méritos y no por rango o proximidad)?** Herramientas colaborativas como Slack y Cisco Spark permiten que cada individuo pueda participar en la toma de decisiones al eliminar a los guardianes y dejar que los miembros del equipo directivo vean todas las aportaciones. Ranktab permite priorizar las ideas en función del interés colectivo que hayan suscitado, en lugar de por la antigüedad o rango de quienes las hayan propuesto.

- **¿Nuestras decisiones están coordinadas (y no aisladas)?** Sub-Zero utiliza la colaboración para coordinar las decisiones de miembros dispersos, como directivos, equipos de diseño y personal de fábrica; algo que ha permitido acelerar los tiempos de salida al mercado y ha estimulado la innovación.

- **¿Nuestras decisiones son predictivas?** Los directores de Procter & Gamble utilizan las salas de análisis de datos (Business Spheres) para predecir el impacto de las posibles estrategias de negocio y para visualizar cómo influiría cada una en los indicadores de desempeño clave.

- **¿Nuestras decisiones son ejecutables?** UPS ayuda a sus conductores a tomar decisiones ejecutables, literalmente, tramo a tramo. Por otro lado, las analíticas pueden comunicar a los vendedores qué potenciales clientes están más receptivos para que hagan su llamada en el momento oportuno.

Evidentemente, la tecnología no lo es todo en la toma de decisiones de una empresa. Si al final siempre se impone lo que diga un pequeño grupo de directivos, o si en la empresa se valora más el instinto que la inteligencia de negocio, de poco servirá toda la tecnología del mundo para mejorar la calidad de las decisiones que se tomen. Las empresas de cultura cerrada (en lo que a decisiones se refiere) lo pasarán cada vez peor en el vórtice digital y a medida que aumente el número de empresas que apliquen la tecnología y métodos científicos para descubrir nuevas oportunidades y detectar los problemas antes de que sea demasiado tarde.

Aunque la futura labor del Centro DBT orientará a las empresas para que adapten su cultura, los procesos de negocio digitales que hemos comentado en este capítulo pueden resultar muy útiles para las empresas que ya tengan mentalidad de cambio. Por ejemplo, las analíticas de Ranktab pueden ayudar a las compañías a formar equipos interdisciplinares que, por las características particulares de sus miembros, estén en disposición de tomar mejores decisiones. La mejora del desempeño genera éxito compartido, lo cual produce aceptación organizativa y, a su vez, vuelve a beneficiar al desempeño, creando así un círculo virtuoso de cambio.

Una vez que las empresas han recabado la información que necesitan sobre su negocio y su entorno operativo mediante la hiperconciencia y son capaces de tomar buenas decisiones tanto a diario como a nivel estratégico, ya están en condiciones para competir contra los disruptores digitales y otras empresas rápidas. Pero, como decíamos antes, si tener toda la información no es ninguna garantía, tampoco lo es el hecho de tomar buenas decisiones si estas no se ejecutan con presteza. Es el último paso para la agilidad empresarial digital, y es lo que veremos en el siguiente capítulo.

RAPIDEZ EN LA EJECUCIÓN

8

1. Remodela el trabajo

Las tecnologías no solo han revolucionado los mercados o el panorama competitivo, sino que también han propiciado la disrupción en el seno de las propias organizaciones. En el vórtice digital, la batalla disruptiva que ha desatado la tecnología también se libra intramuros.

Al igual que con la mayoría de los asuntos relativos al entorno digital, las perspectivas sobre el futuro del trabajo no son pocas. Sin embargo, estas suelen girar en torno a temas como las posibilidades de las diferentes funciones laborales, las expectativas de los *millennials* o el teletrabajo, así como otras formas de trabajo flexible[1]. Pero pocos se paran a pensar qué puede hacer la empresa para aplicar un modelo de trabajo disruptivo y en qué beneficiaría a su competitividad. Por eso, en este capítulo sobre la rapidez en la ejecución nos centraremos en las nuevas prácticas que hemos descubierto durante el estudio del Centro DBT, para que las empresas remodelen sus flujos de trabajo (y su forma de competir) y sepan aprovechar los modelos de ejecución disruptivos que se basan en analíticas, colaboración, automatización y el poder de las plataformas.

En realidad, la agilidad empresarial digital se reduce a una sola cosa: la capacidad de cambio de la empresa. En una entrevista que hicimos hace poco a Ryan Armbruster, el entonces director de innovación de UnitedHealth Group, el mayor proveedor de seguros de salud, nos dijo que «la cultura de la innovación no tiene que ver con generar o dar con grandes ideas, sino con estar preparados para el cambio».

En una empresa con una agilidad empresarial digital sólida, la forma de llevar a cabo un trabajo, así como quién (o qué) lo hace, marca una gran diferencia. La empresa detecta, analiza y actúa constantemente, en respuesta a los cambios que se producen en su entorno. En el capítulo 5 definíamos la rapidez de ejecución de una empresa como su capacidad de llevar a cabo sus planes con presteza y eficacia. Es la capacidad de reacción que convierte las decisiones informadas en acciones. Pero ¿de dónde viene esta capacidad?

Fuente: Global Center for Digital Business Transformation (DBT), 2015

2. La disrupción desde dos frentes

Para convertirse en ejecutoras rápidas, las empresas deben replantearse sus flujos de trabajo desde dos frentes: sus recursos y sus procesos (cuadro 8.1). Por *recursos* nos referimos al capital humano, financiero y tecnológico del que dispone la organización. Los procesos son las actividades estructuradas que la organización lleva a cabo en pro de sus objetivos. En la mayoría de las empresas, tanto los recursos como los procesos son elementos altamente estáticos. La organización cuenta con una serie de recursos fijos –los empleados y los sistemas de la compañía–. Hacen su trabajo y compiten contra rivales que cuentan, más o menos, con los mismos recursos. Estos pueden aumentar o variar, pero solo de forma esporádica y, normalmente, después de haber negociado largo y tendido con los departamentos de Recursos Humanos y Financiero. Los procesos en las grandes organizaciones son sumamente rígidos (un complejo cóctel de burocracia, inercia institucional y aversión al riesgo, todo ello bien macerado en disfunción organizativa), por lo que rigen su ejecución en base a recursos constreñidos y procesos enquistados que hacen del cambio un difícil cometido, cuando no imposible.

En una conferencia sobre negocios digitales que se celebró hace poco en la Universidad de California, en Irvine, el director digital de GE, Bill Ruh, lo dijo de una forma bien concisa: «Lo más difícil de cambiar es la velocidad». Veamos con más detenimiento cómo pueden las organizaciones impulsar su rapidez de ejecución adoptando modelos disruptivos en sus recursos y procesos.

3. Recursos dinámicos

La rapidez en la ejecución requiere que la empresa conciba sus recursos como elementos dinámicos. Los recursos dinámicos se adquieren, implementan, gestionan y cambian con celeridad y a merced de lo que dicten las condiciones del negocio. Pueden dividirse en dos clases de capital organizativo: talento ágil y tecnología ágil, que veremos ahora por orden.

3.1. Talento ágil

En 2015, paralelamente al auge de la denominada *gig economy* (que podríamos llamar economía de pequeños encargos o de bolos), el 34 % de la mano de obra en Estados Unidos eran autónomos y empleados temporales o eventuales[2], y se prevé que esa cifra alcanzará el 40 % en 2020[3]. Sin entrar a debatir si eso será bueno o malo para la cotización a la seguridad social, la desigualdad de poder adquisitivo, el equilibrio entre la innovación y los derechos del trabajador y otros problemas que deben preocupar a las instituciones públicas (y que volveremos a mencionar en las conclusiones de este libro), es una realidad que irá dando forma a la planificación de la mano de obra en las empresas. ¿Y qué implica esto en cuanto al modo de ejecutar el trabajo?

Nubes de talento

La función de los recursos humanos está experimentando una evolución similar a la de la computación en la nube y de otros servicios a demanda. Con un modelo al que hemos llamado nubes de talento, las empresas pueden formar equipos con mayor agilidad y precisión, así como decidir en qué recursos humanos invertirán a largo plazo y de cuáles dispondrán sin necesidad de una contratación tradicional de por medio. En pocas palabras, podrán decidir qué capacidades integrarán en la plantilla y cuáles intervendrán dinámicamente y desde fuera.

Básicamente, el modelo de las nubes de talento representa ecosistemas de personas de una diversidad casi infinita. Provee un conducto de acceso a pericia y habilidades de los que la compañía carece o que solo necesitará durante un breve período de tiempo, así como aplicaciones que hacen que encontrar, contratar, gestionar y, posteriormente, descartar talento sea más rápido y fácil. Construir un conducto ágil hacia ese talento requiere desarrollar mecanismos que permitan acceder a las fuentes adecuadas, así como atraer a los candidatos con las habilidades que necesite la empresa.

Cuadro 8.2 El valor de las nubes de talento

Valor de coste	**Coste cero/Muy bajo:** Más barato contratar, salarios más bajos, sin obligación de ofrecer beneficios.
	Pago por consumo: Pagar solo cuando hace falta la mano de obra, costes variables.
	Subasta invertida: Los empleadores indican las especificaciones del trabajo, los candidatos compiten para proveer el servicio.
	Transparencia de precios: Los empleadores pueden ver a los diferentes competidores, escaparate de comparación para encontrar proveedores baratos/reducir salarios.
Valor de la experiencia	**Autonomía del cliente:** Los empleadores pueden ir directamente a las plataformas de contratación, prescindir de las costosas agencias y subcontratistas.
	Personalización: Los empleadores pueden localizar talento altamente especializado, recursos seguros cuándo y dónde los necesiten y para proyectos puntuales.
	Gratificación inmediata: Contratar es más rápido.
	Fricción reducida: Se eliminan los costosos y prolongados procesos de recursos humanos para contratar personal.
	Automatización: Posibilidad de operar con recursos humanos más baratos (por ejemplo, procedentes del extranjero).
Valor de la plataforma	*Crowdsourcing:* Acceso a conocimientos y habilidades escasos, más diversidad entre la que elegir.
	Comunidades: Anuncios de empleo más efectivos, alcance a un mayor número de candidatos.
	Marketplace **digital:** Nuevas formas de conectar a empleadores con personas que buscan trabajo.
	Orquestador de datos: Análisis de candidatos, tendencias laborales.
	Ecosistema: Gamificación de proyectos de trabajo.

Fuente: Global Center for Digital Business Transformation (DBT), 2015

Durante décadas se han debatido y practicado los conceptos de subcontratación y empresa virtual. Aun así, los procesos para encontrar talento mediante las agencias de empleo tradicionales y contratistas independientes son muy engorrosos en la mayoría de las grandes empresas, las cuales exigen proveedores preferentes, órdenes de compra y autorizaciones interminables. O peor: se interponen en el camino hacia una mayor agilidad, una agilidad que es especialmente importante cuando las habilidades y conocimientos que necesitan están muy demandados. Por ejemplo, el auge del sector tecnológico y la creciente importancia de la tecnología en todos los aspectos de la empresa ha intensificado la demanda de desarrolladores de *software* y de científicos de datos. Según la consultora Boston Consulting Group, se espera que la demanda de estos profesionales se multiplique por seis hacia 2022[4]. Las empresas se están dando cuenta de que los métodos tradicionales ya no son efectivos en un mercado con tanta escasez. Pero, en cuanto se detecta una vacante del valor, no hay tiempo que perder (es eso o arriesgarse a que alguien se te adelante). Por este motivo, la capacidad de acceder de inmediato al personal con las habilidades adecuadas es crítica para las empresas.

Han aparecido un montón de plataformas digitales que facilitan el acceso a bases de talento de forma rápida y efectiva. Drafted, una *startup* de Boston, permite a las empresas mediante su servicio móvil ofrecer recompensas económicas (que pueden ser de hasta 15 000 dólares) a los usuarios que envíen referencias o recomendaciones de sus amigos en las ofertas de empleo. Hacia abril de 2016, se ofrecían 919 000 dólares en recompensas para ocupar vacantes en setenta *startups*[5]. Drafted propone un enfoque diferente a la hora de contratar talento basado en las conexiones sociales de los candidatos y las referencias que hagan de ellos sus compañeros. Además, es una plataforma móvil, lo cual es muy propicio para atraer a los expertos tecnológicos que pretende contratar. Otras *startups* como Jopwell y WayUp están creando *marketplaces* orientados a comunidades específicas (minorías y estudiantes, respectivamente), para facilitar a los empleadores el acceso a un abanico diverso de talento mediante las nuevas plataformas digitales

Encuentra la aguja en el pajar

En el vórtice digital, las habilidades que necesitan las empresas son cada vez más específicas y, sin embargo, los métodos tradicionales de búsqueda de candidatos, más que una ayuda, son un estorbo. Su visión de la plantilla, más cuantitativa que cualitativa, acaba enterrándolas en montañas de currículums, la mayoría de ellos inadecuados para lo que buscan. Procter & Gamble, por ejemplo, recibió no hace mucho casi un millón de solicitudes para 2000 puestos de trabajo[6].

Dada esta sobrecarga de currículums, algunas empresas empiezan a utilizar herramientas de datos y análisis en sus procesos de selección, alimentadas por la abundante información que hay sobre los candidatos. Ahora, los empleadores pueden ir más allá de los datos típicos de un currículum y acceder a datos sociales de redes como LinkedIn y Facebook. Sin embargo, el volumen de datos disponibles no es lo único que ha cambiado. Los algoritmos encargados de identificar a los candidatos más prometedores también están evolucionando a gran velocidad y brindan a las empresas muchos más medios para encontrar a sus futuros empleados. *Startups* como Entelo y TalentBin son plataformas que proveen bases de datos de millones de candidatos rastreando redes como LinkedIn, Quora o GitHub. Sus servicios no se limitan a identificar a posibles candidatos, sino que además utilizan los análisis predictivos para filtrar el talento por género, raza o experiencia. Esta forma de plantearse los procesos de selección, fundamentados en datos, facilita el hallazgo de los mejores candidatos y maximiza las probabilidades de que la selección sea certera.

El modelo de nubes de talento también debe integrarse con las cada vez más numerosas y potentes plataformas externas que están surgiendo para todo tipo de trabajos. McKinsey prevé que, para 2025, hasta 540 millones de personas las utilizarán para encontrar nuevos encargos, un empleo o cambiar a otros puestos que concuerden mejor con sus habilidades[7]. Kaggle, Upwork y HourlyNerd son algunos ejemplos de plataformas en las que las empresas pueden encontrar personal cualificado cuando lo necesiten.

Este tipo de plataformas da pie a nuevas modalidades de trabajo, más virtuales y sociales, así como a interacciones P2P que pueden transformar la forma de ejecutarlo. A medida que se expande el alcance físico de las organizaciones, es decir, al tener más empleados esparcidos por el mundo, así como clientes, socios y procesos de suministro que abarcan múltiples países, el trabajo ha ido adquiriendo, inevitablemente, una dimensión más colaborativa y virtual. Como dijo el famoso científico informático Bill Joy, «la mayoría de la gente inteligente trabaja para otros» (es decir, en otra empresa o ubicación). La capacidad de conectar a tus trabajadores con esta gente inteligente que no trabaja cerca de ellos (ni siquiera dentro de la misma empresa) es una de las principales ventajas que brindan las plataformas a la hora de remodelar los flujos de trabajo.

Una vez que las empresas tienen una primera lista de candidatos toca dar el paso decisivo: la selección final. La tecnología digital ha cambiado sustancialmente las formas de poner a prueba y evaluar a los candidatos.

Por ejemplo, pueden plantear retos de programación con herramientas como GapJumpers, HackerRank o HireValue para que los candidatos demuestren su destreza[8]. Así, los empleadores pueden valorar de primera mano sus capacidades en lugar de tener que fiarse de lo que pongan en sus currículums. Este tipo de pruebas han demostrado dar muy buenos resultados en las selecciones, a veces incluso mejores que cuando el veredicto es humano[9].

Distribución inteligente del talento

La adquisición del talento no es la única asignatura pendiente de las empresas, también les queda trecho en lo que respecta a la distribución eficiente de su mano de obra y a cómo formar buenos equipos. Necesitan encarecidamente introducir nuevos métodos para agrupar a sus empleados de forma óptima según su conjunto de habilidades, experiencia, puntos de vista y otros factores diversos. Las grandes empresas tienen ante sí la ardua tarea de determinar cuáles de los trabajadores que tienen desperdigados entre sus múltiples departamentos y geografías poseen las aptitudes adecuadas para maximizar la creación del valor. Estos empleados podrían quedar sepultados si las organizaciones que no saben reconocer su valor o dilucidar la forma más efectiva de aprovechar su conocimiento.

Si bien la adquisición de talento es esencial para superar los desafíos que plantea la disrupción digital, lo primero que tienen que hacer las empresas es mirar lo que ya tienen e identificar cuáles de sus actuales empleados aportan esas habilidades críticas que necesitan. En pocas palabras, deben llevar a cabo una especie de auditoría de talento entre sus trabajadores actuales. Una vez localizado ese talento, deben reubicarlo en aquellos equipos y funciones en los que podrán sacar el máximo partido de él. La distribución inteligente del talento ayudará a las empresas a dar ambos pasos.

Los actuales mecanismos para distribuir el talento en las empresas no aprovechan con eficiencia los datos de los que disponen para identificar el conjunto de habilidades de cada empleado o para que les sugieran el puesto en el que podría ser más productivo. El trabajo en equipo, la colaboración y la distribución del talento tienden a producirse en sus estrechos contextos funcionales y casi nunca trascienden a un ámbito interdisciplinar ni contemplan los recursos de terceros[10].

La autoridad del director de turno es la que rige sin discusión las decisiones sobre la formación de equipos, quién trabaja con quién o dónde y cómo ha de explotarse el talento, en lugar de hacerlo de alguna forma mínimamente científica. Por tomar todas estas decisiones de un modo tan arbitrario, las empresas acaban desaprovechando su talento interno y tienen equipos mediocres. Por eso, no son lo suficientemente rápidas en la ejecución. Uno de los directivos a quien entrevistamos hacía hincapié en que, en muchas empresas, el mayor reto que plantea el factor «personas» en la transformación digital de la empresa no es «la carencia de talento, sino su mala distribución».

La creciente importancia que están adquiriendo los equipos representa una gran oportunidad para que las empresas apliquen la distribución inteligente del talento y creen modelos más ágiles con el que hacer florecer su valor interno. Con los recursos adecuados, la compañía no solo será más rápida, sino más eficaz, lo cual también favorece a la calidad. Formar equipos en función de lo adecuadas que sean las aptitudes de sus miembros, y no porque estos casualmente pertenecieran al mismo departamento, favorece su agilidad de ejecución porque evita pasos en falso o que actúen por inercia. Como nos decía Ray Gillenwater, cofundador y CEO de SpeakUp: «El éxito de las compañías del futuro dependerá de lo hábiles que sean a la hora de extraer lo mejor del conocimiento de sus equipos y de convertir dicho conocimiento en trabajo real, en hacer evolucionar productos y procesos, en aportar mejoras para el cliente y en todo lo que haya entre medias».

Saca el máximo partido al talento de tu empresa

Los avances que se están produciendo en las herramientas analíticas y de inteligencia artificial, sumado al hecho de cada vez hay más datos disponibles sobre los empleados, revolucionarán la forma de distribuir el talento en las empresas. Los disruptores del ámbito de recursos humanos están empezando a incorporar en sus ofertas funcionalidades analíticas avanzadas para facilitar una distribución más inteligente y eficiente del talento. Visier, por ejemplo, ha lanzado lo que ellos llaman la visualización interactiva del flujo del talento, que presenta a las empresas un análisis en tiempo real de los progresos de sus empleados en sus respectivas carreras y funciones, con el fin de que optimicen la distribución del talento[11].

Estuvimos hablando con Belinda Rodman, vicepresidenta de servicios globales de SOASTA (disruptora en el ámbito de las analíticas de desempeño), y nos dijo que la mayoría de los empleados tiene aptitudes que podrían aprovecharse en áreas muy diversas, pero que «solo se les reconocen las competencias por las que fueron contratados [...]. Hace falta una nueva visión del valor que los empleados aportan a la organización y de cómo ubicarlos para que esta saque el máximo provecho». Asimismo, Samar Birwadker, fundador y CEO de Good&Co., una plataforma de analítica social que conecta a gente que busca empleo con empleadores de culturas afines, nos describió de forma sucinta, a finales de 2015, el valor de aplicar criterios analíticos a la hora de formar equipos: «Basándote en la cultura colectiva y en la personalidad de los miembros de un equipo, puedes cuantificar qué tipos de personas y qué combinación de fortalezas y aptitudes tendrán más probabilidades de fructificar en ese equipo en concreto. Estamos añadiendo más funcionalidades analíticas y datos cuantificados para el cálculo de las probabilidades de éxito; qué mejoras puedes hacer en función de los resultados de las analíticas del personal, las cuales son tanto de cada miembro en particular como de su relación entre ellos».

El hecho de que las empresas infrautilicen el talento de sus empleados más valiosos supone dos problemas: obtienen de ellos menos valor y corren más riesgo de que estos acaben abandonando la compañía[12]. Las empresas pueden aprovechar sus datos internos de recursos humanos, así como los de fuentes externas, para detectar el riesgo de abandono de sus empleados, averiguar qué puestos serían más gratificantes para ellos y ubicarles en equipos cuyos otros miembros complementen sus habilidades. Worday aplica la tecnología que originalmente se había desarrollado para el motor de recomendaciones de películas de Netflix a los datos de recursos humanos y del mercado para identificar a los empleados más propensos a dimitir. La plataforma también hace recomendaciones prescriptivas de posibles reubicaciones aptas para el empleado[13]. Los modelos de distribución del talento que aprovechan estas tecnologías digitales fomentan un mayor compromiso por parte del trabajador, reducen su rotación y favorecen una ejecución más rápida y efectiva.

3.2. Tecnología ágil

La TI es un componente imprescindible para la rapidez de ejecución. A continuación, veremos el papel que juega en el desarrollo de la agilidad empresarial digital y las ventajas que brinda la tecnología ágil.

En la introducción de este libro definíamos el concepto *digital* como la convergencia de múltiples innovaciones tecnológicas, la cual es posible gracias a la conectividad. Esta convergencia es el germen de los cambios exponenciales y de las turbulencias que están sufriendo los mercados en el vórtice digital. Sin embargo, la complejidad a la que está dando lugar repercute en gran medida en la forma de ejecutar la TI y en su papel a la hora de aumentar la agilidad y la competitividad.

Dejar de ser el Departamento del No

Los departamentos de TI suelen ser los más reticentes al cambio y, de hecho, muchas veces son los que ralentizan la ejecución. En parte se debe a que el prestigio de los líderes de TI depende de que no haya ningún problema. Una de las métricas comunes (o, como se diría en su jerga, condición del acuerdo del nivel de servicios) es el tiempo de actividad, es decir, el porcentaje de tiempo durante el que todo funciona a la perfección. Pero el cambio, por su propia naturaleza, entraña menos certeza y más riesgo y, por lo tanto, la posibilidad de que surja algún problema (el anatema de los líderes de TI). Todo ello ha dado lugar a una resistencia cultural con la que se ha granjeado el título de «Departamento del No»[14].

A pesar de todo, los líderes de TI son conscientes de lo que se espera de ellos hoy en día. De hecho, en el estudio de Cisco, reconocieron que el impulso de la innovación es el área en la que más tienen que aplicarse si quieren cumplir las expectativas de sus partes interesadas[15]. Sin embargo, no muchos proveedores están tomando las medidas oportunas para que se les perciba como un socio fiable del negocio. Por eso, a menudo se los ve más bien como un foco de costes, por lo que las líneas de negocio (los clientes internos de la TI, como ventas y finanzas) se saltan a la organización de TI y pasan directamente a las compañías que proveen una mayor velocidad y flexibilidad, que suelen ser de servicios en la nube. Así que podría decirse que gran parte de las empresas de TI no están siendo capaces de aportar los valores de coste, experiencia y plataforma como para seguir siendo relevantes para el negocio y que, por consiguiente, caerán víctimas de la disrupción. El auge de tendencias como, por ejemplo, que los empleados utilicen sus propios dispositivos (BYOD por sus siglas en inglés, *bring your own device*) y el *software* como servicio (SaaS, por sus siglas en inglés) lo vaticinan claramente.

El estudio de Cisco sugiere que aproximadamente la mitad de la inversión en TI (46 %) ocurre fuera de los límites de la organización de TI corporativa[16], lo cual debería ser una señal de que los perros viejos de la TI deberían aprender trucos nuevos. El estudio de Cisco revela que más del 80 % de los presupuestos de TI se destinan a los entornos tecnológicos existentes (es decir, al mantenimiento y seguridad de sus múltiples aplicaciones, infraestructuras de *hardware,* sistemas heredados y demás), los cuales son altamente complejos. Dicha dificultad no ha hecho sino empeorar debido a la repentina proliferación de dispositivos digitales, aplicaciones y servicios.

Los entornos de TI de las empresas se caracterizan tanto por su heterogeneidad (muchos y diversos aparatos que mantener) como por sus presupuestos fijos o escasos. Esto quiere decir que la inversión de TI en los resultados de negocio que realmente marcarán la diferencia para la organización (por ejemplo, tiempos de salida al mercado o facilitar nuevos modelos de negocio) está supeditada a los márgenes de la cartera de TI. Es muy difícil que una empresa tradicional compita contra los ágiles y acaudalados disruptores cuando el 80 % de su inversión en TI está destinada a algo tan simple como funcionar. Para resolver este bloqueo en el que muchos líderes de TI se hallan inmersos y ser capaces de innovar, primero necesitan reducir los costes, de tal forma que puedan destinar ese dinero liberado a hacer cosas nuevas (en pocas palabras, ahorrar para invertir).

Interfaz única de administración

Así que, visto lo visto, ¿cómo puede contribuir la TI a que un negocio adquiera la velocidad, agilidad y osadía necesarias para competir en el vórtice digital? La mayoría de las organizaciones gestionan la TI como si fuera un conjunto de silos independientes: almacenamiento, computación, red, seguridad y aplicaciones. No obstante, la tecnología ágil puede hacer que estos silos se comuniquen y que se vean los componentes de la TI en conjunto como un fondo de recursos dinámico y a demanda que abarque todos los aspectos de creación de servicios de TI. De este modo, la empresa podrá orquestar de extremo a extremo las capacidades de TI a gran velocidad y así, cada vez que surja una nueva necesidad, dispondrá de un proceso repetible con el que podrá echar mano de la funcionalidad, seguridad, ancho de banda, recursos informáticos y servicios de integración (todo lo que hace falta de la TI) de un plumazo. Es decir, que la TI puede automatizar la forma de reunir los recursos que hagan falta ante una determinada necesidad de negocio y, de esta manera, reducir radicalmente los ciclos.

Esta visión de la TI como un recurso dinámico reduce el coste total de propiedad (CTP) de la infraestructura y aplicaciones de una compañía, y libera recursos que podrán destinarse a menesteres que aporten más valor (como decíamos antes, ahorrar para invertir)[17]. Y, más importante, permite que el área de TI se adapte con mucha más facilidad a las necesidades de la empresa y contribuya a desarrollar su rapidez de ejecución por su provisión y gestión de estos recursos.

En un modelo de tecnología ágil, en lugar de gestionar los recursos de TI como una serie de tecnologías independientes, la empresa puede gestionar toda su cartera de TI fijando políticas de alto nivel y automatizando reglas empresariales sobre la calidad del servicio y la seguridad, la priorización del tráfico, los privilegios del usuario, así como otras tareas de las que suele encargarse el personal de TI manualmente, más caras, prolongadas y propensas a errores. En lugar de gestionar islas de TI y configurar manualmente los servidores, conmutadores u otros dispositivos, los líderes del sector están trabajando en lo que será el Santo Grial de la gestión de la TI: la denominada interfaz única de administración, es decir, una consola centralizada que facilitará a los líderes de TI monitorizar y gestionar su entorno. Esta programabilidad implica que podrán fijar políticas operativas, automatizar flujos, mejorar la calidad y prestar un servicio más rápido a sus usuarios-empresas. Así, la TI se convierte en un recurso dinámico que será esencial en el camino hacia la rapidez en la ejecución.

El director tecnológico y de innovación de Coca-Cola, Alan Boehme, habló de un concepto que ha fomentado en sus operaciones, al que puso el curioso nombre de *throw-away IT* («deshacerse de TI»), por el que «anima a los desarrolladores a crear aplicaciones baratas y de rápida implantación, y servicios que satisfagan las nuevas necesidades de las empresas[18]». Esta implantación acelerada de recursos puede ser crítica a la hora de ayudar a las empresas a adaptarse a las cambiantes presiones competitivas y prioridades, pero añadir muchas aplicaciones y servicios de TI a discreción y conforme lo demande la empresa, sobre todo si es en lapsos muy breves, puede acentuar la complejidad de la TI y, de hecho, llegar a ser contraproducente al ralentizar aún más la ejecución. Un estudio reciente de Corporate Executive Board reveló que, en las típicas carteras tecnológicas de 100 millones de dólares, el número de pequeños proyectos de TI había aumentado un 38 % de 2012 a 2014[19]. Lo cual deriva en más costes generales y en la consiguiente preocupación por su mantenimiento, como hemos mencionado antes. En algunos casos, esta proliferación de iniciativas de TI responde al firme propósito de dotar a la empresa de mayor agilidad y es toda una declaración de intenciones por intentar cosas nuevas. En otros, solo es el fruto de una mala gestión de la cartera de TI. Por tanto, adaptarse a las necesidades de la empresa debe equilibrarse con el orden y mando de dirección para asegurar que las pruebas piloto y los programas de desarrollo avanzado tipo *skunkworks* o bien producen los resultados deseados, o bien se liquidan de inmediato.

3.3. El futuro de los recursos dinámicos

Sin duda, la nube es el secreto de la agilidad de los disruptores. Ya hemos visto que con las nubes de talento las empresas pueden disponer de sus recursos humanos con mayor rapidez y eficacia, conforme se presenten nuevas oportunidades. En cuanto a la tecnología, la computación en la nube también constituye un pilar en la estrategia de TI, ya que permite a las empresas disponer de los recursos tecnológicos a demanda[20].

Asimismo, la nube les permite aprovechar sus activos y procesos físicos de un modo más dinámico, una capacidad especialmente útil para las empresas que compiten en industrias de capital intensivo, como la sanidad, el petróleo y el gas y los servicios públicos, las cuales se hallan en la periferia del vórtice digital. Los líderes de estos sectores han invertido sumas considerables en sus activos físicos, ya que, sin ellos, no podrían llevar a cabo su actividad. Por ejemplo, se estima que la inversión de capital total de la industria del petróleo y el gas ascendió a un billón de dólares solo en 2012, una época en la que los precios del crudo eran especialmente altos[21]. Los agentes digitales que prometen un alto aprovechamiento de estos activos (exprimirlos al máximo) son toda una tentación en estos sectores. Sobre todo, por el hecho de que en el vórtice digital las empresas compiten contra disruptores que pasan por alto las cadenas de valor tradicionales y que, por tanto, no tienen esa necesidad de invertir en activos físicos.

La *startup* Cohealo lanzó una plataforma en la nube para que los hospitales de un mismo sistema sanitario pudieran rastrear y compartir entre ellos equipamiento médico (que no sea de urgencias). Se estima que en Estados Unidos se invierten unos 100 000 millones de dólares al año en equipos médicos. Sin embargo, al final, casi toda esta inversión es un desperdicio porque nadie los utiliza la mayor parte del tiempo[22]. Además, en los sistemas sanitarios en los que hay muchos hospitales, estos suelen ignorar con qué equipos cuentan los demás. De modo que sus inversiones acaban siendo muy redundantes, porque cada hospital compra, almacena y mantiene los mismos equipos. Una plataforma como la de Cohealo permite a los hospitales de un mismo sistema ver qué equipos hay en cada uno y coordinar entre ellos el uso de estos recursos tan valiosos, de modo que no solo contribuye a reducir el gasto de cada hospital en particular, sino que estos ahora disponen de un fondo de recursos mucho más rico. En este ejemplo concreto lo que importa no es tanto la rapidez de la ejecución, sino su efectividad.

Creemos que en el futuro este modelo de distribución dinámica de recursos basada en la nube se extrapolará a otras industrias como, por ejemplo, la manufactura. De hecho, los expertos de esta industria ya están experimentando con modelos de negocio de fabricación en la nube que, aunque aún están en pañales, permite a los fabricantes disponer a demanda de recursos y líneas de producción compartidos, de modo que los activos (como la maquinaria de producción) pueden ser adquiridos, utilizados y reasignados entre diferentes organizaciones[23]. En el mundo tecnológico, este concepto de compartir un mismo recurso entre varias empresas se conoce como tenencia múltiple. 3D Hubs, una plataforma de servicios de impresión 3D con sede en Ámsterdam, es un ejemplo de este disruptivo modelo. La plataforma conecta a quienes necesitan imprimir en 3D con los propietarios de estas impresoras (a los que llaman *Hubs*). Según la compañía, la plataforma dispone de una red de impresoras 3D que abarca más de 20 000 localidades[24].

4. Procesos dinámicos

Los procesos de negocio de las empresas tradicionales suelen ser poco inteligentes, lentos e inmutables, nada que ver con los procesos dinámicos: inteligentes, rápidos y modificables, y que se pueden adaptar a las circunstancias y a los acontecimientos para que la empresa obtenga el máximo valor de ellos. No es difícil imaginar el cúmulo de sectores a los que se pueden aplicar, por ejemplo, en un contexto clínico (detectar y corregir errores en las dosis) o en una planta de fabricación (para el mantenimiento predictivo del equipo de la planta). Los procesos dinámicos requieren que tanto la capacitación como la intervención sean rápidas. A continuación, veremos cada una en profundidad y cómo contribuyen a que la ejecución sea mejor y más veloz.

4.1. Capacitación rápida

Durante el estudio del Centro DBT sobre la disrupción, la velocidad siempre se manifestaba como la flecha más certera del carcaj de los disruptores.

Analizaremos ahora otra área aún inexplorada en la que la velocidad también es un arma clave: la capacitación rápida.

La capacitación rápida es el desarrollo acelerado de nuevas capacidades organizativas en un amplio espectro de actividades que aportan valor, como el marketing, la atención al cliente, la venta, el desarrollo de aplicaciones y los canales[25]. Como ya dijimos en el capítulo 1, los disruptores se centran en el valor, no en la cadena de valor; y todo lo que pueda ser digitalizado, será digitalizado. En lo que respecta a la capacitación rápida, esto significa que los disruptores digitalizan tanto las actividades primarias como las secundarias (términos clásicos para definir la cadena de valor introducidos por Michael Porter) a las que se han encomendado las empresas tradicionales[26]. Las actividades primarias abarcan logística, operaciones, marketing, ventas y servicios, mientras que las secundarias se refieren a recursos humanos, finanzas, abastecimiento y TI. Estos son los componentes de las cadenas de valor que ahora se están descomponiendo y recombinando para crear nuevas formas de competitividad. Para los disruptores, la capacitación rápida no se limita al tradicional concepto de subcontratar «contextos» u operaciones en general a otros proveedores en beneficio de la actividad del negocio, sino que esta puede ser, de hecho, la actividad principal de la empresa y su forma de crear valor, ya sea en la cadena de suministro, ventas, I+D, recursos humanos o en los servicios.

Acelerar la creación de valor para el cliente

A la hora de plantearse la creación de nuevas capacidades organizativas en sus cadenas de valor, los disruptores lo enfocan de un modo totalmente diferente a como lo hacen las empresas tradicionales. Empiezan desde el valor que aportarán al cliente y construyen a propósito las capacidades organizativas que lo maximicen (y de tal forma que diferencie claramente al disruptor de las empresas tradicionales). Por supuesto, y en muchos casos, los disruptores también construyen sus capacidades organizativas desde cero. Como nativos digitales que son, su entorno para construir capacidades es un terreno virgen, digitalizable desde los cimientos, algo que no puede decir la mayoría de las empresas del mercado. Para estas organizaciones, grandes y asentadas, la complejidad y gastos asociados al personal, procesos y sistemas necesarios para llevar a cabo su actividad son colosales.

¿Te acuerdas de Adyen, el procesador de pagos holandés? El hecho de que cuente con clientes como Netflix, Airbnb, Uber, Spotify y Facebook es de lo más revelador e instructivo[27]. Lo que todos estos disruptores se preguntan es «¿por qué habría de crear un sistema de facturación y pagos cada vez que entro en nuevo mercado?». Saben que Adyen ya ha digitalizado este eslabón de su cadena de valor, de modo que no tienen que preocuparse de contratar a nadie, ni de adquirir instalaciones, ni gastarse miles de millones en un sistema de TI que lo solucione. Es decir, que los disruptores se benefician de los valores de coste, experiencia y plataforma que proveen otros disruptores para acelerar su propia ejecución y crear valor para sus clientes. Saben que con este modelo de capacitación rápida pueden ensamblar capacidades organizativas virtualizadas que les confieran la rapidez de ejecución y la agilidad que les permitirán crear nuevas formas de valor y revolucionar los mercados. Debemos hacer hincapié en este concepto clave; los disruptores no solo proveen, sino que también buscan los valores de coste, experiencia y plataforma a la hora de construir sus capacidades organizativas. Así pues, ellos mismos aprovechan los beneficios de la disrupción combinatoria para crear la suya propia.

Pero esto no se ciñe exclusivamente a la función de la facturación y los pagos; puede aplicarse a cualquier cosa. ¿Quieres ofrecer beneficios a tus empleados? Utiliza Zenefits. ¿Necesitas gestionar la relación con tus clientes y facilitarles un centro de contacto? Usa Freshdesk, Salesforce.com o SugarCRM. ¿Quieres crear un *e-commerce* en cuestión de minutos? Usa Shopify.

Muchas innovaciones disruptivas dependen de las aplicaciones móviles, pero los disruptores no recurren a costosas agencias interactivas ni a compañías de TI para que les hagan la aplicación a medida. Aplican la capacitación rápida, utilizando herramientas de código abierto y tecnología de contenedores, como Docker, para simplificar la creación de sus aplicaciones y reducir el lapso desde el desarrollo hasta la producción. Si quieren añadir funciones de mapeo y analítica geoespacial en su aplicación, pueden hacerlo rápidamente utilizando los datos de HERE o de OpenStreetMap. Para correos electrónicos transaccionales pueden utilizar SendGrid, o DocuSign para firmas electrónicas. También podrían utilizar Twilio para incluir la doble autenticación o para las notificaciones de envío y de tiempos estimados de entrega.

La velocidad de la conexión

Las plataformas producen efectos de red y confieren una dimensión exponencial que las convierte en las mayores fuentes de disrupción en lo que a la ejecución se refiere. En el capítulo 4 decíamos que la formación de plataformas es un misterio para muchas empresas tradicionales, un detalle que están aprovechando los disruptores digitales transversales, ya que están creando un nuevo mercado enfocado a ayudar a las empresas a formar sus plataformas (he aquí una vacante del valor). Básicamente utilizan las plataformas para vender plataformas a otras empresas que quieren ser plataformas. Vaya, que crear plataformas ya no tiene tanto misterio. Sharetribe permite crear toda clase de *marketplaces* digitales y de múltiples lados. Zuora ayuda a crear modelos de negocio de suscripción, plagados de facturaciones y mediciones. Gigantes como Facebook y Google amplían sus robustas capacidades de autenticación de usuario para que otros disruptores digitales también puedan utilizarlas como mecanismo credencial (¿no te suena haber iniciado sesión en otra aplicación con tu cuenta de Facebook?). Esto resulta muy cómodo para los usuarios y además posiciona a estas empresas como plataformas de plataformas, lo que les permite comercializar su capacidad de crear eficiencias de transmisión de información entre otras entidades.

La capacitación rápida puede ser un mecanismo crítico para impulsar una mayor rapidez de ejecución, tanto para las *startups* como para las empresas tradicionales. Como pudiste comprobar en el capítulo 4, no hay un método único para abordar la estrategia de la disrupción. Las empresas pueden recurrir a gran variedad de tácticas, como compañías derivadas, *joint ventures,* incubadoras de innovación o adquisiciones, todas ellas muy propicias para este enfoque.

4.2. Intervención rápida

La rapidez de ejecución no se refiere solamente a que la empresa encuentre la forma de sobrealimentar su motor de innovación y de comportarse como un disruptor. También se aplica en el sentido más operativo del término ejecución, para ayudar a la compañía a crear mayor valor para el cliente acelerando su funcionamiento diario. No se trata solo de que sea capaz de producir prototipos con mayor rapidez o de reducir al mínimo los tiempos de implementación de las aplicaciones, sino de que también adquiera la suficiente agilidad como para aprovechar oportunidades a un nivel más mundano: en cada interacción con el cliente, en momentos puntuales de la cadena de suministro, o en cualquier oportunidad en la que el valor dependa del tiempo. La rapidez en la ejecución es vital para crear eficiencias operativas, las cuales a su vez pueden marcar una gran diferencia en las estrategias de disrupción digital, en particular las defensivas (cosecha y repliegue), en las que el control de costes y la calidad de la experiencia adquieren una mayor importancia.

Conectar tus activos opacos

Como a muchos otros aspectos de la organización, la disrupción también afectará en gran medida a los procesos de negocio en el vórtice digital, y el motivo es tan insospechado que a muchos directivos les pillará por sorpresa: el internet de las cosas.

¿Y qué tiene que ver el IoT con los procesos de negocio? A las «cosas» que hasta ahora nunca se habían conectado en el entorno físico del negocio las llamamos activos opacos. Cuando conectamos estos activos opacos –en fábricas, sucursales bancarias, tiendas, hospitales, colegios, aeropuertos, almacenes, plataformas petrolíferas– lo que hacemos es liberar un vastísimo caudal de información sobre ellos y sentar las bases para diseñar procesos dinámicos. Esta inteligencia constituye los cimientos para un elemento de la rapidez en la ejecución al que llamamos *intervención rápida,* es decir, la capacidad de actuar de inmediato para aprovechar oportunidades o neutralizar amenazas, ya sea cerrando ventas, optimizando operaciones o evitando accidentes.

La intervención rápida puede ejecutarse con aprendizaje automático y automatización o bien por un ser humano equipado con tecnologías digitales. A propósito, los procesos dinámicos no significan necesariamente que se vaya a sustituir a las personas por la máquina, sino que también pueden enriquecer y optimizar el trabajo que las personas realizan, aunque la intervención sea por parte de una máquina o por una persona ayudada por una máquina, según las circunstancias.

Veamos un ejemplo de intervención rápida en el ámbito de la venta minorista. Imagina que unos grandes almacenes, una gran cadena de hipermercados, instrumenta sus tiendas con sensores de bajo coste. Las balizas informativas por *bluetooth* y demás sensores se han instalado en lo que antes eran activos opacos: estanterías, carritos, accesos al aparcamiento, dispositivos de pago y hasta en cada producto del inventario (la ley de Moore hace que el coste de las balizas y de otros sensores IP sea cada vez menor, por lo que muy pronto se podrá disponer de ellos a precio de coste).

Dos clientes, Rohan y María, han salido a hacer unas compras (cada uno por su lado). Rohan va a por algunas cosas para la cena y María quiere un televisor de alta definición. Los análisis en tiempo real de todos los datos de los sensores de la tienda, de la red inalámbrica y de las grabaciones de las cámaras IP revelan la siguiente información: Rohan empuja el carrito dos veces más deprisa que la media de clientes. Por su parte, María, está echando un vistazo a los televisores expuestos en la sección de electrónica y, a la vez, compara los precios con los de la competencia con su *smartphone* y aprovechando la conexión wifi del hipermercado.

Bien, ¿cómo se aplicaría el modelo de procesos dinámicos en un caso como este? En primer lugar, el hipermercado podría interpretar de forma inteligente los comportamientos de Rohan y de María en sus respectivos contextos. La velocidad de Rohan indica claramente que tiene prisa, así que no es momento de asaltarle con ofertas de neumáticos de invierno. Para él serán inoportunas e irrelevantes en ese momento, aunque ya en el pasado hubiese adquirido algún artículo de la sección de automoción. En lugar de eso, y a través de pantallas digitales (o el propio teléfono de Rohan), el hipermercado puede ir señalizando los departamentos o los productos que mejor complementen lo que Rohan quiere comprar. Y para saber lo que quiere comprar pueden basarse no solo en su historial de compras, sino también en los datos inteligentes sobre los artículos que lleva en el carrito (en este caso, comida). Así es como pueden aportar valor a su experiencia (con la personalización, la gratificación inmediata y la fricción reducida) de un modo automático y en tiempo real, conforme Rohan se desplaza por la tienda. Este sería una buena forma de aplicar la rapidez en la ejecución.

En cuanto a María, las analíticas le dirían al hipermercado que esta clienta se dispone a hacer un desembolso considerable: un televisor. Ha estado durante siete minutos mirando los televisores del expositor y comparando precios con su *smartphone*. Además, el acelerómetro del *smartphone* de María detecta que se ha parado más tiempo frente al extremo de la góndola, en la que se muestra una marca concreta de televisores. La red de sensores de la tienda, combinada con las analíticas para la toma de decisiones, avisa a un dependiente para que se acerque a María y le ayude a elegir su televisor u otros accesorios, e, incluso, ofrecerle un pequeño descuento para tentarla a comprarlo allí, antes de que se marche a su casa y acabe comprándolo por internet a otro competidor.

Un algoritmo fija el «precio de María» para venderle el televisor –habiendo restado el pequeño descuento sugerido por los análisis predictivos, para neutralizar su intención de comprar en otro sitio– y este precio dinámico, así como otras recomendaciones inteligentes de venta cruzada (p. ej. altavoces, cables y una garantía), se transmiten al dispositivo conectado del dependiente de la tienda. Este puede consultar toda la información de un vistazo mientras se aproxima a María para ofrecerle su ayuda.

En este caso, las analíticas aplicadas a los datos de los sensores y de la red sirven para informar al empleado de las medidas que debe tomar y de cómo debe hacerlo de forma óptima. Este es un claro ejemplo de cómo un proceso dinámico no tiene por qué limitarse a la mera automatización, sino que puede sacar más provecho de la acción humana y hacer que esta sea más inteligente. Con los resultados que proveen las herramientas analíticas al contextualizar lo que está sucediendo, el dependiente puede actuar con presteza y evitar la posible pérdida de la venta: rapidez de ejecución. A su vez, María disfruta de una mejor experiencia de compra y se aprovecha de un precio más ventajoso. Para la empresa también es positivo porque consigue cerrar la venta, satisface al cliente y agranda la cesta de la compra con la venta cruzada.

Todo esto tiene que hacerse rápidamente porque este valor solo estará al alcance de la mano por tiempo limitado. Rohan y María solo estarán en la tienda unos cuantos minutos y, en ese tiempo, quizá no se dé la oportunidad para influir en su decisión de compra más que en un breve instante. La información sobre estos clientes y sus respectivos contextos en ese momento debe procesarse en el acto. De poco le servirá al hipermercado que sus analistas se tiren horas o semanas escudriñando números sobre el tránsito en el establecimiento para detectar oportunidades en las que vender a Rohan y a María. Para cuando hayan llegado a alguna conclusión, la cena ya estará servida y la tele, puesta.

Por último, Rohan y María se dirigen a la zona de cajas para pagar, pero resulta que se ha formado una larga cola. Es una de las cosas que más frustra a los compradores cuando van a las tiendas, esperar para pagar. Y, a menudo, son el motivo de la pérdida de ventas[28]. Pero los procesos dinámicos pueden ayudar a la empresa a mitigar este problema. Puede utilizar analíticas basadas en sensores para mostrar los tiempos de espera en las diferentes cajas y (mejor aún) notificar a los dependientes de que se están formando colas para que se dirijan a las cajas con datáfonos y ayudar a agilizar las colas. De nuevo, este ejemplo demuestra que la unión de la automatización con una intervención humana inteligente permite a la empresa adaptar sus operaciones sobre la marcha. De hecho, este escenario ilustra a la perfección cómo el hipermercado aplica la hiperconciencia (sabe lo que sucede en la tienda en tiempo real), la toma de decisiones informada (plantea ofrecer un descuento o moviliza a su mano de obra allá donde aportará más valor) y la rapidez en la ejecución (puede marcar un itinerario o mostrar los tiempos de espera automáticamente mediante paneles de señalización digitales, o hacer que los empleados se acerquen a ayudar a los clientes antes de que estos salgan de la tienda).

¿Te parece algo sacado de una novela de ciencia ficción? Por mucho miedo que dé, los directivos harían bien en no verlo como algo inverosímil. De hecho, representa una realidad competitiva que ya enfrentan los minoristas hoy en día, una que se refleja en muchas otras industrias del vórtice digital.

A principios de 2016 conocimos a RetailNext, uno de los proveedores líderes de analíticas para tiendas, para que nos contaran más acerca del grado de madurez de estas tecnologías y de su impacto potencial. RetailNext puede presumir de contar entre sus clientes con cientos de las mayores empresas minoristas del mundo. Se dedica a analizar el comportamiento de los más de 800 millones de compradores que reciben al año en sus respectivas tiendas, desde los billones de puntos de datos de los que dispone[29]. Durante la entrevista, su CEO, Alexei Agratchev nos decía que «lo que hace falta son sistemas que nos permitan analizar cada tienda como una tienda diferente, cada día como un día diferente y, en algún momento, a cada cliente como un cliente diferente. Ahí es hacia donde se dirige la venta minorista en su conjunto. Es una transformación muy difícil, pero es donde la tecnología jugará un papel fundamental».

Prueba, aprende, repite

¿Te acuerdas de que los directivos de nuestro estudio señalaron la cultura de la experimentación y la tolerancia al riesgo como una de las principales características de las *startups* que las diferenciaban de ellos? Tampoco puede decirse que nos sorprenda, una de las preguntas que nos hacen con mayor frecuencia es «¿qué pueden hacer las empresas para acelerar su innovación?». Bueno, pues la intervención rápida es una respuesta[30].

Tencent, el gigante chino de servicios de internet y dueño de la plataforma de mensajería móvil, WeChat, sigue un planteamiento veloz de iteración y fracaso a la hora de sacar nuevos servicios al mercado. Para ello, por ejemplo, convoca competiciones a nivel interno para estimular el desarrollo de nuevas e innovadoras propuestas. De hecho, así fue como surgió WeChat. Dieron a doce equipos de desarrollo de producto diferentes y de distintas ubicaciones las mismas instrucciones para que desarrollaran una nueva plataforma, y las posicionaron para competir la una contra la otra. Dos meses después, el grupo vencedor había desarrollado una plataforma móvil que permitía enviar mensajes individuales y en grupos, la cual se convertiría en lo que hoy es WeChat[31].

Tencent también aplica una metodología de vanguardia basada en la iteración que les permite lanzar y mejorar sus servicios *online* rápidamente. Con su modelo «lanzar-probar-mejorar» sacan nuevas plataformas con funcionalidades básicas para que las pueda utilizar su base de usuarios[32]. A las pocas horas, Tencent observa cómo utilizan los nuevos servicios y recaba sus sugerencias sobre las mejoras y prestaciones adicionales que les gustaría tener. Esto permite a la compañía lanzar y mejorar sus ofertas en tan solo unas pocas semanas, un plazo mucho más breve que los que suelen requerir los tradicionales procesos de pruebas beta[33].

Al contrario que en los servicios digitales, las fases de desarrollo iniciales de los productos físicos requieren de más tiempo e inversión para crear un prototipo que funcione, probarlo e iterar hasta que esté listo para su producción en masa. En industrias como la de la manufactura, el petróleo y el gas o la farmacéutica, que aún se hallan en los márgenes externos del vórtice digital, innovar con rapidez significa emprender una dura batalla, ya que los productos que crean (o necesitan) son muy complejos y, en muchos casos, también están muy regulados. Sacarlos al mercado supone tener que superar múltiples barreras, lo cual puede sumir a las empresas en inversiones de años y de millones de dólares, y todo para un ciclo de desarrollo que quizá no llegue a culminar con éxito.

Sin embargo, ahora estas industrias pueden recurrir a un concepto conocido como el *gemelo digital,* que combina múltiples tecnologías e innovaciones operativas que les permiten desarrollar productos y adaptarlos a los cambios con mayor agilidad. Un gemelo digital es una representación virtual de un objeto físico que existe en el mundo real, como un coche, un aerogenerador o un edificio. Los gemelos digitales son más que un diseño asistido por ordenador (CAD, por sus siglas en inglés) que solo simula el producto y sus características físicas. Utilizan sensores y analíticas que crean un mapeo unívoco que se corresponde entre el objeto físico y su *doppelgänger* digital.

De modo que, con el gemelo digital, se pueden realizar simulaciones extremadamente precisas y averiguar cómo se comportaría el objeto físico en diversas circunstancias. Los datos de estas simulaciones permiten ver cómo le afectaría un cambio de condiciones o modificaciones en el diseño, y así crear nuevos prototipos virtuales y acelerar las iteraciones. Los gemelos digitales también se pueden utilizar para hacer que el mantenimiento predictivo sea más preciso, dado que las simulaciones se pueden llevar a cabo en máquinas específicas, en lugar de en contextos genéricos, y así identificar mejor las vulnerabilidades o los puntos de desgaste. En definitiva, facilitan que los fabricantes innoven su modelo de negocio y, más concretamente, que pasen de vender productos físicos que generan gastos de capital, a un modelo de servicios con márgenes más generosos[34].

Fabricantes como GE y Siemens utilizan los gemelos digitales para personalizar el desarrollo de sus productos y prestar servicios de mantenimiento predictivo. GE, por ejemplo, los utiliza para diseñar parques eólicos en ubicaciones específicas y adaptar los aerogeneradores en consecuencia, lo cual contribuye a mejorar su eficiencia en hasta un 20 %[35]. Siemens se ha asociado con Boeing para simular todo el proceso de desarrollo e ingeniería de nuevos aviones, e incluso para pruebas de vuelo[36]. En la Fórmula Uno, los diseños de los coches pueden llegar a modificarse hasta mil veces en una semana, y todo gracias al gemelo digital con el que pueden testar las ventajas competitivas en el circuito[37].

Además, los gemelos digitales pueden mejorar radicalmente la coordinación entre proveedores y socios, la cual es crucial en la fabricación de productos complejos en industrias como, por ejemplo, de la automoción, aeroespacial y similares. La falta de comunicación e imprecisiones en los diseños de sus componentes pueden acarrear costosos retrasos y retiradas de producto. Con los gemelos digitales, los fabricantes y los proveedores de su cadena de suministro, pueden coinnovar, interactuar con esa representación virtual, probarla y asegurarse de que sus componentes quedan bien integrados. Las compañías de *software* que se especializan en la gestión del ciclo de vida del producto, como PTC, han estado adquiriendo disruptores digitales del ámbito de los análisis predictivos con el fin de construir sus propias capacidades en lo que a gemelos digitales se refiere. Esto les permite crear una red colaborativa de diseño de producto (incorporando modelos de negocio basados en plataformas como, por ejemplo, el ecosistema o el *crowdsourcing*)[38].

Por último, también se están aplicando los gemelos digitales a nuestra anatomía para conseguir que los tratamientos médicos sean más eficaces. Dassault Systèmes ha creado un gemelo digital del corazón humano, capaz de adaptar cada simulación al funcionamiento particular de cada individuo[39]. Por ejemplo, al crear una copia virtual de un corazón con obstrucción o anomalías congénitas, los médicos pueden predecir cómo beneficiarán los diferentes tratamientos, como la cirugía o la inserción de un marcapasos, a la salud del paciente. El modelo de los gemelos digitales también promete ser un recurso muy valioso en la investigación de fármacos.

4.3. El futuro de los procesos dinámicos

El cambio en los procesos es un hueso duro de roer. ¿Cómo afectará el modelo de procesos dinámicos a la implementación de estos en los próximos años? Repasemos un poco la historia para poder responder la pregunta.

La digitalización de los procesos de negocio que ya hemos presenciado (con el nacimiento del comercio electrónico hace dos décadas, y la reingeniería de procesos de negocio antes de eso) dio a luz una mejora clave: la estandarización, la cual nos trajo eficiencia, consistencia y productividad. Aunque la propia noción de procesos dinámicos implica que los procesos no son «de una pieza», tampoco contradice la lógica de la estandarización. Todo lo contrario, la sistematización que propician las reglas de negocio es indispensable para que los procesos dinámicos y la rapidez en la ejecución sean posibles. A medida que estas reglas crecen en número e inteligencia, aumenta también el valor de los procesos dinámicos.

Finalmente, en el futuro, el tiempo real nos parecerá lento. El vórtice digital demandará que las empresas anticipen nuevos procesos. En lugar de limitarse a detectar, decidir y actuar ante una situación actual, las empresas deberán detectar, decidir y adaptar proactivamente sus procesos a lo que probablemente sucederá. En 2014, Amazon patentó una tecnología a la que ha llamado *envíos anticipados* para enviar los productos antes de que los consumidores los hayan comprado siquiera. Amazon dice que puede enviar productos que los consumidores de ámbitos específicos probablemente querrán –basándose en su historial de compras y en otros factores– pero que aún no han pedido. Según la patente, los paquetes quedarían en los almacenes o camiones de las transportistas hasta que se confirme el pedido[40].

Mentalidad, rápida y segura

Si bien hemos hablado en general de los procesos y de la rapidez en la ejecución, tampoco debemos olvidar el factor seguridad. La seguridad es crucial en la agilidad, sobre todo a la hora de acelerar la innovación, pero a las empresas les preocupa (y con razón) que las tecnologías y modelos de negocio digitales les hagan más vulnerables a los ciberataques. Con las decenas de miles de millones de nuevas conexiones de IoT que se establecerán en los próximos cinco años, quienes vayan con malas intenciones tendrán muchos más puntos de acceso. En otras palabras, aumentará la superficie atacable de las empresas.

Muchas están desplegando sistemas de TI que combinan sus heredadas y añejas tecnologías, cuya defensa no va más allá de los cortafuegos corporativos, con tecnologías digitales que requieren una conectividad exhaustiva (a clientes, socios, la nube, etc.) La complejidad de estos sistemas junto con la vulnerabilidad inherente a ciertas TI heredadas convierte a la ciberseguridad en todo un desafío.

Por eso las empresas están divididas entre la necesidad imperiosa de aplicar modelos de negocio digitales y el temor por las catástrofes a las que se exponen si se producen fallos en la seguridad. Este conflicto hace que las compañías pisen el pedal del freno en su camino a la innovación. En un reciente estudio que Cisco llevó a cabo entre altos directivos[41], el 71 % indicó que los riesgos de la ciberseguridad era un factor disuasorio para innovar. Otro 60 % admitió su reticencia a desarrollar ofertas digitales, de las cuales depende su crecimiento, y hasta su supervivencia, en el vórtice digital. Una seguridad inadecuada reduce el apetito y la capacidad de experimentar y de asumir riesgos lo que, a su vez, mina la habilidad de la compañía para acometer las estrategias ofensivas (disrupción y ocupación).

5. Evalúa tu rapidez de ejecución

¿Estáis sentando en tu empresa las bases para ser rápidos en la ejecución? Responde a las siguientes preguntas para averiguarlo:

- ¿En qué ha cambiado nuestra estrategia de adquisición de talento? Muchas empresas todavía contratan a sus empleados o servicios de terceros con métodos tan anacrónicos que parecen sacados de series como *Mad Men*. Hasta el propio hecho de recibir currículums o publicar vacantes en portales de empleo distan enormemente del modelo dinámico que brindan empresas como Entelo, TalentBin y otros agentes de analíticas de redes sociales, para adquirir talento y formar equipos.

- ¿Cómo formamos equipos en la empresa? La mayoría de las empresas crean divisiones bien definidas (hoy en día conocidas como unidades de negocio) con el fin de alinear sus recursos con oportunidades de negocio bien definidas. Como ya podrás imaginar, esas oportunidades serán cada vez menos definidas en el vórtice digital. La tendencia a crear silos y jerarquías organizativas que encajen con las oportunidades de mercado es un rasgo común entre las empresas tradicionales y que la mayoría de los disruptores desdeñan. Estos tienen un enfoque ágil del talento, del que deberían tomar nota las empresas tradicionales. Compañías como Visier permiten que las empresas tengan una visión holística del talento del que disponen, de modo que puedan distribuir la mano de obra de forma óptima para la empresa.

- ¿Podríamos incorporar la oferta de otro proveedor en algún eslabón (digitalizado) de nuestra cadena para hacernos más rápidos en la ejecución? Es una mentalidad que muy pocas empresas tradicionales comparten, aunque estemos hablando del ingrediente clave –o algo así como la salsa secreta– de los agentes más disruptivos de la economía mundial. En muchos casos, no es del todo recomendable poseer toda la cadena de valor, sobre todo cuando en el vórtice digital abundan las situaciones en las que lo necesario cambia con frecuencia. Las empresas cuentan con gran variedad de compañeros de armas, como Adyen, Zenefits y Zuora, que les ayuden en su caza de las vacantes del valor.

- ¿Cuán a menudo cambian los procesos de negocio? Para la mayoría de las empresas, los procesos de negocio siguen una trayectoria predecible. Los desvíos en dicha trayectoria no suelen verse con buenos ojos, incluso aunque representen la oportunidad de aportar más valor al cliente o de beneficiar a la organización. Los disruptores aceptan el hecho de que es necesario ir adaptando los procesos sobre la marcha. Es más, cuentan con la incapacidad de las empresas tradicionales de adaptarse al mismo ritmo que ellos cuando diseñan sus modelos de negocio. Algunos, como RetailNext iluminan un nuevo camino, uno en el que los procesos de negocio se adaptan dinámicamente y generan un aprendizaje continuo en base al contexto actual de la empresa.

6. Las empresas tradicionales también pueden ser *lean*

En el capítulo 1 nos referíamos a las empresas tradicionales como empresas lastradas para ilustrar que su tamaño y su estatus en el mercado llevan aparejada una serie de lastres, como activos, cadenas de valor, procesos y costumbres organizativas que les hace poco competitivos en una era en la que la disrupción acecha por doquier. También decíamos que estas empresas suelen carecer de las ventajas que caracterizan a las *startups*, como la velocidad, la agilidad y el afán de experimentar y asumir riesgos. Por eso, el propósito de este libro es, en muchos sentidos, ayudar a estas empresas tan grandes y complejas a replicar todas las ventajas de las *startups* en sus respectivos contextos.

Con tanto dinero y propaganda como se han dedicado a los disruptores digitales durante los últimos años, la famosa filosofía *Lean Startup* ha
despegado, popularizada por la labor de Eric Ries y Steve Blank, autores y
emprendedores en serie[42]. *Lean Startup* hace hincapié en la necesidad de
escuchar al cliente e iterar el diseño para potenciar la inteligencia de innovación y el aprendizaje, así como aumentar las probabilidades de éxito de la
startup. En lugar de lanzarse a la piscina con carísimos diseños y desarrollos,
el método *Lean Startup* aboga por empezar por un producto mínimo viable
(PMV) más económico que puedan probar los consumidores y, así sacar sus
defectos, ver qué es lo que valoran (y lo que no) y descubrir oportunidades
para replantear la oferta de la compañía. Este aprendizaje validado permite a
la *startup* pivotar y rediseñar sus productos o servicios para adaptarse mejor
a las necesidades del mercado.

Como el propio nombre sugiere, *Lean Startup* se orienta principalmente a estas pequeñas y aún inmaduras empresas, pero eso impide que los líderes de
algunas de las grandes empresas hayan intentado adaptar este modelo a sus
propios procesos de innovación[43]. Aunque encomiables, la mayoría de los intentos de las empresas tradicionales por seguir la doctrina *Lean Startup* han
caído en saco roto o, en el mejor de los casos, han sido lo que Steve Blank lla-
maría un teatro de innovación (aparentan que innovan y se dan mucho bombo,
pero no producen cambios sustanciales)[44].

Imagina que una organización pudiera acometer este aprendizaje validado, no
solo en el ámbito de creación de un nuevo producto, sino en cualquier cosa
que haga, en todos los aspectos de sus operaciones. Gracias a lo aprendido
con su capacidad de hiperconciencia y a las decisiones fundamentadas que
ha podido tomar, la empresa podría pivotar (hacer algo de manera diferente)
para que resulte en la creación de un nuevo o mayor valor para sus clientes.
Por último, imagina que la organización pudiera hacer esto de manera continua
y generalizada y a gran velocidad.

¿Tan descabellado resulta que una empresa tradicional pueda ser *lean* (y no
una empresa lastrada)? En absoluto. De hecho, que las organizaciones grandes y complejas desarrollen la capacidad de pivotar es precisamente lo que
el postulado principal del Centro DBT –la agilidad empresarial digital– se propone. Las conciencias conductual y situacional, las decisiones inclusivas y
optimizadas y los recursos y procesos dinámicos son en su conjunto el cambio
inteligente, el cual no se reduce a una mera estrategia de innovación, sino que
engloba la forma de proceder general de la empresa.

CONCLUSIÓN

Un repaso a las ideas clave

Para concluir, repasaremos algunas de las ideas principales que hemos tratado a lo largo del libro, su función como estimulantes de una renovación organizativa y la forma de aplicarlas en vuestra empresa. También comentaremos
qué repercusiones tendrá el vórtice digital a largo plazo y evaluaremos tanto la
disrupción digital en sí como sus consecuencias en un sentido amplio.

En la introducción definíamos la transformación digital empresarial como el
«cambio organizativo obtenido del uso de las tecnologías y negocios digitales con el objetivo de mejorar el desempeño». También incidimos en que *Digital
Vortex* no es un libro sobre la transformación *per se*, sino un manual de estrategia para competir. El cambio organizativo que conforma la propia base de la
transformación es un cometido más amplio y será el objeto de nuestro estudio
en adelante (concretamente de qué forma podrán las empresas implementar y
absorber las innovaciones enfocadas a la agilidad).

Tras nuestra exhaustiva investigación, hemos expuesto en este libro cómo se
produce la disrupción, cuáles son los atributos y capacidades organizativas
de los disruptores digitales y qué «prácticas» decisivas deben adoptar las
empresas tradicionales para ser más competitivas.

Pero el hecho de que las citemos no debe interpretarse como una prescripción
de prácticas específicas, ni que haya que considerar la transformación como
una táctica de «solución única». En las quizá apócrifas palabras de Richard
Nixon, «las soluciones no son la respuesta». De hecho, muchas de las *startups*
que hemos mencionado fracasarán súbita y estrepitosamente, pero eso no
quiere decir que no podamos aprender algo de sus modelos.

También sería preciso decir que nuestro objetivo era ir más allá de los principios genéricos de la transformación que impregnan toda la literatura sobre
management –y enfocarnos en la gestión del cambio, de arriba abajo–. Ignorar

estos principios en tus iniciativas de transformación será un augurio de fracaso casi seguro, aunque aplicarlos tampoco será ninguna garantía de diferenciación si tu competencia hace exactamente lo mismo. En el vórtice digital, estas máximas son un requisito imprescindible para competir.

Hemos comentado que los disruptores digitales pasan de las cadenas de valor tradicionales porque su principal empeño es crear los valores de coste, experiencia y plataforma y entremezclarlos para generar disrupción combinatoria. También hemos clasificado quince modelos de negocio que describen a grandes rasgos qué acciones de creación y captación de valor se están dando en el vórtice digital. Acciones que se están produciendo entre distintas industrias, incluso traspasando segmentos B2C y B2B, y que las empresas tradicionales también pueden aplicar en su estrategia para contraatacar a las nuevas formas de competencia que amenazan su existencia.

Hemos abordado la aparición de los vampiros del valor, cuya presencia cambia los mercados y los fondos de utilidades de manera irrevocable, y también hemos visto la cara más amable de la disrupción –las vacantes del valor–, esas oportunidades de mercado tan fugaces como reñidas, las cuales constituirán la futura fuente de crecimiento de muchas empresas. Nuestro propósito era identificar las capacidades transversales características de quienes ya han tenido éxito en la disrupción –algunas eran empresas establecidas, pero en la mayoría de los casos se trataba de *startups*– y su forma de impulsar la diferenciación competitiva en el vórtice digital.

Saber cómo se crea el valor para el cliente, qué modelos de negocio lo hacen posible, cuáles son las dinámicas competitivas y qué alternativas estratégicas se pueden aplicar como réplica, conforman el tipo de conocimiento que, como si fuera la Estrella Polar, guiará a las empresas rumbo a su transformación digital. No hay un único enfoque válido en esta transformación, ni una línea de acción universal. Desconfía de gurús «digitales» que te digan lo contrario. Hay demasiados ejemplos de iniciativas de transformación digital que al final no son más que farsas estratégicas –que solo persiguen la transformación por la transformación– que merman los recursos de las organizaciones y, en última instancia, conducen al cinismo y a la pérdida de posición competitiva. Con nuestro estudio y nuestra experiencia trabajando con directivos, hemos llegado a la conclusión de que uno de los principales factores que conducen a estos fracasos es que no se ha captado la esencia, el objetivo final –el valor para el cliente y su correspondiente modelo (o modelos) de negocio– que debe perseguir la empresa, y ahí es donde comienza nuestra misión.

La empresa lista para la transformación

La agilidad empresarial digital no es solo un factor o asunto más que tener en cuenta entre el cúmulo de prioridades competitivas. Para nosotros, es la única y más importante capacidad organizativa que necesitan las empresas para competir y triunfar en un mundo cada vez más disruptivo. Es, simple y llanamente, la piedra angular en el vórtice digital.

Los tres elementos que la conforman se apoyan en tecnologías digitales, pero, aunque estas son necesarias, no bastan para crear la agilidad empresarial digital, ya que es una capacidad fuertemente arraigada en las personas y los procesos. Las tecnologías digitales, y las empresas que las proveen, cambian constantemente. Las empresas que sepan identificar las herramientas, tecnologías y modelos de negocio adecuados y los aprovechen para desarrollar su hiperconciencia, toma de decisiones informada y rapidez en la ejecución, serán los que consigan crear una agilidad que será sostenible en el tiempo. En pocas palabras, las tecnologías digitales no son más que un medio para un «ágil» fin.

La agilidad empresarial digital es el fundamento de todos los escenarios que hemos descrito en este libro, la base para comprender, construir y aportar valor, ya sea de coste, experiencia o plataforma: identificar las vacantes del valor depende de tu hiperconciencia mientras que, para explotarlas, necesitas tomar decisiones informadas y ejecutarlas con rapidez. El ciclo «detectar-decidir-actuar» que impulsa la agilidad empresarial digital es el común denominador de todos los disruptores digitales de éxito, incluidos los vampiros del valor.

También hemos expuesto seis subcapacidades que, a su vez, apuntalan la hiperconciencia, la toma de decisiones informada y la rapidez en la ejecución (respectivamente): las conciencias conductual y situacional; las decisiones inclusivas y optimizadas; y los recursos y procesos dinámicos (cuadro C1). Todas ellas deben funcionar de forma integrada para alimentar un bucle continuo de aprendizaje y operaciones.

Por lo que a nosotros respecta, todas las organizaciones deberían convertirse en expertos de la agilidad empresarial digital. La importancia de esta capacidad para alcanzar un éxito permanente no es solo cosa de gigantes digitales y su competencia directa, sino que también atañe a todas las empresas y sectores del vórtice digital. De hecho, en este libro hemos presentado muchos ejemplos de amenazas disruptivas que se han dado en sectores tradicionalmente considerados de evolución lenta, como el de la sanidad, la energía y la manufactura.

Las estrategias que hemos presentado para hacer frente a la disrupción digital –cosecha, repliegue, disrupción y ocupación– también dependen de la agilidad digital de la empresa. Por supuesto, para determinar cuál es la estrategia adecuada, antes hay que fijar el objetivo. Por ello, a medida que cambian las circunstancias, hay que saber adaptar la estrategia en consecuencia. Es crítico, por ejemplo, saber cuál es el momento adecuado para bloquear o para replegarse. Corregir el rumbo hacia la disrupción de un negocio existente, o bien para ocupar una nueva vacante del valor, requiere de una capacidad de adaptación constante.

La agilidad empresarial digital es una capacidad tan relevante para las empresas B2B como lo es para las B2C. Como ya hemos dicho repetidas veces, los disruptores digitales se centran en el valor, no en la cadena de valor. Por eso, las compañías B2B deben ser muy conscientes de dónde se está creando el valor. Desgraciadamente, muchas de las empresas B2B con las que hemos trabajamos no tienen apenas sentido de la hiperconciencia, quizá porque su ámbito de acción está unos cuantos pasos más lejos del consumidor final del valor creado (es decir, de los clientes de sus clientes). Como ya hemos visto, las empresas B2B con una mentalidad más avanzada, como GE o la compañía de ascensores KONE, toman medidas proactivas para convertir la agilidad empresarial digital en la espina dorsal de sus modelos operativos.

Cuadro C1. Enfoque holístico de la agilidad empresarial digital

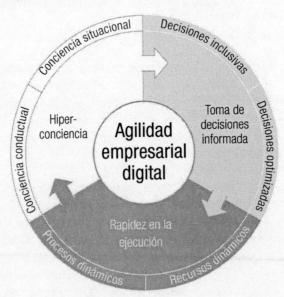

Hiperconciencia	Conciencia conductual: La capacidad de saber cómo actúan los trabajadores y los clientes, qué piensan y qué valoran.	Conciencia situacional: La capacidad de identificar cambios en los entornos interno y externo de la organización, y saber discernir cuáles son los cambios que importan.
Toma de decisiones informada	Decisiones inclusivas: La capacidad de tomar decisiones en función de la inteligencia colectiva, producto de la colaboración de individuos y equipos dispares.	Decisiones optimizadas: La capacidad de incorporar datos y analíticas a los procesos de toma de decisiones en toda la organización.
Rapidez en la ejecución	Recursos dinámicos: La capacidad de adquirir, implantar, gestionar y redistribuir los recursos (el talento, la tecnología) conforme dicten las condiciones del negocio.	Procesos dinámicos: La capacidad de introducir rápidamente nuevos procesos de negocio y adaptar los existentes con arreglo a la evolución de las condiciones del negocio.

Fuente: Global Center for Digital Business Transformation (DBT), 2015

La agilidad empresarial digital no es solo relevante para empresas de productos, sino también de servicios. Estos tienden a ser relativamente estáticos y no especialmente innovadores. Piensa en todas las ineficiencias y defectos de experiencia del cliente que abundan en sectores como la banca, las telecomunicaciones, el turismo y los servicios profesionales, como la abogacía o la contabilidad. Sin embargo, los clientes del sector servicios suelen responder muy bien ante mejoras sustanciales en su experiencia, por lo que este ámbito representa una gran oportunidad para los disruptores digitales. Los competidores ágiles son capaces de identificar las principales vacantes del valor de estas industrias y llevar a cabo experimentos dinámicos que los lleven a descubrir nuevas y mejores formas de aportar ese nuevo valor al cliente.

Para nosotros, la agilidad empresarial digital debe impregnar todo el entramado de la organización y debe reconocerse, practicarse, incentivarse y mejorarse categóricamente. Es la prueba de que la empresa está «en forma». Significa predisponer a la compañía para la transformación, hacerla capaz de adaptarse, capaz de cambiar cuando todo cambie. No es que ahora todo se convierta en una prioridad, sino que la agilidad empresarial digital debe ser tu mayor prioridad.

Aplica los conceptos

¿Por dónde puedes empezar para aplicar todo esto en tu empresa? Para guiarte en tu viaje hacia la transformación digital, te damos dos herramientas para que señales tu destino y traces el itinerario (Anexos B y C. Son las que utilizamos en los ejercicios interactivos del Centro DBT con los directivos). La primera, el diagnóstico de disrupción digital, abarca casi todo el contenido que hemos tratado en la primera parte del libro: formas de aportar valor al cliente, modelos de negocio y réplicas estratégicas. Comienza preguntándote que tipo (o tipos) de valor crea tu empresa: coste, experiencia o plataforma. Indica cuáles son a día de hoy y cuáles serán a cuatro o cinco años vista. Así podrás sopesar el modelo de negocio actual de tu compañía y al que puede aspirar, así como los tipos de valor y de relaciones que pretendes ofrecer a tus clientes.

A continuación, debes reparar en los quince modelos de negocio que te hemos presentado y calificarlos en una escala del 0 al 10, donde el 10 significa una «amenaza grave e inminente». Después tienes que hacer una lista con las disrupciones actuales y potenciales que amenazan a tu negocio. Esta parte del ejercicio suele salir mejor si se hace en grupo porque, al contar con diferentes puntos de vista, pueden detectarse más vulnerabilidades potenciales, sobre todo en lo que respecta a competidores no convencionales. Este proceso suele dar pie a interesantes debates en los talleres que impartimos.

Por último, y en base a todo ello, debes determinar qué estrategias defensivas (cosecha o repliegue) y ofensivas (disrupción u ocupación) utilizarás. De nuevo, esto dará mejor resultado si se hace en un pequeño grupo en el que tus compañeros y tú podáis ponderar los diferentes enfoques y complementar visiones sobre todo lo que cada estrategia podría comportar. Todo este proceso de diagnóstico puede repetirse en cada una de las líneas de negocio de tu compañía (de hecho, sería buena idea porque lo normal es que la disrupción no afecte a todos los aspectos del negocio por igual).

La segunda herramienta es el diagnóstico de la agilidad empresarial digital, que recoge el contenido de la segunda parte del libro y pone a examen las cualidades subyacentes a las capacidades de la agilidad empresarial digital, empezando por las de la hiperconciencia. Debes calificar en una escala del 0 al 10 (donde el 10 significa «muy fuerte») las conciencias conductual y situacional de tu empresa, teniendo en cuenta tanto a tus trabajadores como a los clientes, el entorno del negocio y el entorno en el que opera. Repite este proceso para evaluar las subcapacidades que conforman la toma de decisiones informada y la rapidez en la ejecución.

Cabe decir que las notas de la mayoría de las empresas no son del todo buenas. Si bien es cierto que el listón de estas vanguardistas prácticas es bastante alto, resulta revelador el hecho de que muy pocas empresas sepan realmente lo que hacen o saben sus empleados, ni conozcan el comportamiento de sus clientes o el estado de sus activos físicos. Es hasta desalentador darse cuenta del poco empeño que pone la mayoría de las grandes empresas por asegurarse de tomar buenas decisiones o de cuán ajenos son para la media de empresas de hoy día conceptos como «procesos dinámicos». Lo bueno (y malo) es que, llegados a este punto de nuestro estudio, hemos podido concluir que la mayoría de las grandes empresas muestran pocos indicios de agilidad digital.

Así que este ejercicio podría enfocarse a visualizar un futuro deseado, en lugar de calificar las capacidades actuales. Te proponemos, pues, que identifiques aquellas áreas en las que te gustaría cambiar, así como esos posibles «facilitadores digitales» (personas, procesos y tecnología) y que los ordenes por prioridad. Una vez hayas analizado todo esto, ya habrás dado un primer paso crítico en tu camino hacia la transformación digital de vuestra empresa.

El camino que hay por delante

La disrupción digital plantea muchas e inquietantes preguntas, más de las que nos gustaría resolver en este libro. Así que ahora solo abordaremos algunos de los temas que consideramos más importantes, como las repercusiones que tendrá a largo plazo para los gerentes y las compañías que lideran. Ya hemos visto cómo los disruptores están desplazando a muchas de las empresas que estaban asentadas, mediante tecnologías y modelos de negocio innovadores que han revolucionado el valor para los clientes en muchos aspectos. También hemos hecho hincapié en que la disrupción no se produce solamente en el mercado, sino que también tiene lugar en el seno de las empresas, en su forma de desempeñar el trabajo.

¿Pero qué hay del *management*? Tras varios años de relativamente poca innovación al respecto, la estructura de gestión empresarial parece estar siendo sometida a un renovado escrutinio y viendo nacer una nueva mentalidad. Las empresas están dando un paso atrás para replantearse una pregunta tan amplia como qué significa ser gerente.

En un mundo en el que el trabajo se reinventa y el talento se redistribuye de forma dinámica mediante los mecanismos del mercado y conforme se presentan las nuevas oportunidades, el papel del gerente cambiará radicalmente. En lugar de supervisar el trabajo de sus subordinados durante un prolongado período de tiempo, el director o gerente deberá orquestar el cambiante mix de colaboradores que van incorporándose o abandonando los proyectos de los que es responsable, lo cual implica gestionar a más personas y a diferentes tipos de colaboradores, como contratistas o proveedores de la «nube de talento» de la compañía, durante períodos de tiempo más breves.

Los disruptores digitales están a la vanguardia de la innovación en la gestión de empresas, sobre todo porque necesitan encontrar maneras de escalar sus operaciones sin tener que cargar con grandes plantillas ni con procesos enrevesados, algo que consideran más bien una desventaja. Así, se han convertido en laboratorios de nuevas fórmulas de personal y de estrategias de gestión innovadoras.

Zappos, uno de los *e-commerce* de zapatos y accesorios líder del mercado, cambió recientemente toda su organización a un modelo de gestión conocido como *holocracia*. En el modelo holocrático, la autoridad y la toma de decisiones se distribuyen entre los equipos autoorganizados en vez de aplicar la jerarquía de gestión tradicional[1]. No hay cargos ni jefes. El consejero delegado, Tony Hsieh creía en este modelo hasta tal punto que ofreció un paquete de indemnizaciones para los empleados que no quisieran aplicarlo (el 14 % aceptó la oferta y abandonó la empresa)[2]. Según los últimos informes, generó cierta agitación en la empresa, y aún está por ver el éxito del experimento[3]. Sin embargo, Hsieh está dispuesto a intentarlo porque, si al final resulta que la holocracia es un éxito, Zappos habrá ganado ventaja competitiva, a la vez que habrá aumentado su agilidad y se habrá liberado de la necesidad de recurrir al costoso talento en gestión.

Otras empresas, como la compañía de *software* Basecamp, el productor de tomates Morning Star o el fabricante textil Gore-Tex, han implementado nuevas estructuras de gestión como, por ejemplo, la organización reticular, los organigramas horizontales o la autogestión[4]. Las estructuras de gestión y modelos de liderazgo de nueva generación serán el objeto de los futuros estudios del Centro DBT. A medida que las empresas cambien a enfoques más dinámicos de recursos y procesos, las cadenas de mando, hasta ahora mayoritariamente estáticas y jerárquicas, se parecerán más a una red y permitirán una configuración de recursos más flexible, así como efectos de plataforma entre sus colaboradores. También esperamos que aumente considerablemente el apoyo a la labor de directivos y mandos intermedios con analíticas ubicuas. En resumidas cuentas, esperamos ver más «ciencia de gestión» en la propia gestión.

¿Y las empresas que emplean a estos gerentes? ¿Qué pasa con ellas? La disrupción digital no solo está descomponiendo las industrias, sino que también las corporaciones, poniendo en tela de juicio hasta el motivo de la existencia de las empresas. En 1937, Ronald Coase sentó los fundamentos de la teoría de la gestión con su famoso trabajo «La naturaleza de la empresa». Decía que la razón por la que empezaron a existir las empresas es porque esta organización resultaba más rentable de cara a los costes de transacción[5]. Los emprendedores y gerentes querían evitarse tener que establecer un nuevo proceso cada vez que necesitaran crear un nuevo aparato o venderlo al cliente. Sin embargo, en el vórtice digital los costes de transacción no dejan de bajar. Hay más transparencia entre compradores y vendedores, el coste de cambiar de proveedor cada vez es más bajo, hay menos barreras de entrada para los innovadores y también menos fricción a la hora comerciar.

También hemos establecido el precepto de que, a las compañías que aspiran a explotar la disrupción, lo que debe importarles es el valor, no la cadena de valor. Por tanto, no pueden seguir dándole importancia a eso, sino a desarrollar y perfeccionar las capacidades que les permitan crear los valores de coste, experiencia y plataforma de la forma más directa que les sea posible. Además, a medida que las cadenas de valor pierden importancia, la posesión de los activos que las componen (fábricas, almacenes, centros de llamadas, flotas de vehículos) se convierten, de hecho, en una desventaja competitiva. ¿Y si una empresa pudiera expandir su negocio de forma casi ilimitada sin tener que hacerse grande ella misma? Dado que lo digital está separado de lo físico, las empresas que, aunque no posean activos puedan operar a escala, estarán preparadas para crear disrupción.

¿Hasta dónde llegará todo esto? Ethereum, disruptor suizo, ofrece una plataforma, una moneda virtual y un lenguaje de programación con el potencial de automatizar las transacciones entre contrapartes (compradores y vendedores) creando «dinero programable»[6]. Descrito a veces como el *bitcoin* 2.0, la tecnología está llevando a la cadena de bloques a cotas más altas, facilitando la creación de los «contratos inteligentes» (reglas de transacción programables que pueden funcionar de forma autónoma, sin necesidad de que intermedie un tercero de confianza, como pueda ser un banco)[7]. Algunos creen que este enfoque algún día podría dar lugar a una «organización autónoma descentralizada» (DAO, por sus siglas en inglés), que elimine prácticamente todos los procesos manuales inherentes a los negocios de hoy en día (es decir, que la compañía se gobierne a sí misma). Según el portavoz de Ethereum, Stephan Tual, con esto «puedes tener una máquina que negocie todos sus contratos financieros, por ejemplo. Podría ganar dinero por ti, si así lo decidieras. También podrías cederle el control una vez que diera comienzo un contrato, y ello seguiría funcionando solo. Así, tendrías una máquina que ganaría dinero por sí misma. Una máquina que se haría más rica. Podría llegar a ser incluso quien contrate a los seres humanos[8]». El cofundador de Ethereum, Vitalik Buterin, dice que su objetivo es establecer esta tecnología como una «plataforma fundadora de todo[9]».

Si llevamos esto al extremo, no solo cabría imaginar una empresa gobernada por robots o por algoritmos que se vigilaran mutuamente al estilo cadena de bloques, sino también una descentralización extrema de la actividad económica en general, un mundo sin corporaciones dirigidas por humanos, ni físicas ni tan siquiera virtuales: una era poscorporativa. Como explicó en 2015 el entonces director tecnológico de Ethereum, en un artículo de blog sobre la evolución de los modelos de código abierto y su amplia aplicación económica, «la programación de *software* era lo primero que había que descentralizar [...]. [Con Ethereum] todos los aspectos de los servicios irán por el mismo camino. La idea de una organización o corporación rígida se esfumará[10]».

Esta realidad es aún una perspectiva distante e incierta. Pero, si algo hemos aprendido de nuestro estudio de la dinámica del vórtice digital es que el ritmo del cambio del mercado es exponencial, y que no ha de confundirse lo incierto con lo imposible. El panorama que visualiza Ethereum (y otros, como empresas afines de capital riesgo, gigantes de la industria tecnológica e instituciones financieras multinacionales, que llevan millones invertidos en esta tecnología) representa la madre de todas las disrupciones combinatorias, pues alcanza niveles de valores de coste, experiencia y plataforma verdaderamente revolucionarios. Es difícil conciliar un futuro así con los conceptos de intercambio comercial y competencia que nos son familiares –una economía que se rija por la automatización, las analíticas y la conexión–.

El bueno, el feo y el malo

Sabemos que no hay escapatoria a esta realidad ni al demoledor cambio que la disrupción digital provocará en el funcionamiento de las empresas. También hemos tratado de mantenernos neutrales ante algunos temas controvertidos como, por ejemplo, las consecuencias que tendrá para el conjunto de la economía y para la clase trabajadora, así como los conflictos de privacidad que tendrán lugar cuando el trabajo y el comercio se digitalicen. Pero se debe a que ahora nos estamos centrando en la competitividad particular de cada empresa, más que en las repercusiones que pueda tener para la sociedad en general. No interpretes nuestra neutralidad como indiferencia ante estas consecuencias, especialmente las relativas al trabajador medio[11]. Que un *software* pueda «escribir» un artículo deportivo sin que apenas se note que no lo ha escrito un periodista humano[12], o que una impresora 3D pueda construir un edificio de apartamentos sin obreros[13], augura verdaderos riesgos para el empleo que no deberíamos subestimar.

Acepta que la disrupción digital es real y que no hay vuelta atrás en un futuro cercano, por mucho que se derrumben los disruptores que ahora lo dominan todo[14]. Y es que, como ya hemos recalcado anteriormente, lo que importa no es el disruptor en sí, sino la disrupción que provoca.

Pero ¿cómo es posible que se estén produciendo estas tendencias aparentemente contradictorias, por un lado, la consolidación de la cuota de mercado y la concentración de la riqueza y, por otro, la disrupción y la pérdida de posición competitiva? ¿Cómo puede ser que no haya suficiente competencia[15] y que a la vez estemos asistiendo a un nivel de la misma sin precedentes?

Muchas de las grandes empresas tradicionales tienen las mejores defensas (como dice el consejero delegado de JP Morgan Chase, Jamie Dimon, sus balances son una «fortaleza»[16]) y las están sabiendo aprovechar, pues están haciendo acopio de su tesorería[17], desplegando sus legiones de abogados y de grupos de presión, y exprimiendo a proveedores y clientes para demorar o evitar que les bajen de sus pedestales.

Sin embargo, estas defensas pueden no resultar tan sólidas como antes, como ya hemos insinuado. Presionar a los clientes con precios más altos o darles un servicio de mala calidad es un claro llamamiento a la disrupción. Y si bien es habitual especular sobre las perspectivas de las *startups* en un escenario en el que el dinero fácil se está agotando, las empresas tradicionales también están aprovechando este acceso fácil al capital que permite que muchos agentes de bajo rendimiento enmascaren o demoren su declive competitivo.

Las grandes empresas pueden adaptarse al vórtice digital y algunas prosperarán. Las que se decidan a ocupar las vacantes del valor y apliquen para ello disrupciones combinatorias sostenibles, cosecharán grandes éxitos y estarán en condiciones de conservar su puesto como líderes del mercado. El dato que mejor predice la vulnerabilidad, según el estudio del Centro DBT, no es el tamaño de la compañía ni su cuota de mercado, sino en qué medida crea valor para el cliente y cuán ágil es para ofrecérselo.

¿Qué es lo que hace girar al vórtice digital? O, dicho de otro modo, ¿por qué está ocurriendo esto y a quién atañe? La respuesta a todos los efectos es que todas las necesidades insatisfechas del mercado y de la sociedad pueden abordarse con medios digitales. Aunque maximizar los beneficios, brindar mayores comodidades y proporcionar nuevas fuentes de entretenimiento a los usuarios han tenido algo que ver en la atracción de la inversión privada, estos factores no explican por qué han surgido los disruptores digitales.

Muchas de las fuerzas que han impulsado este cambio son en realidad más básicas: en el caso de los consumidores, la posibilidad de obtener más por menos; en el de las instituciones, hacer que los servicios públicos, como la sanidad, la energía o la educación sean más asequibles y efectivos. El ingenio humano y el deseo de alcanzar una vida mejor son el motor del vórtice digital.

Y la digitalización ha «cumplido» en muchos sentidos, aunque no sin algunas desventajas, claro. Puede que los economistas centren sus debates en los beneficios que las tecnologías digitales han aportado a la productividad[18], pero este debate a veces oculta el enorme valor que los clientes (particulares y empresas) perciben con cada aprendizaje, conexión, venta o compra, sobre todo cuando también entran en juego los modelos de negocio digitales.

Por ejemplo, en cuanto a nuestra lucha contra el cambio climático, podemos afirmar que la disrupción digital es nuestra mayor esperanza. Cuando los mecanismos tradicionales del mercado, los líderes políticos y los intentos por modificar los hábitos fracasan, la disrupción digital se presenta como una oportunidad para generar escala y acelerar el progreso de nuestra lucha en ámbitos como las energías alternativas, el transporte inteligente y las eficiencias de consumo. Quizá por eso los directivos de nuestra encuesta creen que los efectos de la disrupción son positivos en general (cuadro C2): el 75 % afirmó que la disrupción digital es una forma de progreso que nos lleva por el camino correcto. Casi el mismo porcentaje afirmó que el beneficio último para los clientes no es tanto en su calidad de clientes, sino como seres humanos. En este mismo sentido, dos tercios creen también que el individuo ha adquirido más poder.

Aunque tendrá consecuencias negativas para algunas empresas, y quizá para industrias enteras tal y como están constituidas, la disrupción digital puede ser muy positiva para el conjunto en un sentido práctico. La opinión que reflejan los directivos de nuestra encuesta sobre la disrupción digital podría considerarse como una reivindicación contemporánea de la trillada observación del economista Joseph Schumpeter, de que el capitalismo es «destrucción creadora» que destruye ininterrumpidamente el orden económico antiguo y da lugar a nuevas fuentes de creación de riqueza[19]. Cabe mencionar también que nuestros encuestados son directivos de grandes y medianas empresas del sector privado, no son cargos gubernamentales ni líderes sindicales.

Cuadro C2. Opiniones de los directivos acerca de la disrupción digital

| Pregunta | Respuesta de la encuesta: Encuestados que están «algo» o «muy» de acuerdo con las siguientes afirmaciones. |

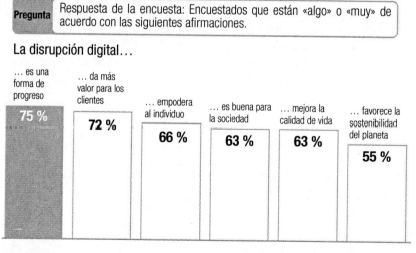

La disrupción digital...

... es una forma de progreso — 75 %

... da más valor para los clientes — 72 %

... empodera al individuo — 66 %

... es buena para la sociedad — 63 %

... mejora la calidad de vida — 63 %

... favorece la sostenibilidad del planeta — 55 %

Fuente: Global Center for Digital Business Transformation (DBT), 2015

Sería muy ingenuo por nuestra parte afirmar que la disrupción digital no causa daños colaterales en la economía. Las empresas más asentadas de las industrias peligran y se ven abocadas a renquear o bien a aceptar la derrota y ser historia. Profesiones enteras se ven amenazadas por la automatización, la inteligencia artificial y la desintermediación. El prestigio de los países crece y decrece según responda su fortuna ante el cambio digital. De nosotros depende –como empresas, gobiernos y ciudadanos– mitigar el impacto negativo y tender una mano amiga a los damnificados.

Sin embargo, hay que observar estas turbulencias desde un punto de vista equitativo y tener en cuenta todas las fuentes de valor (coste, experiencia y plataforma) que, antes de la era digital, eran inimaginables. El ahorro personal, la comodidad, más oportunidades de aprender y de compartir ideas, y aumentar la sostenibilidad son solo unas de las fuentes de valor que estamos pudiendo experimentar a nivel colectivo. Cuando todas ellas se combinen tendrán un potencial de beneficios impresionante. Quizá eso explique que los líderes empresariales vean con optimismo la disrupción digital en general, a pesar de que sean conscientes de que su propia empresa lleve las de perder.

Tú decides tu futuro

En principio, la lógica del vórtice digital podría parecer fatalista: una vez nos absorbe, quedamos sometidos a sus leyes de cambio y competencia. Sin embargo, lo único inevitable es el hecho de que la digitalización se siga intensificando en las empresas y en nuestras vidas. En casi ningún ámbito hay pruebas de que esta tendencia se vaya a revertir. Lo que no es inevitable es cómo nos afectará como empresarios, empleados y ciudadanos.

El futuro que se extiende ante nosotros en el vórtice digital no es utópico ni distópico. Estamos viendo algunos indicios de dinámica de «vencedor absoluto» en la competencia que conduce a la consolidación del liderazgo y de la riqueza. También, la creciente digitalización del comercio y de la interacción humana parece hacer peligrar nuestra privacidad y seguridad. Sin embargo, el vórtice digital no va de controlar, sino de brindar opciones y empoderar. En lo que respecta a las empresas, la agilidad empresarial digital les ayuda a trazar y transitar su propio camino. En cuanto a nosotros, como ciudadanos, la disrupción digital significa que podremos prescindir de muchos de los patrones económicos y sociales que han regido el capitalismo durante milenios, gracias a las conexiones *peer-to-peer*, librándonos de las limitaciones del acceso a la información, físicas, de estatus socioeconómico y de la presión de los estereotipos.

Khan Academy es una organización sin ánimo de lucro que provee contenido educativo gratuito (valor de coste) a estudiantes de cualquier parte. Su misión es facilitar «una educación gratuita y de calidad para todo el mundo y en cualquier parte[20]». La organización ya cuenta con más de 30 millones de alumnos y sus contenidos, que se han visualizado más de 580 millones de veces y que abordan temario de primaria y secundaria y más, se han traducido a unos cuarenta idiomas (valor de la experiencia)[21]. Khan Academy utiliza vídeos de YouTube para alcanzar audiencias sin recursos y desconectadas –alumnos sin acceso a la educación o que necesitan clases particulares (valor de plataforma). Khan Academy también proporciona herramientas y recursos *online* con licencia Creative Commons y aplicaciones de código abierto a más de un millón de educadores registrados, muchos de los cuales trabajan en sistemas educativos con bajos presupuestos.

El modelo de Khan Academy representa una disrupción combinatoria global, una que no produce daños colaterales, sino solo vencedores. Ellos han elegido aprovechar las bondades de la disrupción digital para crear el futuro que desean. Sigamos su ejemplo.

ANEXO A: METODOLOGÍA PARA EL VÓRTICE DIGITAL

Datos sobre la encuesta

En abril de 2015, el Centro DBT llevó a cabo una encuesta anónima a través de internet para hacerse una idea del estado de la disrupción digital. En ella participaron 941 líderes empresariales de todo el mundo. Las características de la base de encuestados y de sus organizaciones se describen en el cuadro A1 de la siguiente página.

Metodología para la clasificación de los sectores

Para clasificar los sectores, el Centro DBT combinó los datos de terceros con los de la encuesta. Para evaluar la vulnerabilidad a la disrupción digital de cada sector, se ha seguido la siguiente metodología.

Paso 1: Identificar los indicadores de la vulnerabilidad a disrupción digital

Para analizar la vulnerabilidad a la disrupción digital de cada sector, comenzamos por identificar los indicadores clave de la misma, los cuales se describen en el cuadro A2.

El Centro DBT considera que estos son los indicadores que mejor determinan la vulnerabilidad a la disrupción digital de cada sector porque responden las siguientes preguntas:

- ¿Dónde están concentrando sus apuestas los inversores?

- ¿Cuántas empresas están trabajando por revolucionar sectores con el uso de tecnologías digitales?

- ¿Cuándo y en qué medida se espera que la disrupción digital vaya a hacer su incursión en un sector?

- ¿Qué modelos de negocio utilizarán los disruptores digitales para atacar el sector, y cuáles son sus probabilidades de éxito?

- ¿Qué grado de disrupción cabe esperar por parte de estos disruptores digitales en el sector?

Cuadro A1. Datos sobre la encuesta

Empresa encuestada, por la ubicación de su sede	Estados Unidos
	China
	Reino Unido
	India
	Brasil
	Canadá
	Italia
	Alemania
	Francia
	México
	Rusia
	Australia
	Japón
Empresa encuestada, por sector	Bienes de consumo y manufactura
	Servicios financieros
	Venta minorista
	Productos y servicios tecnológicos
	Salud
	Telecomunicaciones
	Educación
	Turismo
	Farmacéutica
	Ocio y entretenimiento
	Petróleo y gas
	Servicios públicos

Empresa encuestada, por ingresos anuales	Menos de 50 M $
	50 M $ < 100 M $
	100 M $ < 500 M $
	500 M $ < 1000 M $
	1000 M $ < 5000 M $
	5000 M $ < 10 000 M $
	10 000 M $ o más
Cargos y funciones de los encuestados	Cargo ejecutivo (por ejemplo, consejero delegado, CIO, vicepresidente sénior, vicepresidente, director
	Tecnología de la información (TI)
	Gerente
	Finanzas
	Manufactura, Suministro, Logística
	Ventas
	Marketing
	Atención al cliente
	Recursos humanos
	Dpto. Jurídico, Gestión de riesgos, Conformidad
	Investigación y Desarrollo
	Otros
	Compras

Fuente: Global Center for Digital Business Transformation (DBT), 2015

Cuadro A2. Indicadores de la vulnerabilidad a la disrupción digital

Inversión	El grado de inversión en empresas que utilizan tecnologías digitales para revolucionar sectores. Indica dónde están concentrando sus apuestas los inversores y dónde creen que los disruptores digitales tendrán más oportunidades de impulsar el valor económico.
Tiempo	El plazo de tiempo hasta que se considere que la disrupción digital ha causado un impacto significativo en un determinado sector, así como el ritmo del cambio que va a impulsar en dicho sector.

Medios	Barreras de entrada que los disruptores digitales deben superar para acceder a un sector, y los medios disruptivos (por ejemplo, modelos de negocio) a su alcance para superarlas.
Impacto	El alcance que tendrá la disrupción (por ejemplo, en la cuota de mercado de las empresas del sector) y el grado de amenaza que los disruptores representan para la existencia del sector.

Fuente: Global Center for Digital Business Transformation (DBT), 2015

Paso 2: Cuantificar los indicadores de la vulnerabilidad a la disrupción digital

Una vez definidos los indicadores de la vulnerabilidad a la disrupción digital, lo siguiente es identificar las métricas específicas para cuantificarlos. Tras haber analizado docenas de posibles métricas, nos decidimos por las que se enumeran a continuación. Dado que estas métricas procedían de diferentes fuentes y estaban en diferentes unidades, las hemos traducido a puntuaciones típicas. Para los indicadores en los que se ha utilizado más de una métrica, hemos establecido una media. El último paso ha sido calcular la puntuación típica acumulativa para cada indicador de vulnerabilidad (cuadro A3, en la siguiente página).

Cuadro A3. Métricas utilizadas para cuantificar la vulnerabilidad a la disrupción digital en cada sector

Métrica	Indicador	Definición
Capital riesgo en la disrupción digital	Inversión	Número de empresas financiadas con capital riesgo y valoradas en 1000 millones de dólares o más por sector a abril de 2015[1].
Años hasta la disrupción digital	Tiempo	Número de años que se prevé que pasarán hasta que el sector empiece a notar el impacto de la disrupción digital, previsión del sector[2].

Alcance del ritmo exponencial de la disrupción digital	Tiempo	Porcentaje de directivos del sector que esperan que durante los próximos cinco años la disrupción digital en sus sectores será exponencial (es decir, que el cambio se producirá cada vez con mayor celeridad)[2].
Modelos disruptivos probables	Medios	De los cinco modelos de negocio digitales disruptivos probados en la encuesta, indica cuántos de ellos creen los directivos que probablemente afectarán a sus sectores en los próximos cinco años[2].
Barreras de entrada para los disruptores digitales	Medios	Porcentaje de directivos de cada sector que creen que los disruptores digitales deben superar barreras de entrada «inexistentes», «muy bajas» o «bajas»[2].
Desplazamiento de los líderes del mercado	Impacto	Mide cuántas de entre las 10 principales empresas, por cuota de mercado, de un sector se espera que perderán sus posiciones debido a los disruptores digitales en los próximos cinco años[2].
Riesgo de ser expulsado del mercado	Impacto	Porcentaje de encuestados, por sector, que creen que la disrupción digital aumenta «algo» o «significativamente» el riesgo de ser expulsados del mercado en los próximos cinco años[2].

Fuentes: 1) *The Wall Street Journal,* abril de 2015; 2) Encuesta del Global Center for Digital Business Transformation (DBT), abril de 2015

Paso 3: Calcular el *ranking* del sector sobre el potencial de disrupción digital

En cada sector, se han sumado las puntuaciones típicas acumulativas de cada indicador para obtener una puntuación típica acumulativa por sector. Son las puntuaciones con las que se ha obtenido la clasificación de los sectores, la cual mostramos en el cuadro A4.

Cuadro A4. Sectores clasificados según su vulnerabilidad a la disrupción digital

Productos y servicios tecnológicos	1
Ocio y entretenimiento	2
Venta minorista	3
Servicios financieros	4
Telecomunicaciones	5
Educación	6
Turismo	7
Bienes de consumo y manufactura	8
Salud	9
Servicios públicos	10
Petróleo y gas	11
Farmacéutica	12

Fuente: Global Center for Digital Business Transformation (DBT), 2015

Paso 4: Análisis de patrones

Las puntuaciones calculadas en el paso 3 iluminan más allá del nivel sector. El orden y agrupación de los sectores delatan algunos patrones clave sobre cómo es probable que suceda la disrupción digital tanto dentro de un sector como entre ellos. El Centro DBT utilizó la puntuación y los datos subyacentes para conformar el análisis profundo de los patrones de disrupción digital entre sectores y el análisis del vórtice digital en el que se centra este libro.

ANEXO B: DIAGNÓSTICO DE DISRUPCIÓN DIGITAL

En la siguiente página encontrarás nuestra ficha para el diagnóstico de disrupción digital (también disponible más grande, en formato PDF, gratuita y en inglés, desde digitalvortex.com).

Rellena la ficha para tu empresa:

1. Indica los tipos de valor que respaldan la posición competitiva actual de vuestra empresa. Añade ejemplos.

2. Revisa los quince modelos de negocio y evalúa en qué medida representan una amenaza en una escala del 0 al 10, donde 10 significa «amenaza grave e inminente». Añade ejemplos.

3. En adelante, según las principales amenazas que has identificado en el punto anterior, ¿con qué tipos de valor tendrás que competir en 4-5 años? Añade ejemplos.

4. Identifica las estrategias defensivas y ofensivas que tendrás que aplicar para llegar al futuro deseado. Añade ejemplos.

5. Comparte la ficha con tus compañeros en pequeños grupos.

Puede que tengas que repetir el proceso para cada línea de negocio.

Cuadro 1. Ficha de diagnóstico de disrupción digital

	Vuestros generadores de valor Ejemplos Ahora 4-5 años	¿Qué modelos de negocio suponen una amenaza ahora? De 0 a 10 Ejemplos	Vuestra réplica estratégica Ejemplos
Valor de coste		• Coste cero/Muy bajo • Compra colectiva • Transparencia de precios • Subasta invertida • Pago por consumo	Cosecha
Valor de la experiencia		• Autonomía del cliente • Personalización • Gratificación inmediata • Fricción reducida • Automatización	Repliegue Disrupción
Valor de la plataforma		• Ecosistema • *Crowdsourcing* • Comunidades • *Marketplace* digital • Orquestador de datos	Ocupación

Fuente: Global Center for Digital Business Transformation (DBT), 2016

ANEXO C: DIAGNÓSTICO DE LA AGILIDAD EMPRESARIAL DIGITAL

En la siguiente página encontrarás nuestra ficha para obtener el diagnóstico de la agilidad digital de tu empresa (también disponible más grande en formato PDF, gratuita y en inglés, desde digitalvortex.com). Rellena la ficha para tu empresa:

1. Evalúa vuestras capacidades actuales en una escala del 0 al 10, donde el 10 significa «muy fuerte».

2. Identifica las oportunidades para mejorar y desarrollar cada capacidad. Añade ejemplos.

3. Identifica las tecnologías digitales, herramientas o aplicaciones que pueden facilitaros el desarrollo de cada capacidad, en base a lo que has aprendido con *Digital Vortex*.

Puede que tengas que repetir el proceso para las diferentes líneas de negocio.

Cuadro 1. Ficha de diagnóstico de la agilidad empresarial digital

	AED – Capacidad específica	Área de foco	Capacidades actuales (0-10)	Oportunidades para desarrollarlas	Facilitadores digitales
Hipercon-ciencia	Conciencia conductual	Trabajadores			
		Clientes			
	Conciencia situacional	Entorno operativo			
		Entorno empresarial			
Toma de decisiones informada	Decisiones inclusivas	Diversidad de opiniones			
		Entorno inclusivo			

	Decisiones optimizadas	Analíticas ubicuas			
		Decisiones rápidas/ automati- zadas			
Repidez en la ejecución	Recursos dinámicos	Talento ágil			
		Tecnología ágil			
	Procesos dinámicos	Capacita- ción rápida			
		Intervención rápida			

Fuente: Global Center for Digital Business Transformation (DBT), 2016

NOTAS

Introducción

1   Joel Barbier, Joseph Bradley y Doug Handler, «Embracing the Internet of Everything to Capture Your Share of $14.4 Trillion» Cisco Consulting Services, 2013, http://www.cisco.com/c/dam/en_us/about/ac79/docs/innov/IoE_Economy.pdf. También puedes consultar «Internet of Everything: a $4.6 Trillion Public-Sector Opportunity», Cisco Consulting Services, 2013, http://www.cisco.com/c/dam/en_us/services/portfolio/consultingservices/documents/internet-of-everything-public-sector-white-paper.pdf.

2   No pretendemos hacer distinción entre tipos de innovación (como por ejemplo los conceptos de innovación sostenible versus disruptiva que postuló Clayton Christensen). Para nosotros, la disrupción es el efecto que causa en la competencia. Es decir, que cualquier cosa que provoque un cambio rápido y significativo en el panorama competitivo puede calificarse como disruptivo. Así de simple, de modo que, si las tecnologías y modelos de negocio digitales se emplean para tal fin, entonces se está produciendo una disrupción digital. Por tanto, nuestro objetivo es llegar a conocer estos modelos de negocio, así como las capacidades de las empresas que han generado disrupción digital, con el fin de extrapolar ese aprendizaje y aplicarlo al contexto de una empresa tradicional del mercado.

Capítulo 1: La disrupción en el vórtice digital

1   «Short Messaging Services versus Instant Messaging: Value versus Volume», Deloitte, 2014, http://deloitte.com/content/dam/Deloitte/au/Documents/technology-media telecommunicatirthons/deloitte-au-tmt-short-messaging-services-versus-instant-messaging-011014.pdf.

2   Sarah Frier, «Facebook's $22 Billion WhatsApp Deal Buys $10 Million in Sales», Bloomberg, 24 de octubre de 2014, http://bloomberg.com/news/articles/2014-10-28/facebooks-22-billion-whatsapp-deal-buys-10-million-in-sales.

3   De hecho, el propio WhatsApp está padeciendo también la disrupción con la aparición de una nueva serie de empresas con grandes ambiciones y pudientes bolsillos. La plataforma iMessage, de Apple, y WeChat, del gigante chino Tencent, ya le están arrebatando buena parte del tráfico global de mensajería y voz.

4   Erik Heinrich, «Telecom Firms Face $386 Billion in Lost Revenue to Skype, WhatsApp», Fortune, 23 de junio de 2014, http://fortune.com/2014/06/23/telecom-companies-count-386-billion-inlost-revenue-to-skype-whatsapp-others/.

5   Liyan Chen, Ryan Mac y Brian Solomon, «Alibaba Claims Title for Largest Global IPO Ever with Extra Share Sales», Forbes, 22 de septiembre de 2014, http://forbes.com/sites/ryanmac/2014/09/22/alibaba-claims-title-for-largest-global-ipo-ever-withextra-share-sales/#450bb5f97c26

6   «The Unicorn List: Current Private Companies Valued at $1B And Above», CB Insights, 31 de marzo de 2016, http://cbinsights.com/research-unicorn-companies.

7   Ihidem.

8   Esto es cierto para un tipo particular de vórtice, conocido como vórtice irrotacional. Cada tipo de vórtice tiene diferentes características, para saber un poco más sobre cómo funcionan podéis consultar: wikipedia.org/w/index.php?title=Vortex&oldid=706651597, 5 de abril de 2016.

9   El Centro DBT no es el único que percibe lo profundo y acelerado que está siendo

el grado de disrupción, sobre todo en los sectores que consideramos más cercanos al centro del vórtice digital. El último análisis de Citi reveló, con respecto a las industrias discográfica, de alquiler de vídeo, de viajes y de la prensa, que «de media, la transformación de sus modelos de negocio, de físico a digital, está ya al 44 % tras más de 10 años. Además, la disrupción digital ha ido acelerándose con el tiempo –y ganando cuota de mercado gradualmente (en torno al 1,6 % anual) hasta que alcanzó un punto de inflexión, hacia el cuarto año, a partir del cual el índice se aceleró a más del 6 % anual». Datos extraídos de «Digital Disruption: How Fintech Is Forcing Banking to a Tipping Point», *Citi Global Perspectives & Solutions,* marzo de 2016 https://www.nist.gov/sites/default/files/documents/2016/09/15/citi_rfi_response.pdf.

10   John Greenbough, «10 Million Self-driving Cars Will Be on the Road by 2020», *Business Insider,* 29 de julio de 2015, http://businessinsider.com/report-10-million-self-driving-cars-will-be-on-theroad-by-2020-2015-5-6-

11   Paul Gao *et al.,* «Disruptive Trends that will Transform the Auto Industry», *McKinsey &Company,* enero de 2016, http://mckinsey.com/industries/high-tech/our-insights/disruptive-trendsthat-will-transform-the-auto-industry.

12   Michele Bertoncello y Dominik Wee, «Ten Ways Autonomous Driving Could Redefine the Automotive World», *McKinsey & Company,* junio de 2015, http://mckinsey.com/industries/automotiveand-assembly/our-insights/ten-ways-autonomous-driving-could-redefine-the-automotiveworld

13   Jenny Stanton, «Drone Delivery is Here! China's Largest Mail Firm to Deliver More than 1,000 Packages a Day to Remote Areas Using Fleet of Aircraft», *Daily Mail,* 24 de marzo de 2015, http://dailymail.co.uk/news/peoplesdaily/article-3009593/Drone-delivery-China-s-largest-mail-firmdeliver-1-000-packages-DAY-remote-areas-using-fleet-aircraft.html.

14   Nick Bilton, «Disruptions: How Driverless Cars Could Reshape Cities», *New York Times,* 7 de julio de 2013, http://bits.blogs.nytimes.com/2013/07/07/disruptions-how-driverless-cars-couldreshape-cities/?_r=0.

15   Wendy Koch, «Self-Driving 'Robocabs' Could Help Curb Global Warming», *National Geographic,* 6 de julio de 2015, http://news.nationalgeographic.com/energy/2015/07/150706-driverlessrobot-taxis-could-curb-global-warming/.

16   Bob Morris, «Clayton M. Christensen: An Interview by Bob Morris», *Blogging on Business* (blog), 9 de junio de 2011, http://bobmorris.biz/clayton-b-christensen-a-book-review-by-bob-morris.

17   Ainsley O'Connell, «Pluralsight Continues Its Acquisition Spree, Dropping S36 Million On Code School», *Fast Company,* 27 de enero de 2015, http://fastcompany.com/3041515/fastfeed/pluralsight-continues-its-acquisition-spree-dropping-36-million-on-code-school.

18   «Interbrand Releases 2015 Best Global Brands Report», *Interbrand,* 4 de octubre de 2015, http://interbrand.com/newsroom/interbrand-releases-2015-best-global-brands-report/.

19   Trefis Team, «Q2 2015 U.S. Banking Review: Total Deposits», *Forbes,* 1 de septiembre de 2015, http://forbes.com/sites/greatspeculations/2015/09/01/q2-2015-u-s-banking-review-totaldeposits/#7282b2081e7d.

20   Charles Riggs, «15 Years Online!», *Wells Fargo Guided by History* (blog), 17 de mayo de 2010, http://blogs.wf.com/guidedbyhistory/2010/05/15-years-online/.

21   Charles Riggs, «Wells Fargo: 20 Years of Internet Banking», *Wells Fargo Guided by History* (blog), 18 de mayo de 2015, http://blogs.wf.com/guidedbyhistory/2015/05/internet-20-years/.

22   Greg Edwards, «Big Banks Report Steady Increases in Mobile Banking», *St. Louis Business Journal,* 27 de enero de 2015, http://bizjournals.com/stlouis/blog/2015/01/big-banks-reportsteady-increases-in-mobile.html.

23   El fabricante de equipamiento deportivo Under Armour compró MyFitnessPal en 2015 para llevar a cabo parte de su estrategia digital que consiste en ofrecer prendas dotadas de sensores, capaces de rastrear el movimiento y los biorritmos. «Under Armour Turns Ambitions to Electronic Apparel Monitoring Apps», *Wall Street Journal*, 27 de febrero de 2015. En línea: www.sj.com/articles/under-armour-looks-to-get-you-wired-with-its-apparel-1425061081.

24   Parmy Olson, «Under Armour Buys Health-Tracking App MyFitnessPal for $475 Million», *Forbes*, 4 de febrero de 2015, http://forbes.com/sites/parmyolson/2015/02/04/myfitnesspalacquisition-under-armour/#65f8fce04db6.

25   Alyson Shontell, «Snapchat is a Lot Bigger than People Realize and It Could Be Nearing 200 Million Active Users», *Business Insider*, 3 de enero de 2015, http://businessinsider.com/snapchats-monthly-active-users-may-be-nearing-200-million-2014-12.

26   Jerin Mathew, «Snapchat Raises $537.6m via Common Stock Sale at $16bn Valuation», *International Business Times*, 30 de mayo de 2015, http://ibtimes.co.uk/snapchat-raises-537-6m-via-common-stock-sale-16bn-valuation-1503598.

27   Geoffrey Moore, *Crossing the Chasm, Marketing and Selling High-Tech Products to Mainstream Customer*, HarperBusiness, 1991, Nueva York.

28   Weixin Zha and Stefan Nicola, «German Solar Records May Keep Traders Busy on Weekends», *Bloomberg*, 15 de abril de 2015, http://bloomberg.com/news/articles/2015-04-15/germanpower-grid-expects-a-season-of-record-solar-output.

29   Scott McCullough, «Report: Renewables Met 57 % of Scotland's Electricity Demand in 2015», *Daily Record*, 31 de marzo de 2016, http://heraldscotland.com/news/14395942.Half_of_Scotland_s_energy_consumption_came_from_renewables_last_year/.

30   Alex Davies, «Elon Musk's Grand Plan to Power the World with Batteries», *Wired*, 1 de mayo de 2015, http://wired.com/2015/05/tesla-batteries/.

31   Ray Kurzweil, «The Law of Accelerating Returns», *Kurzweil Accelerating Intelligence* (blog), 7 de marzo de 2001, http://kurzweilai.net/the-law-of-accelerating-returns

32   Matthew S. Olson y Derek van Bever, *Stall Points: Most Companies Stop Growing - Yours Doesn't Have To*, Yale University Press, 2008, New Haven.

33   «The Problem with Profits», *Economist*, 26 de marzo 2016, http://economist.com/news/leaders/21695392-big-firms-united-states-have-never-had-it-so-goodtime-more-competition-problem.

34   No todos los observadores son tan optimistas en sus predicciones de crecimiento. Por ejemplo, echa un vistazo al libro de Robert J. Gordon, The Rise and Fall of American Growth: The U.S. Standard of Living Since the Civil War, (Princeton: Princeton University Press, 2016).

35   «World Economic Outlook: A Survey by the Staff of the International Monetary Fund», *International Monetary Fund*, octubre de 2015, imf.org/external/pubs/ft/weo/2015/02/pdf/text.pdf.

36   Richard Dobbs et al., «The New Global Competition for Corporate Profits», McKinsey Global Institute, septiembre de 2015, http://mckinsey.com/business-functions/strategy-and-corporatefinance/our-insights/the-new-global-competition-for-corporate-profits.

37   *Ibidem.*

Capítulo 2: Valor y modelos de negocio digitales

1   Alexander Osterwalder y Yves Pigneur, *Business Model Generation*, 2010, p. 14.

2   Por «cliente» no nos referimos exclusivamente a *consumidores*. Los disruptores utilizan los valores de coste, experiencia y plataforma para proporcionar ofertas atractivas tanto para empresas como para consumidores particulares. De hecho, muchos de los disruptores más destacados de los que hablaremos en este libro han conseguido sus mejores cifras en el ámbito

B2B. El negocio principal de Google, por ejemplo, es B2B y supone un tercio de los ingresos en publicidad digital a nivel mundial (67 millones de dólares); en cuanto a Apple, su vertiente B2B llegó a sumar los 25 000 millones de dólares en 2015. Otros muchos disruptores también tienen en su punto de mira a industrias específicas de B2B, como la logística, la manufactura y la energía. Fuentes: Kris Carlon, «Google Makes One Third of All Global Online Ad Revenue, But There's Trouble Ahead», *Android Authority*, 18 de marzo de 2016, https://www.androidauthority.com/google-makes-one-third-global-online-ad-revenue-680883/ y Daisuke Wakabayashi, «Apple's Business-Related Revenue Hits $25 Billion», *Wall Street Journal*, 29 de septiembre de 2015, https://www.wsj.com/articles/apples-business-related-revenue-hits-25-billion-1443548280

3   Howard Lock y James Macaulay, «Hospitality Business Models Confront the Future of Meetings», *Cornell Hospitality Industry Perspectives*, 4 (2010): 6-15. 1 de junio de 2010, http://scholarship.sha.cornell.edu/chrindper/4/.

4   Christopher Heine, «In a World of Constantly Deleted Apps, This Mobile Player Uses Cash to Keep Folks Coming Back», *AdWeek*, 19 de febrero de 20115, http://adweek.com/news/technology/world-constantly-deleted-apps-mobile-player-uses-cash-keepfolks-coming-back-163025.

5   Konrad Putzier, «Who Will Be the Airbnb of Office Space?», *The Real Deal*, 2 de Julio de 2015, http://therealdeal.com/2015/07/02/who-will-be-the-airbnb-of-office-space/.

6   J.B. Wood, Todd Hewlin y Thomas Lah, *B4B: How Technology and Big Data Are Reinventing the Customer-Supplier Relationship* (n.p.: Point B Incorporated, 2013), pp. 70-71.

7   Alex Derber, «No Afterthought: Rolls-Royce and the Aftermarket», *MRO Network*, 19 de Julio de 2013, http://mro-network.com/analysis/2013/07/no-afterthought-rolls-royce-and-after-market/1345.

8   «Disrupting Banking: The FinTech Startups That Are Unbundling Wells Fargo, Citi and Bank of America», *CB Insights*, 18 de noviembre 2015, http://cbinsights.com/blog/disrupting-banking-FinTech-startups/.

9   Joseph M. Bradley et al., «The Advice Advantage: How Banks Can Close the 'Value Gap'and Regain Customer Trust», *Cisco Systems*, febrero de 2015, http://connectedfuturesmag.com/Research_Analysis/docs/ioe-financial-services-white-paper.pdf.

10 Netflix es un ejemplo perfecto de cómo aportar valor a la experiencia del cliente, aunque el valor de coste también es parte de su atractivo. El cliente paga menos porque solo paga por lo que quiere ver.

11 Los quince modelos de negocio que presentamos aquí no pretenden ser exhaustivos ni describir todas y cada una de las formas imaginables en las que una empresa puede competir, sino ilustrar modelos que le permitan aportar un nuevo valor y hacerse más competitiva. Por ejemplo, tener un producto de «la mejor calidad» o con «el mejor diseño» —como sábanas con el mejor tejido, la carne más jugosa o el coche más elegante— puede que sean factores críticos en la decisión de compra, pero no están tan ligados a la disrupción digital como tal.

12 Joseph Bradley et al., «Winning the New Digital Consumer with Hyper-Relevance», *Cisco Systems*, enero de 2015, http://cisco.com/c/dam/en/us/solutions/collateral/executiveperspectives/ioe-retail-whitepaper.pdf.

13 Hannah Yankelevich, «Big Data: Nordstrom's Innovation and Investment for the Future», Center for Digital Strategies at the Tuck School of Business (blog), 4 de febrero de 2013, http://digitalstrategies.tuck.dartmouth.edu/about/blog/detail/big-data-nordstroms-innovation-andinvestment-for-the-future.

14 Meredith Bauer, «The Hottest Trend in 3D Printing: Shoes on Demand» *Sydney Morning Herald*, 5 de febrero de 2016, http://www.smh.com.au/technology/

innovation/the-hottest-trend-in-3d-printing-could-change-the-way-you-buy-running-shoes-20160204-gml-bzp.html.

15   Yan Deng, «How Instacart's Pricing Changes Impact Retailers», *Viewpoints* (blog), 9 de febrero de 2016, http://supermarketnews.com/blog/how-insta-carts-pricing-changes-impactretailers.

16   Sara Ashley O'Brien, «Thousands Are Bypassing the Post Office with This App», *CNNMoney*, 5 de mayo de 2015, http://money.cnn.com/2015/04/21/technology/shyp-series-b/.

17   Seth Fiegerman, «Google Becomes a Rival to Amazon to Deliver Your Fresh Fruits and Veggies», *Mashable*, 8 de septiembre de 2015, http://mashable.com/2015/09/08/google-express-freshgroceries/#uL8CdTIHoSqN.

18   Adrian Gonzalez, «Amazon's 3D Printing Patent: The Quixotic Quest for Instant Delivery?», *LinkedIn Pulse* (blog), 5 de marzo de 2015, http://linkedin.com/pulse/amazons-3d-printing-patentquixotic-quest-instant-adrian-gonzalez.

19   «Ask Alexa», Amazon, 11 de abril de 2016, http://amazon.com/gp/help/customer/display.html?nodeId=201549800.

20   «Grocery Click+Collect», Tesco, 1 de abril de 2016, http://tesco.com/collect/.

21   http://liquidnet.com, 20 de mayo de 2016.

22   *Ibidem.*

23   Mike Gault, «Forget Bitcoin – What Is the Blockchain and Why Should You Care?», *Recode*, 5 de julio de 2015, http://recode.net/2015/07/05/forget-bitcoin-what-is-the-blockchain-and-why-shouldyou-care/.

24   Laura Shin, «Bitcoin Technology Tested in Trial by 40 Big Banks», *Forbes*, 3 de marzo de 2016, http://forbes.com/sites/laurashin/2016/03/03/bitcoin-technology-tested-in-trial-by-40-bigbanks/#5760b2c3d97a.

25   Aparte del valor de la experiencia, la automatización también aporta un valor de coste considerable. En el caso de Wealthfront, por ejemplo, evita a los clientes los elevados honorarios de un asesor financiero. También aporta valor de coste por la reducción de salarios (permitiendo encontrar la mano de obra más barata posible para realizar una tarea). Pese a su capacidad de generar valor de coste, hemos clasificado la automatización como modelo de valor de la experiencia porque se caracteriza por la simplicidad, eficiencia y comodidad que proporciona.

26   Pero ¿acaso las principales plataformas de hoy en día representan una innovación disruptiva? Es un tema que ha suscitado un gran debate. Este artículo arroja una visión interesante al respecto: Alex Moazed y Nicholas L. Johnson, «Why Clayton Christensen Is Wrong about Uber and Disruptive Innovation», *TechCrunch*, 27 de febrero de 2016, https://techcrunch.com/2016/02/27/why-clayton-christensen-is-wrong-about-uber-and-disruptive-innovation/

27   Thomas R. Eisenmann et al., «Strategies for Two-Sided Markets», *Harvard Business Review* 84, octubre de 2016, http://hbr.org/2006/10/strategies-for-two-sided-markets/ar/1.

28   Un estudio de Citi confirma con datos empíricos la consolidación de la cuota de mercado derivada de la disrupción y concluye que «los segmentos digitales están considerablemente más concentrados que los tradicionales, ya que las 3 empresas principales ostentan aproximadamente el 80 % de la cuota, mientras que en los segmentos físicos las 3 principales se reparten el 45 %». Encontrarás más información en Sandeep Davé, Ashwin Shirvaikar y Dave Baker, «Digital Money: A Pathway to an Experience Economy», Citigroup, enero de 2015, http://www.citibank.com/icg/sa/digital_symposium/digital_money_index/pdf/Digital%20money%20A%20pathway%20to%20an%20Experience%20Economy.pdf

29   Alexa Ray Corriea, «Debate Over Making Money off of Minecraft Leads to Player Outcry, Notch Dismay», *Polygon*, 17 de junio de 2014, http://polygon.com/2014/6/17/5817194/debate-

overmaking-money-off-of-minecraft-
leads-to-player-outcry

30   John Biggs, «A Tiny Computer At-
tracts a Million Tinkerers», *New York Times*, 30 de enero de 2013, http://
nytimes.com/2013/01/31/technology/
personaltech/raspberry-pi-a-computer-
tinkerersdream.html?_r=0.

31   «Join 2,940,000 Engineers with Over
1,260,000 Free CAD Files», GrabCAD
Community, 5 de abril de 2016, http://
grabcad.com/library.

32   Paul Rubens, «What Are Containers
and Why Do You Need Them?», *CIO*,
20 de mayo de 2015, http://cio.com/
article/2924995/enterprise-software/
what-are-containers-and-why-do-
you-needthem.html.

33   Charles Babcock, «Docker: Less Con-
troversy, More Container Adoption In
2015», *InformationWeek*, 26 de enero de
2015, http://informationweek.com/cloud/
platform-as-aservice/docker-less-con-
troversy-more-container-adoption-in-
2015/d/d-id/1318771.

34   Ericka Chickowski, «8 Signs of Docker
Ecosystem Empire-Building» *DevOps.
com*, 30 de marzo de 2015, http://de-
vops.com/2015/03/30/8-signs-of-doc-
ker-ecosystem-empire-building/.

35   Te estarás preguntando «entonces,
¿cuál es la diferencia entre el modelo de
negocio de ecosistemas y el de comunidades?». En el primero, los miembros de
la red utilizan los elementos facilitados
por el dueño del ecosistema para crear
valor para sí mismos. Pueden, por ejemplo, añadir o modificar esos elementos
de tal manera que puedan monetizar
esas mejoras para beneficio propio y
también para el del dueño del ecosistema
(que se queda con una comisión). En las
comunidades, los usuarios de la red son
solo eso, usuarios. Aunque contribuyan
a expandir el alcance de la información
a la que acceden (por ejemplo, con un
retuit), en las comunidades casi nunca
se produce un valor «secundario» (que,
por ejemplo, genere ingresos al usuario).
En general, el potencial de valor añadido en una comunidad es menor que
en el modelo de negocio de ecosistemas. En cuanto a la diferencia entre el
modelo de *crowdsourcing* y las comunidades (aunque ambos podrían utilizar la gamificación, por ejemplo) es que
la creación del valor en el primero proviene de la diversidad de las contribu-
ciones, mientras que en el segundo
todo gira en torno a la eficiencia de la
transmisión.

36   Amy Larocca, «Etsy Wants to Crochet
Its Cake and Eat It Too», *New York*, 4 de
abril de 2016, http://nymag.com/the-
cut/2016/04/etsy-capitalism-c-v-r.html.

37   Harrison Weber, «Etsy Now Has 54M
Members. They Drove $1.93B in Sales Last
Year», *VentureBeat*, 4 de marzo de 2015,
http://venturebeat.com/2015/03/04/
etsys-54m-members-drove-1-93b-in-
sales-last-year/.

38   «The Appy Trucker», *Economist*, 5 de
marzo de 2016, http://economist.com/
news/business/21693946-digital-
help-hand-fragmented-and-often-
inefficient-industry-appy-trucker

39   «Internet of Things in Logistics», *DHL
Trend Research*, 2015, http://dpdhl.com/
content/dam/dpdhl/presse/pdf/2015/
DHLTrendReport_Internet_of_things.pdf.

40   Bernard Marr, «From Farming To Big Data:
The Amazing Story of John Deere»,
Data Science Central (blog), 7 de mayo
de 2015, http://datasciencecentral.com/
profiles/blogs/from-farming-tobig-data-
the-amazing-story-of-john-deere.

41   Hal Varian et al., *The Economics of In-
formation Technology: An Introduction*,
Cambridge University Press, 2004,
Cambridge, p. 4.

42   Wikipedia, «Adyen», *Wikipedia, The Free
Encyclopedia*, 1 de abril de 2016, http://
en.wikipedia.org/wiki/Adyen..

43   Jason Del Rey, «Adyen Is the $2 Billion
Payments Startup You've Never Heard
Of (Unless You're a Payments Nerd)»,
Recode, 14 de enero de 2016, recode.
net/2016/01/14/adyen-is-the-2-billion-
payments-startup-youve-never-heard-
of-unless-youre-a-payments-nerd/.

44 Sramana Mitra, «Billion Dollar Unicorns: Adyen is on a Roll», *One Million by One Million* (blog), 7 de octubre de 2015, http://sramanamitra.com/2015/10/07/billion-dollar-unicorns-adyen-is-on-aroll/.

45 «Accept Apple Pay Online and In-Store», Adyen, 1 de abril de 2016, http://adyen.com/home/payment-network/apple-pay.

46 Lucy England, «Here's Why the Company that Takes Payments for Facebook, AirBnB and Spotify is Worth \$1.5 billion», *Business Insider*, 10 de Julio de 2015, businessinsider.com/adyen-FinTech-unicorn-payments-facebook-airbnb-spotify-wired-money-2015-7?r=UK&IR=T.

47 Wikipedia, «LinkedIn», *Wikipedia, The Free Encyclopedia*, 5 de abril de 2016, http://en.wikipedia.org/w/index.php?title=LinkedIn&oldid=713724958.

48 «Free LinkedIn Account Usage Among Members as of May 2015», *Statista*, 1 de abril de 2016, http://statista.com/statistics/264074/percentage-of-paying-linkedin-users/.

49 Siya Raj Purohit, «How LinkedIn Knows What Jobs You Are Interested In», *Udacity.com* (blog), 21 de mayo de 2014, blog.udacity.com/2014/05/how-linkedin-knows-what-jobs-you-are.html.

50 «LinkedIn Announces Fourth Quarter and Full Year 2015 Results», LinkedIn, 4 de febrero de 2016, http://press.linkedin.com/site-resources/news-releases/2016/linkedin-announces-fourthquarter-and-full-year-2015-results.

51 «2 Million LinkedIn Groups», *Slideshare* (infographic), 20 de Agosto de 2013, https://www.theguardian.com/music/2015/may/28/how-the-compact-disc-lost-its-shine slideshare.net/linkedin/linked-in-groups-2013-infographic.

52 John Nemo, «LinkedIn Just Made a Savvy Business Move and Nobody Noticed», *Inc.*, 26 de abril de 2016, http://inc.com/john-nemo/linkedin-just-made-a-savvy-business-move-and-nobodynoticed.html?cid=cp01002fastco.

53 Más información en Geoffrey G. Parker, Marshall W. Van Alstyne y Sangeet Paul Choudary, *Platform Revolution: How Networked Markets Are Transforming the Economy and How to Make Them Work for You* (New York: W.W. Norton & Company, 2016).

Capítulo 3: Vampiros y vacantes del valor

1 Pero hay que analizar el mercado cuidadosamente para tener la certeza de que la entrada del vampiro fue la causa principal de dicha caída, y no un mero complemento.

2 Dorian Lynskey, «How the Compact Disc Lost its Shine», *The Guardian*, 28 de mayo de 2015, http://theguardian.com/music/2015/may/28/how-the-compact-disc-lost-its-shine.

3 Neil Strauss, «Pennies that Add Up to \$16.98: Why CDs Cost So Much», *New York Times*, 5 de julio de 1995, http://nytimes.com/1995/07/05/arts/pennies-that-add-up-to-16.98-why-cd-s-cost-somuch.html.

4 Lynskey, «How the Compact Disc», 28 de mayo de 2016, https://www.theguardian.com/music/2015/may/28/how-the-compact-disc-lost-its-shine.

5 «Why does the RIAA Hate Torrent Sites So Much?», *Music Business Worldwide*, 6 de diciembre de 2014, http://musicbusinessworldwide.com/why-does-the-riaa-hate-torrent-sites-so-much/.

6 «IFPI Digital Music Report 2015,» IFPI, 2015, http://ifpi.org/downloads/Digital-Music-Report-2015.pdf.

7 Aunque en aquel momento la ética de lo ocurrido era un claro objeto de debate, los internautas se iban acostumbrando a consumir gratuitamente contenido por el que tradicionalmente tenían que pagar, como periódicos y revistas.

8 Don Dodge, «Napster – The Inside Story and Lessons for Entrepreneurs», *Don Dodge on The Next Big Thing* (blog), 3 de octubre de 2005, http://dondodge.typepad.com/the_next_big_thing/2005/10/napster_the_ins.html

9 «Internet Growth Statistics», *Internet World Statistics*, 5 de abril de 2016, http://internetworldstats.com/emarketing.htm

10 Maya Kosoff, «ClassPass, a Startup That Gym Rats and Investors Love, Is

Now a $400 Million Company», *Business Insider*, 6 de mayo de 2015, http://businessinsider.com/classpass-400-million-valuation-2015-5.

11   Antonia Farzan, «Here's How Often You Have to Work Out to Make a ClassPass Membership Worth It», *Business Insider*, 6 de julio de 2015, businessinsider.com/classpass-worthit-2015-6.

12   Jenna Wortham, «ClassPass and the Joy and Guilt of the Digital Middleman Economy», *New York Times Magazine*, 9 de marzo de 2015, http://nytimes.com/2015/03/05/magazine/classpassand-the-joy-and-guilt-of-the-digital-middleman-economy.html?_r=0.

13   Nathan McAlone, «Hot New York startup ClassPass is Generating $100 Million in Revenue, and It Just Poached a VP from Amazon to Be Its New CTO», *Business Insider*, 17 de marzo de 2016, http://businessinsider.com/classpass-hires-amazons-sam-hall-to-be-new-ctoand-cpo-2016-3.

14   Maya Kosoff, «Some Gym Owners Have Grown Wary of $400 Million Startup ClassPass: "It's the Groupon of Exercise Studios"», *Business Insider*, 19 de mayo de 2015, http://businessinsider.com/how-classpass-wants-to-help-studio-owners-2015-5.

15   Este modelo de negocio también está causando un efecto dominó en otros mercados. Más ejemplos en Laura Entis, «Meet Cups, the ClassPass of Coffee Shops», *Entrepreneur*, 3 de septiembre de 2015, entrepreneur.com/article/250183

16   Brad Tuttle, «Everything You Need To Know About Amazon's New Rival Jet.com», *Money*, 20 de julio de 2015, http://time.com/money/3964742/jet-com-compare-amazon-costco/.

17   Leena Rao, «Jet.com, the Online Shopping Upstart, Drops Membership Fee», *Fortune*, 7 de octubre de 2015, http://fortune.com/2015/10/07/online-shopping-jet-com/.

18   Rolfe Winkler, «Frenzy Around Shopping Site Jet.com Harks Back to Dot-Com Boom», *Wall Street Journal*, 19 de julio de 2015, http://wsj.com/articles/frenzy-around-shopping-site-jet-comharks-back-to-dot-com-boom-1437359430.

19   «How Jet Works: How to Get JetCash», Jet, 5 de abril de 2016, http://jet.com/how-jetworks/how-to-get-jetcash.

20   Michael E. Porter, *Competitive Strategy: Techniques for Analyzing Industries and Competitors*, The Free Press, 1998, New York, pp. 35-38.

21   Teresa Novellino, «To Catch Amazon, Jet.com Needs to Fuel Up, Find Niches», *New York Business Journal*, 30 de julio 2015 http://bizjournals.com/newyork/news/2015/07/30/to-catcha-mazon-jet-com-needs-to-fuel-up-find.html.

22   John Kell, «This Amazon Killer Is in Talks for a $3 Billion Valuation», *Fortune*, 20 de julio de 2015, http://fortune.com/2015/07/20/amazon-killer-3billion-valuation-jet/.

23   Paula Rosenblum, «Jet.com: The Top Ten Things You Should Know», *Forbes*, 5 de Agosto de 2015, http://forbes.com/sites/paularosenblum/2015/08/05/jet-com-the-top-ten-things-you-shouldknow/3/#5667b0ac6a3d.

24   Nick Huang, «Global Logistics Industry Outlook», 28 de enero de 2014, *BusinessVibes*, http://businessvibes.com/blog/report-global-logistics-industry-outlook.

25   Erica E. Phillips, «Startups Compete for Freight Forwarding as They Wade Into Global Shipping», *Wall Street Journal*, July 17, 2015, http://wsj.com/articles/startups-compete-for-travelagents-for-cargo-mantle-as-they-wade-into-freight-forwarding-1437167723

26   Sam Whelan, «Hi-tech Newcomer Shakes Up the Adhoc Freight Sector by Cutting 30% Off Logistics Costs», *The Loadstar*, 3 de marzo de 2016, theloadstar.co.uk/high-tech-newcomershakes-adhoc-freight-sector-cutting-30-off-logistics-costs/.

27   Transfix, otra *startup* de la industria logística que ya mencionamos en el capítulo 2, utiliza un modelo de negocio similar

para conectar a camioneros y sus camiones vacíos con las mercancías que tienen que transportarse. La plataforma se queda con una comisión del 10 %, mucho más baja que la que cobran las compañías tradicionales. Fuente: «The Appy Trucker», *Economist,* 5 de marzo de 2016, economist.com/news/business/21693946-digitalhelp-hand-fragmented-and-often-inefficient-industry-appy-trucker.

28 Mark W. Johnson, *Seizing the White Space: Business Model Innovation for Growth and Renewal,* Harvard Business Review Press, 2010, Boston.

29 Rita Gunther McGrath, *The End of Competitive Advantage: How to Keep Your Strategy Moving As Fast As Your Business,* Harvard Business Review Press, 2013, Boston, p. xvi.

30 W. Chan Kim and Renée Mauborgne, *Blue Ocean Strategy: How to Create Uncontested Market Space and Make the Competition Irrelevant,* Harvard Business Review Press, 2005, Boston, p. 49.

31 *Ibidem,* p. 204.

32 Es incluso mejor cuando consigues convencer a tus clientes para que financien tu carrera hacia la vacante del valor. En el lanzamiento de su Model 3 (que sumaría un mercado masivo a su línea existente de coches eléctricos), Tesla recibió casi 400 000 pedidos anticipados 10 días antes de mostrar el producto. Teniendo en cuenta que cada pedido era un depósito de 1 000 $, consiguieron un anticipo que invertir de 400 millones de dólares libres de impuestos, y un conducto para alcanzar 14 000 millones de dólares en ventas, a pesar de que muchos clientes no recibirían sus coches hasta finales de 2020. Fuente: Katie Fehrenbacher, «Tesla's Model 3 Reservations Rise to Almost 400,000», *Fortune,* 15 de abril de 2016, fortune.com/2016/04/15/tesla-model-3-reservations-400000.

33 Brandon Griggs y Todd Leopold, «How iTunes Changed Music, and the World», *CNN,* 26 de abril 2013, http://cnn.com/2013/04/26/tech/web/itunes-10th-anniversary/.

34 Steven Tweedie, «Apple Announces Apple Music, Its New Music Streaming App», *Business Insider,* 8 de junio de 2015, businessinsider.com/apple-announces-new-apple-musicstreaming-app-2015-6.

35 Christina Rogers, Mike Ramsey and Daisuke Wakabayashi, «Apple Hires Auto Industry Veterans», *Wall Street Journal,* 20 de julio de 2015, http://wsj.com/articles/apple-hires-auto-industrymanufacturing-veteran-1437430826.

36 Bruce Brown y Scott Anthony, «How P&G Tripled Its Innovation Success Rate», *Harvard Business Review,* junio de 2011, http://hbr.org/2011/06/how-pg-tripled-its-innovation-success-rate.

37 Drew Harwell, «Gillette's Lawsuit Could Tilt the Battle for America's Beards», *Washington Post,* 18 de diciembre de 2015, http://washingtonpost.com/news/business/wp/2015/12/18/gillettes-lawsuit-could-tilt-the-battle-fora-mericas-beards/.

38 «Blades», Dollar Shave Club, 6 de abril de 2016, dollarshaveclub.com/blades.

39 Rolf Winkler, «Dollar Shave Club Is Valued at $615 Million», *Wall Street Journal,* 21 de junio de 2015, http://blogs.wsj.com/digits/2015/06/21/dollar-shave-club-valued-at-615-million/.

40 Jack Neff, «Dollar Shave Club Claims to Top Schick as No. 2 Razor Cartridge», *Advertising Age,* 8 de septiembre de 2015, http://adage.com/article/cmo-strategy/dollar-shave-club-claims-topschick-2-men-s-razor/300247/.

41 Serena Ng y Paul Ziobro, «Razor Sales Move Online, Away From Gillette», *Wall Street Journal,* 23 de junio de 2015, http://wsj.com/articles/SB121473356003703337639045810 58081668712042.

42 Ari Levy, «Shaving Wars Pit Tech Start-ups against Gillette» *CNBC,* 8 de abril de 2015, http://cnbc.com/2015/04/08/s-pit-tech-start-ups-against-gillette.html

43 Matthew Barry, «A Changing Environment for Online Shaving Clubs in the US», *Euromonitor International* (blog), 21 de febrero de 2016, http://blog.euromonitor.

com/2016/02/achanging-environment-for-online-shaving-clubs-in-the-us.html.

44   Otro detalle de su respuesta estratégica es que P&G ha presentado una demanda contra Dollar Shave Club: Paul Ziobro and Anne Steele, «P&G's Gillette Sues Dollar Shave Club», *Wall Street Journal*, 17 de diciembre de 2015, wsj.com/articles/p-gs-gillette-sues-dollar-shave-club-1450371180.

45   Steve Millward, «WeChat Still Unstoppable, Grows to 697m Active Users», *Tech in Asia*, 17 de marzo de 2016, http://techinasia.com/wechat-697-million-monthly-active-users.

46   Juro Osawa, «Tencent's WeChat App to Offer Personal Loans in Minutes», *Wall Street Journal*, 11 de septiembre de 2015, http://wsj.com/articles/tencent-to-add-personal-loan-feature-towechat-app-1441952556?mod=e2tw.

47   Devin Leonard y Rick Clough, «How GE Exorcised the Ghost of Jack Welch to Become a 124-Year-Old Startup», *Bloomberg Businessweek*, 17 de marzo de 2016, http://bloomberg.com/news/articles/2016-03-17/how-ge-exorcised-the-ghost-of-jack-welch-tobecome-a-124-year-old-startup.

48   Reuters, «GE Has Been Busy Selling Off Its Non-core Assets», *Fortune*, 30 de marzo de 2016, http://fortune.com/2016/03/30/general-electric-selling-assets/.

49   Ted Mann y Laurie Burkitt, «GE Deal Gives China's Haier Long-Sought Overseas Foothold», *Wall Street Journal*, 15 de enero de 2016, http://wsj.com/articles/ge-deal-gives-chinashaier-long-sought-overseas-foothold-1452904339.

50   «Form 10-K 2015», GE, 2015, http://ge.com/ar2015/assets/pdf/GE_2015_Form_10K.pdf.

51   Ed Crooks, «General Electric: Post-Industrial Revolution», *Financial Times*, 12 de enero de 2016, http://ft.com/intl/cms/s/0/81bec2c0-b847-11e5-b151-8e15c9a029fb.html#axzz3yGmPePd5.

52   Kristin Kloberdanz, «GE's Got a Ticket to Ride: How the Cloud Will Take Trains into a New Era», *manufacturing.net* (publicidad), 6 de abril de 2016, http://

manufacturing.net/news/2016/04/ges-got-ticket-ride-how-cloud-will-take-trains-new-era.

53   *Ibidem.*

54   Tomas Kellner, «The Power Of Predix: An Inside Look at How Pitney Bowes Is Using the Industrial Internet Platform», *GE Reports*, 24 de febrero de 2016, gereports.com/the-power-ofpredix-an-inside-look-at-how-pitney-bowes-has-been-using-the-industrial-internet-platform/.

55   Gavin E. Crooks, General Electric.

Capítulo 4: Alternativas estratégicas para las empresas

1   «Q4 15 Letter to Shareholders», Netflix, 19 de enero 2016, http://files.shareholder.com/downloads/NFLX/1837473908x0x870685/C6213FF9-5498-4084-A0FF-74363CEE35A1/Q4_15_Letter_to_Shareholders_-_COMBINED.pdf.

2   Emily Steel, «Netflix Refines Its DVD Business, Even as Streaming Unit Booms», *New York Times*, 26 de julio de 2015, http://nytimes.com/2015/07/27/business/while-its-streaming-service-boomsnetflix-streamlines-old-business.html?_r=1.

3   James Macaulay et al., «The Digital Manufacturer: Resolving the Service Dilemma», Cisco, noviembre de 2015, http://cisco.com/c/dam/en_us/solutions/industries/manufacturing/thoughtleadership-wp.pdf.

4   Ethan Wolf-Mann, «Vinyl Record Revenues Have Surpassed Free Streaming Services Like Spotify», *Money*, 1 de octubre de 2015, http://time.com/money/4056464/vinyl-records-sales-streamingrevenues/.

5   Jen Wieczner, «Last Big Chunk of GE Capital Sold to Wells Fargo», *Fortune*, 13 de octubre de 2015, fortune.com/2015/10/13/ge-capital-wells-fargo/.

6   «KONE Joins Forces with IBM for IoT Cloud Services and Advanced Analytics Technologies», KONE Corporation, 19 de febrero de 2016, http://kone.com/en/press/press/kone-joinsforces-with-ibm-

for-iot-cloud-services-and-advanced-analytics-technologies-2016-02-19.aspx.

7   Gary Shub et al., «Global Asset Management 2015: Sparking Growth with Go-to-Market Excellence», *BCG Perspectives*, 7 de julio de 2015, http://bcgperspectives.com/content/articles/financial-institutions-global-asset-management-2015-sparking-growth-through-go-to-market-strategy/.

8   Julia Greenberg, «Financial Robo-Advisers Go into Overdrive as Market Rumbles» *Wired*, 27 de agosto de 2015, http://wired.com/2015/08/FinTechs-robo-advisers-go-overdrive-market-rumbles/.

9   Sarah O'Brien, «Will You Trust a Robot to Manage Your Money – When You're 64?» *CNBC*, 2 de junio de 2015, http://cnbc.com/2015/06/02/will-you-trust-a-robot-to-manage-your-money-whenyoure-64.html.

10 «Schwab Intelligent Portfolios», Charles Schwab, 6 de abril de 2016, http://intelligent.schwab.com.

11 «Schwab Posts First Robo Results; Q2 Earnings Beat Estimates», *ThinkAdvisor*, 16 de julio de 2015, http://thinkadvisor.com/2015/07/16/schwab-posts-first-robo-results-q2-earnings-beat-e.

12 Lisa Schidler, «Schwab's Robo Spikes Suddenly To Nearer $5 Billion as 500 RIAs Sign On», *RIABiz*, 27 de octubre de 2015, http://riabiz.com/a/4957939840319488/schwabs-robo-spikessuddenly-to-nearer-5-billion-as-500-rias-sign-on.

13 Alessandra Malito, «Schwab Launches Adviser-facing Robo Service», *Investment News*, 23 de junio de 2015, http://investmentnews.com/article/20150623/FREE/150629976/schwab-launchesadviser-facing-robo-service.

14 Joe Morris, «Schwab Storms into "Robo-Advisor" Sector», *Financial Times*, 30 de octubre de 2014, http://on.ft.com/1UuMKQE.

15 «Who We Are», BlackRock, 6 de abril de 2016, http://blackrock.com/corporate/en-us/aboutus.

16 Leena Rao, «Blackrock Buys a Robo Advisor», *Fortune*, 26 de agosto de 2015, http://fortune.com/2015/08/26/blackrock-robo-advisor-acquisition/.

17 Alessandra Malito, «In the Wake of Blackrock's FutureAdvisor Deal, which Independent Robo-Adviser Will Be Bought Next?», *Investment News*, 27 de agosto 2015, http://investmentnews.com/article/20150827/FREE/150829915/in-the-wake-of-blackrocksfutureadvisor-deal-which-independent-robo.

18 Brooke Southall, «Why BlackRock's Purchase of FutureAdvisor for $152 Million Could Be a Deal of Destiny», *RIABiz*, 2 de septiembre de 2015, http://riabiz.com/a/4949175858888704/whyblackrocks-purchase-of-futureadvisor-for-152-million-could-be-a-deal-of-destiny.

19 «BlackRock to Acquire FutureAdvisor», BlackRock, 26 de agosto de 2015, http://blackrock.com/corporate/en-at/literature/press-release/future-advisor-press-release.pdf,

20 Michael Kitces, «BlackRock Acquires FutureAdvisor for $150M as Yet Another Robo-Advisor Pivots to Become an Advisor», *Nerd's Eye View* (blog), 27 de agosto de 2015, http://kitces.com/blog/blackrock-acquires-futureadvisor-for-150m-as-yet-another-robo-advisorpivots-to-become-an-advisor-FinTech-solution/.

21 «BlackRock Solutions», BlackRock, 6 de abril de 2016, blackrock.com/institutions/enaxj/investment-capabilities-and-solutions/blackrock-solutions.

22 Michael Kitces, «BlackRock Acquires FutureAdvisor», 27 de Agosto de 2015, https://www.kitces.com/blog/blackrock-acquires-futureadvisor-for-150m-asyet-another-robo-advisor-pivots-to-become-an-advisor-fintech-solution/.

23 «Fidelity by the Numbers: Corporate Statistics», Fidelity, 6 de abril de 2016, https://fidelity.com/about-fidelity/fidelity-by-numbers/corporate-statistics.

24 Suleman Din, «Raising $100M, Betterment Sets Itself Apart in Robo Space», *Employee Benefit News*, 29 de marzo de 2016, https://benefitnews.com/

news/raising-100m-betterment-sets-itselfapart-in-robo-space.

25 James J. Green, "Betterment Allies with Fidelity to Launch Betterment Institutional for Advisors," *ThinkAdvisor*, October 15, 2014, thinkadvisor.com/2014/10/15/betterment-allieswith-fidelity-to-launch-betterme

26 «Fidelity Institutional Announces New Collaboration with LearnVest», Fidelity, 6 de abril de 2016, https://fidelity.com/about-fidelity/institutional-investment-management/collaborationwith-learnvest.

27 Liz Moyer, «Northwestern Mutual Is Buying Online Advice Provider LearnVest», *Wall Street Journal*, 25 de marzo de 2015, https://on.wsj.com/1xh64lh.

28 Lawrence Delevingne, «Robo Advisor Betterment Works with Fidelity in RIA Push», *CNBC*, 15 de octubre de 2014, https://cnbc.com/2014/10/15/robo-advisor-betterment-works-with-fidelity-in-riapush.html.

29 Liz Skinner, «Fidelity Institutional Weighs Own Robo Offering», *Investment News*, 2 de diciembre de 2014, investmentnews.com/article/20141202/FREE/141209982/fidelityinstitutional-weighs-own-robo-offering.

30 Ron Lieber, «Fidelity Joins Growing Field of Automated Financial Advice», *New York Times*, 20 de noviembre de 2015, https://nytimes.com/2015/11/21/your-money/fidelity-joins-growing-fieldof-automated-financial-advice.html?_r=0.

31 En septiembre de 2014, iTunes tenía 885 millones de cuentas. Fuente: Yoni Heisler, «Bono Talks 885 Million iTunes Accounts, New Music Format, and 'Haters'», *Engadget,* 22 de septiembre de 2014, https://www.engadget.com/2014/09/22/bono-talks-885-million-itunes-accounts-new-music-format-and-sa/.

32 A octubre de 2015, Apple había vendido más de 400 millones iPods. Fuente: Sam Costello, «This Is the Number of iPods Sold All-Time», *About.com,* 13 de octubre de 2015, ipod.about.com/od/glossary/qt/number-of-ipods-sold.

htm. Hacia el último trimestre de 2015, las ventas de iPhone ascendían a casi 822 millones. Fuente: Evan Niu, «How Many iPhones Has Apple Sold?», *Motley Fool,* 14 de noviembre de 2015, http://fool.com/investing/general/2015/11/14/iphones-sold.aspx?source=isesitlnk0000001.

33 Sarah Perez, «Nielsen: Music Streams Doubled In 2015, Digital Sales Continue To Fall», *TechCrunch,* 7 de enero de 2016, https://techcrunch.com/2016/01/07/nielsen-music-streams-doubledin-2015-digital-sales-continue-to-fall/.

34 Solo el 5 % de los usuarios de Pandora son suscriptores de pago, por ejemplo. Fuente: Trevis Team, «Why the Subscription Business Is Important for Pandora and Where Is It Going?», Forbes, 4 de septiembre de 2015, https://www.forbes.com/sites/greatspeculations/2015/09/04/why-the-subscription-business-is-important-for-pandora-and-where-is-it-going/#4360f2c1542b

35 Paul Resnikoff, «$9.99 Is 'Way Too Expensive' for Streaming Music, Study Finds», *Digital Music News*, 7 enero de 2016, https://digitalmusicnews.com/2016/01/07/9-99-is-way-too-expensivefor-streaming-music-study-finds/.

36 Jeremy Rifkin, *The Zero Marginal Cost Society,* Palgrave Macmillan, 2014, Nueva York.

37 Como ya hemos dicho, esto se debe principalmente a que la mayoría de consumidores ha dejado de comprar música ya que prefieren los servicios de *streaming* gratuitos. Fuente: Ethan Smith, «Music Services Overtake CDs for First Time», *Wall Street Journal,* 14 de abril de 2015, https://www.wsj.com/articles/digital-music-sales-overtake-cds-for-first-time-1429034467

38 Glenn Peoples, «PwC's Music Biz Forecast for the Next Four Years? More of the Same, Despite Looming Changes», *Billboard*, 2 de junio 2015, https://billboard.com/articles/business/6583239/pwcs-music-biz-forecast-for-the-next-four-yearsmore-of-the-same-despite.

39 Chris Taylor, «Apple's Business Model Is Backwards – And It Works Like Crazy», *Mashable*, 23 de octubre de 2013, https://mashable.com/2013/10/23/apple-free-software-expensivehardware/#8mVXX0gECsqg.

40 *Ibidem.*

41 Matt Asay, «Thinking about the iPod as a Razor, Not a Blade», *CNET*, 4 de agosto de 2007, https://cnet.com/news/thinking-about-the-ipod-as-a-razor-not-a-blade/.

42 Andrew Tonner, «Apple's Services Segment: It's Bigger Than You Might Think», *Motley Fool*, 7 de septiembre de 2015, https://fool.com/investing/general/2015/09/07/apples-services-segmentits-bigger-than-you-might.aspx.

43 Christine Moorman, «Why Apple Is a Great Marketer», *Forbes*, 10 de julio de 2012, https://forbes.com/sites/christinemoorman/2012/07/10/why-apple-is-a-greatmarketer/#404bb9be6cb0.

44 Siguen disminuyendo los ingresos de la industria a nivel global. Tras el pico de 28.600 millones de dólares en 1999 la cifra ha caído por debajo de los 15 000 millones en 2015, y las ventas de música digital (descargas y *streaming*) a 6850 millones de dólares. *Recording Industry in Numbers 2015,* International Federation of the Phonographic Industry (IFPI) http://www.ifpi.org/news/IFPI-publishes-Recording-Industry-in-Numbers-2015.

45 40 «Introducing Apple Music – All The Ways You Love Music. All in One Place», Apple, 8 de junio de 2015, https://apple.com/pr/library/2015/06/08Introducing-Apple-Music-All-The-Ways-You-Love-Music-All-in-One-Place-.html?sr=hotnews.rss.

46 41 Micah Singleton, «Spotify Hits 30 Million Subscribers», *The Verge*, 21 de marzo de 2016, https://theverge.com/2016/3/21/11220398/spotify-hits-30-million-subscribers.

47 42 Corey Fedde, «Apple Music Hits 11 Million Subscribers: Why Spotify Isn't Worried», *Christian Science Monitor*, 13 de febrero de 2016, https://csmonitor.com/Business/2016/0213/Apple-Music-hits-11-million-subscribers-Why-Spotify-isn-t-worried.

48 Algunos son grandes éxitos de ventas que aceleran la llegada de usuarios a Apple Music y las descargas en iTunes. Fuente: «Apple Music, iTunes Exclusive Album Tops Music Charts», *MacNN*, 16 de febrero de 2016, http://www.macnn.com/articles/16/02/16/rapper.future.hits.top.spot.with.apple.exclusive.release.for.second.time.in.six.months.132571/.

49 43 Mark Hogan, «The 50 Best Playlists on Apple Music», *Vulture*, 1 de octubre de 2015, https://vulture.com/2015/10/50-best-playlists-on-apple-music.html.

50 Ethan Wolf-Mann, «Apple Music Is the "PC" of the Music Streaming World» *Money*, 19 de octubre de 2015, https://time.com/money/4077990/apple-music-not-popular-with-young/.

51 Yoni Heisler, «Apple Music Beats Spotify to the Punch, Will be the First Streaming Service to Feature DJ Mixes», *BGR*, 15 de marzo de 2016, https://bgr.com/2016/03/15/apple-music-mashups-djremixes-streaming/.

52 Julia Greenberg, «Apple Tiptoes Into Original TV with Vice Show on Apple Music», *Wired,* 23 de marzo de 2016, https://wired.com/2016/03/apple-tiptoes-original-tv-vice-show-apple-music/.

53 Roland Banks, «Smartphones Are Changing TV Viewing Habits, Especially among the Younger Generation», *Mobile Industry Review*, 26 de octubre de 2015, https://mobileindustryreview.com/2015/10/smartphones-are-changing-tv-viewing-habits.html.

54 Jennifer Booton, «Pandora's Answer to Spotify and Apple Music Might Be Too Late», *MarketWatch*, 18 de noviembre de 2015, https://marketwatch.com/story/pandoras-apple-music-rivalmight-be-too-late-to-make-a-difference-2015-11-17.

Capítulo 5: La agilidad empresarial digital

1 Más información sobre cómo equilibrar la necesidad de «explorar y explotar» a la vez en Charles O'Reilly III y Michael

Tushman, «Organizational Ambidexterity: Past, Present and Future», *Academy of Management Perspectives* 27, n. º 4 (noviembre de 2013): 324-338, doi: 10.5465/amp.2013.0025

2   Roger L. Martin, «The Big Lie of Strategic Planning», *Harvard Business Review*, enero de 2014, https://hbr.org/2014/01/the-big-lie-of-strategic-planning.

3   En su libro *The Rise and Fall of Strategic Planning* (Auge y caída de la planificación estratégica), Henry Mintzberg distingue entre la estrategia deliberada o reflexiva, un intento de predecir el futuro y planificar en consecuencia, y la estrategia emergente, la capacidad de reaccionar ante los imprevistos. La mayoría de directivos siguen el enfoque de la estrategia deliberada, que hace hincapié en anticipar lo que sucederá en el futuro para saber qué hacer. Este enfoque incita a las empresas a ceñirse a un plan, pese a que se produzcan cambios en su entorno competitivo. Estos cambios son una constante en el caleidoscópico vórtice digital, lo que convierte a la planificación en una quimera. La agilidad empresarial digital, concepto que introducimos en este capítulo, es un conjunto de habilidades que permiten a la empresa ejecutar estrategias emergentes conforme se presentan imprevistos y oportunidades. Henry Mintzberg, *The Rise and Fall of Strategic Planning: Reconceiving Roles for Planning, Plans, Planners* (New York: The Free Press, 1994).

4   No nos referimos a capacidades estáticas o «competencias principales» que confieren una ventaja competitiva como, por ejemplo, tener una cadena de suministro sólida o un «centro de excelencia». Si bien esta clase de competencias, en efecto, dan cierta ventaja, la idea de la agilidad empresarial digital es que las empresas sean capaces de anticiparse a los cambios del mercado y de aportar valor al cliente.

5   Aileen Ionescu-Somers and Albrecht Enders, «How Nestlé Dealt with a Social Media Campaign against It», *Financial Times*, 3 de diciembre de 2012, ft.com/cms/s/0/90dbff8a-3aea-11e2-b3f0-00144feabdc0.html#axzz410kAJtML.

6   James Murray, «Greenpeace Lauds Nestlé and Ferrero Palm Oil Pledges, Slams Others», *GreenBiz*, 7 de marzo de 2016, https://greenbiz.com/article/greenpeace-slams-lack-business-progresspalm-oil-deforestation.

7   «Nestlé and the Digital Acceleration Team Take Social to the Next Level with Socialbakers», Socialbakers, 6 de abril de 2016, https://socialbakers.com/resources/client-stories/nestle/

8   Abbey Klaassen, «Nestlé's Global Program Produces Its Digital Disciple», *Advertising Age*, 13 de octubre de 2014, https://adage.com/article/digital/nestle-s-global-program-produces-digitaldisciples/295359/.

9   «Nestlé and the Digital Acceleration Team», Socialbakers, 6 de abril de 2016, https://socialbakers.com/resources/client-stories/nestle/.

10   Shilpi Choudhury, «How Nestlé Uses Data Visualization for Social Media Monitoring and Engagement», *FusionBrew*, 13 de septiembre de 2015, https://fusioncharts.com/blog/2014/08/how-nestle-uses-data-visualization-for-social-mediamonitoring-and-engagement/.

11   Evelyn L. Kent, «Cognitive Computing: An Evolution in Computing», *KMWorld* 24, n.º 10, noviembre/diciembre de 2015, https://kmworld.com/Articles/News/News-Analysis/Cognitivecomputing-An-evolution-in-computing-107027.aspx.

12   Judith Lamont, PhD, «Text Analytics Broadens Its Reach», *KMWorld* 24, n.º7, julio/agosto de 2015, kmworld.com/Articles/Editorial/Features/Text-analytics-broadens-its-reach-104747.aspx.

13   «At a Glance», Deutsche Post DHL Group, 6 de abril de 2016, https://dpdhl.com/en/about_us/at_a_glance.html.

14   «DHL Invests $108 Million in Its Americas Hub», DHL, 29 de mayo de 2015, https://dhl.com/en/press/releases/releases_2015/group/dhl_invests_108_million_in_its_americas_hub.html.

15 «DHL Successfully Tests Augmented Reality Application in Warehouse», DHL, 26 de enero de 2015, https://dhl.com/en/press/releases/releases_2015/logistics/dhl_successfully_tests_augmented_reality_application_in_warehouse.html.

16 *Ibidem.*

17 Charles Mitchell, Rebecca L. Ray y Bart van Ark, «CEO Challenge 2014», The Conference Board, 2014, https://conference-board.org/retrievefile.cfm?filename=TCB_R-1537-14-RR1.pdf&type=subsite.

18 Brad Power, «How GE Applies Lean Startup Practices», *Harvard Business Review*, 23 de abril de 2014, https://hbr.org/2014/04/how-ge-applies-lean-startup-practices/.

19 Will Knight, «Inside Amazon's Warehouse, Human-Robot Symbiosis», *MIT Technology Review*, 7 de julio de 2015, https://technologyreview.com/s/538601/inside-amazons-warehouse-humanrobot-symbiosis/.

20 «Coffee House Chains Ranked by Number of Stores Worldwide in 2014», Statista, 6 de abril de 2016, https://statista.com/statistics/272900/coffee-house-chains-ranked-bynumber-of-stores-worldwide/.

21 Mark Wilson, «Mobile Orders Will Make Starbucks Coffee More Addictive than Ever», *Fast Company*, 3 de diciembre de 2014, https://fastcodesign.com/3039308/mobile-orders-will-makestarbucks-coffee-more-addictive-than-ever.

22 Taylor Soper, «Mobile Payments Account For 21 % of Transactions at Starbucks ao Coffee Giant Rolls Out New Technology», *GeekWire*, 30 de octubre de 2015, https://geekwire.com/2015/mobilepayments-account-for-21-of-sales-at-starbucks-as-coffee-giant-rolls-out-new-technology/.

23 Natasha Lomas, «Starbucks Mobile Pre-Ordering Goes International with London Launch», *TechCrunch*, 1 de octubre de 2015, https://techcrunch.com/2015/10/01/starbucks-takes-mop-to-london/.

24 Sarah Perez, «Starbucks' Mobile Order & Pay Now Live Nationwide, Delivery Service in Testing by Year-End», *TechCrunch*, 22 de septiembre de 2015, https://techcrunch.com/2015/09/22/starbucks-mobile-order-pay-now-live-nationwide-deliveryservice-in-testing-by-year-end/.

25 «Available in More Than 7,400 Stores and Customers Using the Starbucks App on iOS or Android Devices; International Expansion Coming in October», Starbucks, 22 de septiembre de 2015, https://news.starbucks.com/news/starbucks-mobile-order-pay-now-available-to-customersnationwide.

26 Julia Kowelle, «Starbucks Sales Set to Break $20bn – A Latte for Everyone on Earth», *The Guardian*, 30 de octubre de 2015, https://https//theguardian.com/business/2015/oct/30/starbucks-coffee-salesset-to-break-20bn-a-latte-for-everyone.

27 Tricia Duryee, «Q&A: Starbucks Digital Chief Adam Brotman on Mobile Ordering, Delivery and International Availability», *GeekWire*, 4 de diciembre de 2014, https://geekwire.com/2014/qastarbucks-digital-chief-adam-brotman-mobile-ordering-delivery-international-availability/.

28 Amy Danise, «The Largest Auto Insurance Companies by Market Share», Insure.com, 3 de diciembre de 2015, https://insure.com/car-insurance/largest-auto-insurance-companies-bymarket-share.html.

29 «Insurance Customers Would Consider Buying Insurance from Internet Giants, According to Accenture's Global Research», Accenture, 6 de febrero de 2014, https://newsroom.aooonture.com/subjects/research-surveys/insurance-customers-would-considerbuying-insurance-from-internet-giants-according-to-accentures-global-research.htm.

30 *Ibidem.*

31 «Insurance-Tech Startups Are Invading The Multi-Trillion-Dollar Insurance Industry», *CB Insights*, 5 de junio de 2015, https://cbinsights.com/blog/insurance-tech-startups-investment-growth/.

32 Steven Kauderer, Sean O'Neill y David Whelan, «Why It Pays for P&C insurers to Earn their Customers' Intense Loyalty», *Bain Insights*, 28 de agosto de 2013, https://bain.com/publications/articles/why-it-pays-for-pc-insurers-to-earn-their-customers-intenseloyalty-brief.aspx.

Capítulo 6: Hiperconciencia

1 Un dato respaldado por el estudio de Cisco sobre el valor digital que hay en juego en el sector privado, según el cual, se estima que las conexiones centradas en las personas impulsarán el 64 % del valor futuro (2015-2024), mientras que en el caso de las conexiones máquina-máquina serán del 36 %. Fuente Joel Barbier *et al,* «Where to Begin Your Journey to Digital Value in the Private Sector», Cisco, enero de 2016, connectedfuturesmag.com/Research_Analysis/docs/Private-Sector-Digital-Value-at-Stake.pdf.

2 Charles Coy, «Spotlight on Technology: Let Employees Voice Their Feedback», *Cornerstone on Demand*, 22 de enero de 2014, https://cornerstoneondemand.com/rework/spotlighttechnology-let-employees-voice-their-feedback.

3 Greg Petro, «The Future of Fashion Retailing: The Zara Approach (Part 2 of 3)», *Forbes*, 25 de octubre de 2012, https://forbes.com/sites/gregpetro/2012/10/25/the-future-of-fashion-retailing-thezara-approach-part-2-of-3/#153e9aaa39a0.

4 Chris DeRose and Noel Tichy, «Here's How to Actually Empower Customer Service Employees», *Harvard Business Review*, 1 de julio de 2013, https://hbr.org/2013/07/heres-how-to-actuallyempower-customer.

5 Al hablar de mecanismos de opinión anónima, hay que distinguir los conceptos *confidencial y anónimo*. Muchas empresas proporcionan mecanismos para recibir opiniones de forma confidencial. Utilizan declaraciones de confidencialidad para asegurar a los empleados que no se les identificará en sus respuestas, por ejemplo, con un mínimo de agregación de datos (agregando respuestas de al menos cinco empleados). Sin embargo, hay formas por las que un empleador podría identificar al autor de una opinión, mediante los datos de atributos o los datos de la red. Por eso, esas declaraciones de confidencialidad no suelen llegar a convencer a los empleados de que manifiesten su sincera opinión. Con mecanismos que sean verdaderamente anónimos, los empleadores no podrán saber de quién es cada respuesta, ya que sus procesos y medidas técnicas eliminarían automáticamente cualquier dato que pudiera identificar a la persona. La identificación también se puede evitar con el uso de plataformas de terceros que permitan gestionar los comentarios y almacenar y analizar los datos. Cada vez más, las empresas deberán demostrar a sus empleados que su opinión será completamente anónima, por ejemplo, explicando qué mecanismos técnicos y de seguridad se han implantado para garantizar su anonimato.

6 «Overview», Officevibe, 6 de abril de 2016, https://officevibe.com/employee-engagementsolution.

7 Lisa He, «Google's Secrets of Innovation: Empowering Its Employees», *Forbes*, 29 de marzo, 2013, https://forbes.com/sites/laurahe/2013/03/29/googles-secrets-of-innovation-empowering-itsemployees/#74d93ae7eb39.

8 En honor al simpático personaje de *Buscando a Nemo*.

9 «Enterprise Collaboration: Insights from the Cisco IBSG Horizons Study», Cisco, marzo de 2012

10 Edgar H. Schein, *Humble Inquiry: The Gentle Art of Asking Instead of Telling,* Berrett-Koehler Publishers, 2013, San Francisco, p. 2.

11 El término *trabajador del conocimiento* fue acuñado por Peter Drucker en 1957 cuando observó que «el activo más valioso de cualquier institución del siglo XXI, sea o no una empresa, será

el conocimiento de sus trabajadores y su productividad». Con el tiempo, este segmento de la mano de obra ha ido creciendo y se estima que en 2015 los trabajadores del conocimiento constituían el 44 % de la mano de obra en Estados Unidos. La resolución de problemas no rutinarios, la aplicación del conocimiento tácito, la búsqueda de información, la colaboración y otras tareas cognitivas son las que caracterizan al trabajo del conocimiento, aunque esto no quiere decir que todos los trabajadores del conocimiento se pasen el día sentados. De hecho, muchos trabajos que antaño se definían como físicos, ahora se identifican más con el trabajo del conocimiento. Por ejemplo, en el sector manufacturero, muchos trabajadores de producción de las fábricas a menudo deben estar altamente formados y aplicar su experiencia y habilidades para solucionar problemas no rutinarios. Fuente: Peter Drucker, *Management Challenges for the 21st Century* (Oxford: Butterworth-Heinemann, 1999), p. 116 [*(Los desafíos de la gerencia para el siglo XXI)*, Grupo Editorial Norma (1999), pero no he querido poner esta fuente directamente porque no he tenido acceso a ella, de modo que, técnicamente, no está citada textualmente], y William G. Castellano, *Practices for Engaging the 21st Century Workforce: Challenges of Talent Management in a Changing Workforce* (UpperSaddle River, New Jersey: Financial Times/Prentice Hall, 2014), p. 22.

12 Rawn, «Measuring the Performance of Knowledge Workers», *IDM developerWorks* (blog), 1 de abril de 2006, https://ibm.com/developerworks/community/blogs/rawn/entry/measuring_the_performance_of_knowledge?lang=en.

13 Dave Evans, «The Internet of Things: How the Next Evolution of the Internet is Changing Everything», Cisco, abril de 2011, https://cisco.com/c/dam/en_us/about/ac79/docs/innov/IoT_IBSG_0411FINAL.pdf.

14 Olivia Solon, «Why Your Boss Wants to Track Your Heart Rate at Work», *Bloomberg*, 12 de agosto de 2015, https://bloomberg.com/news/articles/2015-08-12/wearable-biosensors-bringtracking-tech-into-the-workplace.

15 Hannah Kuchler, «Data Pioneers Watching Us Work», *Financial Times*, 17 de febrero de 2014, ft.com/intl/cms/s/2/d56004b0-9581-11e3-9fd6-00144feab-7de.html.

16 Rachel Emma Silverman, «Tracking Sensors Invade the Workplace», *Wall Street Journal*, 7 de marzo de 2013, https://wsj.com/articles/SB100014241278 87324034804578344303429080678.

17 Sue Shellenbarger, «Stop Wasting Everyone's Time», *Wall Street Journal*, 2 de diciembre de 2014, https://wsj.com/articles/how-to-stop-wasting-colleagues-time-1417562658.

18 Según la empresa de investigación y consultoría Trend Watching, «las personas –de cualquier mercado y edad– están formando su propia identidad con más libertad que nunca. Por tanto, no podemos seguir definiendo los patrones de consumo por segmentos demográficos tradicionales como la edad, el género, la ubicación, los ingresos, la clase familiar, etc.». «Post-Demographic Consumerism», Trend Watching, consultado el 6 de abril de 2016, http://trendwatching.com/trends/post-demographic-consumerism/

19 David Nield, «Do You Really Know Everything Your Phone Is Tracking on You?», *TechRadar*, 25 de julio 2015, https://techradar.com/news/phone-and-communications/mobilephones/sensory-overload-how-your-smartphone-is-becoming-part-of-you-1210244.

20 Duncan Graham-Rowe, «A Smartphone that Knows You're Angry», *MIT Technology Review*, 9 de enero de 2012, https://technologyreview.com/s/426 560/a-smart-phone-that-knows-you-reangry/

21 Elizabeth Dwoskin, «Lending Startups Look at Borrowers' Phone Usage to

279

Assess Creditworthiness», *Wall Street Journal*, 30 de noviembre de 2015, https://wsj.com/articles/lendingstartups-look-at-borrowers-phone-usage-to-assess-creditworthiness-1448933308.

22 Tanaya Macheel, «Average Time to Close Mortgages Fell in February: Ellie Mae», *National Mortgage News*, 16 de marzo de 2016, https://nationalmortgagenews.com/news/origination/averagetime-to-close-mortgages-fell-in-february-ellie-mae-1073931-1.html.

23 Parece haber un rebrote de estas prácticas hipotecarias ya que los bancos quieren aumentar sus carteras de crédito. Aunque el análisis de nuestro libro se centra en el sector privado, podemos apreciar también el potencial de hiperconciencia que representa para las organizaciones del sector público, como las entidades reguladoras, para detectar y evitar el fraude. Kirsten Grind, «Remember 'Liar Loans'? Wall Street Pushes a Twist on the Crisis-Era Mortgage», *Wall Street Journal*, 1 de febrero de 2016, https://www.wsj.com/articles/crisis-era-mortgage-attempts-a-comeback-1454372551.

24 Sydney Ember, «See That Billboard? It May See You, Too», *New York Times*, 28 de febrero de 2016, https://nytimes.com/2016/02/29/business/media/see-that-billboard-it-may-see-youtoo.html?ref=technology.

25 *Ibidem.*

26 David Bolton, «Wearables: Triple-Digit Growth in 2015 Signals Increased Interest», *ARC*, 26 de febrero de 2016, arc.applause.com/2016/02/26/wearables-shipments-2015-idc/.

27 Cliff Kuang, «Disney's $1 Billion Bet on a Magical Wristband», *Wired*, 10 de marzo de 2015, https://wired.com/2015/03/disney-magicband/.

28 Christopher Palmeri, «Why Disney Won't Be Taking Magic Wristbands to Its Chinese Park», *Bloomberg*, 10 de enero de 2016, https://bloomberg.com/news/articles/2016-01-10/why-disney-won-t-be-taking-magic-wristbands-to-its-chinese-park.

29 Affectiva, 6 de abril de 2016, https://affectiva.com/.

30 Oliver Nieburg, «Smile for Candy: Hershey Eyes In-Store Excitement with Facial Recognition Sampler», *ConfectionaryNews.com*, 31 de julio de 2015, confectionerynews.com/Manufacturers/Hershey-Smile-Sample-Facial recognition-todispense-chocolate.

31 *Ibidem.*

32 Rob Matheson, «Watch Your Tone: Voice Analytics Software Helps Customer Service Reps Build Better Rapport with Customers», *MIT News*, 20 de enero de 2016, https://news.mit.edu/2016/startup-cogito-voice-analytics-call-centers-ptsd-0120.

33 David Cohen, «How Facebook Manages a 300-Petabyte Data Warehouse, 600 Terabytes per Day», *SocialTimes* (blog), 11 de abril de 2014, adweek.com/socialtimes/orcfile/434041?red=af.

34 En su contexto militar original de combates aéreos, la *conciencia situacional* es la habilidad de observar y entender al enemigo con el fin de anticipar sus movimientos y atacar primero.

35 A veces las conciencias conductual y situacional del entorno empresarial se entremezclan. La primera consiste principalmente en comprender el comportamiento particular del cliente, mientras que la otra se refiere a la capacidad de ver la «foto general» de las tendencias y aprendizajes de la población de clientes. La conciencia conductual del cliente puede contribuir a la conciencia situacional de la compañía al proporcionar los microdatos que den lugar a los macroconocimientos.

36 Jason Del Rey, «How Amazon Tricks You into Thinking It Always Has the Lowest Prices», *Recode*, 14 de enero de 2015, https://recode.net/2015/01/13/how-amazon-tricks-you-into-thinking-italways-has-the-lowest-prices/.

37 Erik Kain, «Amazon Price Check May Be Evil, But It's the Future», *Forbes*, 14 de diciembre de 2011, https://forbes.com/sites/erikkain/2011/12/14/amazon-price-check-may-be-evil-but-its-thefuture/#3fa586la6839.

38 Gregory T. Huang, «Diving Deeper Into Cybersecurity, Recorded Future Reels In $12M», *Xconomy*, 16 de abril de 2015, https://xconomy.com/boston/2015/04/16/diving-deeper-into-cybersecurityrecorded-future-reels-in-12m/#.

39 Alicia Boler-Davis, «How GM Uses Social Media to Improve Cars and Customer Service», *Harvard Business Review*, 12 de febrero de 2016, hbr.org/2016/02/how-gm-uses-social-mediato-improve-cars-and-customer-service.

40 Rob Preston, «GM's Social Media Plan: It's Not About Likes», *Forbes*, 18 de agosto de 2015, https://forbes.com/sites/oracle/2015/08/18/gms-social-media-plan-its-not-aboutlikes/#55a26e4c2eae.

41 Dan Primack, «This Software Startup Is Battling Slavery», *Fortune*, 21 de diciembre de 2015, https://fortune.com/2015/12/21/software-startup-battling-slavery/.

42 *Ibidem*.

43 «FedEx Company Statistics», Statistics Brain, 6 de abril de 2016, https://statisticbrain.com/fedex-company-statistics/.

44 «BP at a Glance», BP, 6 de abril de 2016, https://bp.com/en/global/corporate/about-bp/bp-ata-glance.html

45 Julie Bort, «Cisco Teams Up with Robot Company So It Can Watch Hundreds of Robots on Factory Floors», *Business Insider*, 5 de octubre de 2015, https://businessinsider.com/cisco-fanac-for-iot.

46 «Mining Firm Quadruples Production, with Internet of Everything», Cisco, 2014, cisco.com/c/dam/en_us/solutions/industries/docs/manufacturing/c36-730784-01-dundee.pdf.

47 *Ibidem*.

Capítulo 7: Toma de decisions informada

1 Justin Worland, «Google's Former CEO: Amazon Is Biggest Rival» *Time*, 14 de octubre de 2014, https://time.com/3505713/google-amazon-rivals/.

2 En este capítulo, cuando hablemos de mano de obra y empleados, nos estaremos refiriendo tanto a la plantilla de la empresa a jornada completa o media jornada como a los trabajadores con contrato temporal y a los subcontratados a través de agencias, consultoras y similares. Con el término socio nos referiremos tanto a los socios de la cadena de suministro y de distribución como a otras empresas afiliadas o que suscriban contratos con la compañía.

3 Aunque el concepto de «toma de decisiones inclusiva» tiene puntos en común con el concepto de «inteligencia colectiva», nosotros hacemos hincapié en el hecho de que haya diversidad entre los puntos de vista y experiencias de los participantes, y no en el hecho de que alcancen un consenso. Puedes más consultar más información sobre la inteligencia colectiva en Wikipedia: https://es.wikipedia.org/wiki/Inteligencia_colectiva.

4 Término acuñado en 1988 como el *síndrome del silo funcional* por Phil Ensor, experto en desarrollo organizativo en Goodyear Tire and Rubber. Los canales de comunicación aislados que veía en muchas empresas recordaban a Ensor (que procedía de un pueblo de Illinois) a los silos para el almacén de grano.

5 Adam M. Kleinbaum, Toby E. Stuart y Michael L. Tushman, «Communication (and Coordination?) in a Modern, Complex Organization», Working Paper 09-004, Harvard Business School, 2008, https://hbs.edu/faculty/Publication%20Files/09-004.pdf.

6 Sarah Jane Gilbert, «The Silo Lives! Analyzing Coordination and Communication in Multiunit Companies», *Working Knowledge*, September 22, 2008, hbswk.hbs.edu/item/thesilo-lives-analyzing-coordination-and-communication in multiunit-companies

7 Ranktab, 7 de abril de2016, https://ranktab.com/explore/.

8 Por ejemplo, en 1970 había en Estados Unidos 9 600 000 de hispanos. En 2014 esa cifra había aumentado hasta 55 400 000, o el 17 % de la población total, lo que representa un gran, aunque gradual, cambio. Por su parte, Alemania esperaba recibir 1 500 000 inmigrantes de Oriente Medio entre 2015 y 2016. Esta nueva población representa

9   Shana Lebowitz, «Three Unconscious Biases That Affect Whether You Get Hired», *Business Insider*, 17 de julio de 2015, https://businessinsider.com/unconscious-biases-in-hiring-decisions-2015-7.

10 Jane Porter, «You're More Biased than You Think», *Fast Company*, 6 de octubre de 2014, https://fastcompany.com/3036627/strong-female-lead/youre-more-biased-than-you-think.

11 Sara Ashley O'Brien, «Biased Job Ads: This Startup Has a Fix», *CNN*, 5 de mayo de 2015, https://money.cnn.com/2015/03/20/technology/unitive-diversity/

12 «Premium Appliance Producer Innovates with Internet of Everything», Cisco, 2014, https://cisco.com/c/dam/en_us/solutions/industries/docs/manufacturing/appliance_producer_innovates_with_ioe.pdf.

13 *Ibidem.*

14 Scott A. Christofferson, Robert S. McNish y Diane L. Sias, «Where Mergers Go Wrong», *McKinsey Quarterly*, mayo de 2004, https://mckinsey.com/business-functions/strategy-and-corporatefinance/our-insights/where-mergers-go-wrong.

15 Sujeeb Indap, «IBM Bets on Mergers and Algorithms for Growth», *Financial Times*, 12 de enero de 2016, https://ft.com/cms/s/0/11010eea-ae5f-11e5-993b-c425a3d-2b65a.html#ixzz3x2lpWTb9.

16 Steve Dunning, «Why IBM is in Decline», *Forbes*, 30 de mayo de 2014, forbes.com/sites/stevedenning/2014/05/30/why-ibm-is-in-decline/#752439814c53.

17 Barb Darrow, «Why IBM Is Dropping $2.6 Billion on Truven Health», *Fortune*, 18 de febrero de 2016, https://fortune.com/2016/02/18/ibm-truven-health-acquisition/.

18 Sujeeb Indap, «IBM Bets on Mergers and Algorithms for Growth», *Financial Times*, 12 de enero de 2016, https://ft.com/cms/s/0/11010eea-ae5f-11e5-993b-c425a3d-2b65a.html#ixzz3x2lpWTb9.

19 «M&A Accelerator». IBM, 7 de abril de 2016, https://ibm.com/services/us/gbs/strategy/mna/.

20 «Where We Operate», P&G, s.f., https://pg.com/en_US/downloads/media/Fact_Sheets_Operate.pdf.

21 Tom Davenport, «How P&G Presents Data to Decision-Makers», *Harvard Business Review*, 4 de abril de 2013, https://hbr.org/2013/04/how-p-and-g-presents-data.

22 Doug Henschen, «P&G's CIO Details Business-Savvy Predictive Decision Cockpit», *InformationWeek*, 11 de septiembre de 2012, https://informationweek.com/it-leadership/pandgs-ciodetails-business-savvy-predictive-decision-cockpit/d/d-id/1106234?.

23 «Latest Innovations: Business Sphere», P&G, s.f., https://pg.com/en_US/downloads/innovation/factsheet_BusinessSphere.pdf.

24 «Data Analytics Allows P&G to Turn on a Dime», *CIO Insight*, 3 de mayo de 2013, https://cioinsight.com/it-strategy/big-data/data-analytics-allows-pg-to-turn-on-adime?utm_source=dataflog&utm_medium=ref&utm_campaign=dataflog.

25 Tom Davenport, «How P&G Presents Data».

26 Sue Hildreth, «Data+ Awards: Procter & Gamble Puts Worldwide BI Data in Executives' Hands», *Computerworld*, 26 de agosto de 2013, https://computerworld.com/article/2483948/enterpriseapplications/data-awards-procter-gamble-puts-worldwide-bi-data-in-executives-hands.html.

27 Tom Davenport, «How P&G Presents Data».

28 «Senior Managers View the Workplace More Positively than Front-Line Workers», American Psychological Association, 12 de mayo de 2015, apa.org/news/press/releases/2015/05/seniormanagers.aspx.

29 Amy Adkins, «Employee Engagement in U.S. Stagnant in 2015», *Gallup*, 13 de enero de 2016, https://gallup.com/poll/188144/employee-engagement-stagnant-2015.aspx.

30 Susan Sorenson y Keri Garman, «How to Tackle U.S. Employees' Stagnating Engagement», *Gallup*, 11 de junio de 2013, https://com/businessjournal/162953/tackle-employeesstagnating-engagement.aspx.

31 Ya la mencionamos en el capítulo 6, cuando hablábamos de la recopilación de opiniones anónimas de los empleados.

32 Steven Rosenbush and Laura Stevens, «At UPS, the Algorithm Is the Driver», *Wall Street Journal*, 16 de febrero de 2015, https://wsj.com/articles/at-ups-the-algorithm-is-the-driver-1424136536.

33 *Ibidem.*

34 *Ibidem.*

35 «The Decentralized Control Room» (case study), DAQRI, 7 de abril de 2016, https://daqri.com/home/case-studies/case-ksp/.

36 «Gartner Says Customer Relationship Management Software Market Grew 13.3 Percent», *Gartner*, 19 de mayo de 2015, gartner.com/newsroom/id/3056118.

37 Shira Ovide y Elizabeth Dwoskin, «The Data-Driven Rebirth of a Salesman», *Wall Street Journal*, 17 de septiembre de 2015, http://www.wsj.com/articles/the-data-driven-rebirth-of-asalesman-1442534375.

38 *Ibidem.*

39 Tim Bradshaw, «CES 2016: L'Oréal Gets a Makeover with Move into Wearable Tech», *Financial Times*, 6 de enero de 2016, https://ft.com/intl/cms/s/0/c61c4bd4-b45c-11e5-8358-9a82b43f6b2f.html.

40 Steve Bertoni, «Oscar Health Using Misfit Wearables To Reward Fit Customers», *Forbes*, 8 de diciembre 2014, https://forbes.com/sites/stevenbertoni/2014/12/08/oscar-health-using-misfitwearables-to-reward-fit-customers/#3bbc88b92574.

41 Jonah Comstock, «With $400M Injection, Tech-savvy Health Insurer Oscar Eyes 1M Member Mark», *MobiHealthNews*, 23 de febrero 2016, https://mobihealthnews.com/content/400minjection-tech-savvy-health-insurer-oscar-eyes-1m-member-mark.

Capítulo 8: Rapidez en la ejecución

1 Más información en «The Future of Jobs: Employment, Skills, and Workforce Strategy for the Fourth Industrial Revolution», *World Economic Forum*, enero de 2016, http://reports.weforum.org/future-of-jobs-2016/ o en «The Future of Work: A Journey to 2022», *PwC*, 2014, http://pwc.blogs.com/files/future-of-work-report-1.pdf.

2 Las estimaciones varían. Fuente: «How Far Reaching is the 'Gig Economy?'» Wells Fargo Securities, 29 de febrero de 2016, https://mediaserver.fxstreet.com/Reports/f94cca42-c3fa-47e4-88dd-b4c17a0cdced/5dc9bfc5-87e8-4ca0-9c0a-254440ea8bc6.pdf

3 Jared Lindzon, «The State of the American Freelancer in 2015», *Fast Company*, 26 de junio de 2015, https://fastcompany.com/3047848/the-future-of-work/the-state-of-the-american-freelancer-in-2015.

4 Guy Gilliland, Raj Varadarajan y Devesh Raj, «Code Wars: The All-Industry Competition for Software Talent», *BCG Perspectives*, 27 de mayo de 2014, https://bcgperspectives.com/content/articles/hardware_software_human_resources_code_wars_all_industry_competition_software_talent/.

5 Drafted, 7 de abril de 2016, https://drafted.us/.

6 Lauren Weber, «Your Résumé vs. Oblivion», *Wall Street Journal*, 24 de enero de 2012, https://wsj.com/articles/SB10001424052970204624204577178941034941330.

7 James Manyika et al., «Connecting Talent with Opportunity in the Digital Age», *McKinsey Global Institute*, junio de 2015, https://mckinsey.com/insights/employment_and_growth/connecting_talent_with_opportunity_in_the_digital_age.

8 Jacqueline Smith, «Why Companies Are Using 'Blind Auditions' to Hire Top Talent», *Business Insider*, 31 de mayo do 2015, https://businessinsider.com/companies-are-using-blind-auditions-to-hire-top-talent-2015-5.

9 Un estudio reciente que la Oficina Nacional de Investigación Económica de Estados Unidos llevó a cabo entre 300 000 contrataciones y 15 empresas reveló que las contrataciones basadas en estas pruebas mejoraron la estabilidad en el empleo en un 15 %; asimismo, demostró que los resultados eran peores cuando se anteponía la

decisión humana a las conclusiones de las pruebas. Además, en lo que respecta al desempeño del trabajo en cuestión, poco importaba que la contratación se rigiera por estas pruebas o por una decisión humana. Fuente Lydia DePillis, «Computers Are Now Really Good at Hiring People – but HR Keeps Getting in the Way», *Washington Post,* 23 de noviembre de 2015, https://www.washingtonpost.com/news/wonk/wp/2015/11/23/computers-are-now-really-good-at-hiring-people-but-hr-keeps-getting-in-the-way/

10 En el artículo «X-teams: New Ways of Leading in a New World», de Deborah Ancona, Elaine Backman y Henrik Bresman, encontrarás más información sobre las limitaciones que plantean los modelos tradicionales de formación de equipos y cómo deben proceder las organizaciones para liberarse de sus introspectivas estructuras. Los autores definen los equipos X *(X-teams)* como «equipos que permiten a las empresas aplicar un liderazgo distribuido y trascender las fronteras internas y externas para acelerar los procesos de innovación y cambio». Deborah Ancona, Elaine Backman y Henrik Bresman, «X-teams: New Ways of Leading in a New World», *Ivey Business Journal,* sepriembre/octubre de 2008, iveybusinessjournal.com/publication/x-teams-new-ways-of-leading-in-a-new-world/.

11 Pam Baker, «Visier's New Release Offers Real-Time Workforce Analytics», *Fierce Big Data,* 3 de diciembre de 2014, https://fiercebigdata.com/story/visiers-new-release-offers-real-timeworkforce-analytics/2014-12-03.

12 Melissa E. Mitchell y Christopher D. Zatzick, «Skill Underutilization and Collective Turnover in a Professional Service Firm», *Journal of Management Development* 34, n.º. 7, julio de 2015: 787-802, DOI: 10.1108 /JMD-09-2013-0112.

13 Phil Wainewright, «Workday Analytics Recommends Your Next Career Move», *Diginomica,* 4 de noviembre de 2014, https://diginomica.com/2014/11/04/workday-analytics-recommends-next-careermovve-predictive-future/#.VnHX4t-rQqI.

14 Ben Kepes, «Moving IT Beyond the 'Department of No'», *Forbes,* 27 de septiembre de 2013, https://forbes.com/sites/benkepes/2013/09/27/moving-it-beyond-the-department-of-no/.

15 Joseph Bradley et al., «Fast IT: Accelerating Innovation in the Internet of Everything Era», Cisco, 2014, https://cisco.com/c/dam/en/us/solutions/collateral/executiveperspectives/fastit_findings.pdf.

16 *Ibidem.*

17 *Ibidem.*

18 «IT as a Strategic Business Resource», *Forbes Insights,* 2015, https://cisco.com/c/dam/en/us/solutions/collateral/data-center-virtualization/applicationcentricinfrastructure/strategic-business-resource.pdf.

19 «Executive Guidance for 2016: Accelerated Corporate Clock Speed», Corporate Executive Board, 2015, https://cebglobal.com/content/dam/cebglobal/us/EN/top-insights/executiveguidance/pdfs/eg2016ann-accelerating-corporate-clock-speed.pdf.

20 Joseph Bradley et al., «The Impact of Cloud on IT Consumption Models», Cisco, 2013, https://cisco.com/c/dam/en_us/about/ac79/docs/re/Impact-of-Cloud-IT_Consumption-Models_Study-Report.pdf.

21 «Global Oil & Gas Capital Expenditure Over \$1 Trillion», *Energy Digital,* 23 de agosto de 2012, https://energydigital.com/utilities/2434/Global-Oil-Gas-Capital-Expenditure-Over-1-Trillion.

22 Dan Verel, «Can Cohealo Bring the Sharing Economy to Hospitals?», *MedCityNews,* 20 de octubre de 2014, https://medcitynews.com/2014/10/cohealo-uber-ride-sharing-medical-equipmentsharing/?rf=1.

23 Dazhong Wu et al., «Cloud Manufacturing: Drivers, Current Status, and Future Trends», *ASME 2013 International Manufacturing Science and Engineering Conference collocated with the 41st North American Manufacturing Research Conference, Volume 2: Systems; Micro and Nano Technologies;*

Sustainable Manufacturing, https://proceedings.asmedigitalcollection.asme.org/proceeding.aspx?articleid=1787092, doi:10.1115/MSEC2013-1106.

24 Wikipedia, «3D Hubs», *Wikipedia, The Free Encyclopedia*, 7 de abril de 2016, https://en.wikipedia.org/w/index.php?title=3D_Hubs&oldid=704069571.

25 En su libro, *The Only Sustainable Edge,* John Hagel III y John Seely Brown instan a los líderes a que vayan más allá de la ortodoxia de las competencias clave y que contemplen el desarrollo acelerado de capacidades como fuente de ventaja sostenible. En este contexto, las capacidades se refieren a la movilización reiterada de recursos con el fin de aportar un valor diferencial superior a los costes. La idea es que las empresas empiecen a concebir un posicionamiento competitivo que dependa de su agilidad a la hora de desarrollar capacidades. Quienes quieran triunfar en el vórtice digital, deberán pulir su habilidad de movilizar los recursos –tanto tangibles como intangibles– de su ecosistema de socios (no solo los propios) para acelerar la innovación y crear valor para los clientes.

26 Michael E. Porter, *Competitive Advantage: Creating and Sustaining Superior Performance*, The Free Press, 1985, Nueva York, p.37.

27 Steve Bertoni, «Meet Adyen: The Little-Known Unicorn Collecting Cash for Netflix, Uber, Spotify and Facebook», *Forbes*, 20 de enero 2016, forbes.com/sites/stevenbertoni/2016/01/20/meet-adyen-the-little-known-unicorn-collectingcash-for-nextflix-uber-spotify-and-facebook/#5f28ffbc2dd6.

28 «Why Customers Leave – And How to Keep Them», Nomi, 7 de abril de 2016, 3ez6hf6v2zy5uytw2a9dvi13.wpengine.netdna-cdn.com/wp-content/uploads/2014/01/Why-Customers-Leave-Whitepaper.pdf.

29 «Real Time In-store Analytics with RetailNext», RetailNext, enero de 2014, https://retailnext.net/wpcontent/.uploads/2014/01/RetailNext-Data-Sheet-Real-Time-In-Store-Analytics.pdf.

30 También la capacitación rápida puede llevar por sí misma a una innovación mejor y más veloz. Cuando los disruptores pueden activar o desactivar capacidades organizativas particulares a gran velocidad (y bajo coste) están mejor posicionadas para hacer más experimentos, iteraciones de diseño, pruebas de modelos de negocio y para el aprendizaje continuo. En este sentido, la capacitación e intervención rápidas pueden producir efectos acumulativos en la aceleración de la innovación.

31 Dorinda Elliott, «Tencent: The Secretive, Chinese Tech Giant That Can Rival Facebook and Amazon», *Fast Company*, 17 de abril de2014, https://fastcompany.com/3029119/most-innovativecompanies/tencent-the-secretive-chinese-tech-giant-that-can-rival-facebook-a.

32 Peter J. Williamson y Eden Yen, «Accelerated Innovation: The New Challenge from China», *MIT Sloan Management Review*, 23 de abril de 2014, sloanreview.mit.edu/article/accelerated-innovation-the-new-challenge-from-china/.

33 Michael Wade, Y. Fang y W. Kang, «Tencent: Copying to Success», caso de estudio 3-2274, *IMD Business School*, 2011.

34 James Macaulay et al., «The Digital Manufacturer: Resolving the Service Dilemma», Cisco, November 2015, cisco.com/c/dam/en_us/solutions/industries/manufacturing/thoughtleadership-wp.pdf.

35 Chris Lo, «Digital Wind Farms and the New Industrial Revolution», *Power Technology*, 10 de diciembre de 2015, power-technology.com/features/featuredigital-wind-farms-and-the-newindustrial-revolution-4644602/.

36 Daniel Gross, «Siemens CEO Joe Kaeser on the Next Industrial Revolution», *strategy+business*, 9 de febrero de 2016, https://strategy-business.com/article/Siemens-CEO-Joe-Kaeser-on-the-Next-Industrial-Revolution?gko=efd41.

37 «From Virtual Space to Outer Space», *Pictures of the Future* (digital magazine), 13 de abril de 2015, https://siemens.com/innovation/en/home/pictures-of-the-future/industry-andautomation/digital-factory-plm.html.

38 Stephanie Neil, «Has PTC 'Ubered' the Automation Industry?», *Automation World*, 29 de diciembre de 2015, https://automationworld.com/all/has-ptc-ubered-automation-industry.

39 Sarah Scoles, «A Digital Twin of Your Body Could Become a Critical Part of Your Health Care», *Slate*, 10 de febrero de 2016, slate.com/articles/technology/future_tense/2016/02/dassault_s_living_heart_project_and_the_future_of_digital_twins_in_health.html.

40 Greg Bensinger, «Amazon Wants to Ship Your Package Before You Buy It», *Wall Street Journal*, 17 de enero de 2014, https://blogs.wsj.com/digits/2014/01/17/amazon-wants-to-ship-yourpackage-before-you-buy-it/.

41 Joel Barbier et al., «Cybersecurity as a Growth Advantage», Cisco, abril de 2016, https://www.cisco.com/c/dam/m/en_us/offers/pdf/cybersecurity-growth-advantage.pdf.

42 Eric Ries, *El método Lean Startup: Cómo crear empresas de éxito utilizando la innovación continua,* Deusto, febrero de 2012; y Steve Blank *Four Steps to the Epiphany: Successful Strategies for Products That Win* (California: Steve Blank, 2013).

43 Son muchas las iniciativas dignas de mención al respecto. Puedes consultar, por ejemplo, Vijay Govindarajan y Chris Trimble, *The Other Side of Innovation: Solving the Execution Challenge* (Boston: Harvard Business Review Press, 2010), y Nathan Furr y Jeff Dyer, *The Innovator's Method: Bringing the Lean Startup into Your Organization* (Boston: Harvard Business Review Press, 2014).

44 Steve Blank, «Lean Innovation Management – Making Corporate Innovation Work», *Steve Blank* (blog), 26 de junio de 2015, https://steveblank.com/2015/06/26/lean-innovation-managementmaking-corporate-innovation-work/.

Conclusión

1 Wikipedia, «Holacracy», *Wikipedia, The Free Encyclopedia*, 7 de abril de 2016, https://en.wikipedia.org/w/index.php?title=Holacracy&oldid=713630893.

2 Alison Griswold, «Zappos Stopped Managing Its Employees. They Don't Seem Too Happy About It», *Slate*, 8 de mayo de 2015, https://slate.com/blogs/moneybox/2015/05/08/zappos_holacracy_many_employees_choose_to_leave_instead_of_work_with_no.html.

3 Laura Reston, «Tony Hsieh's Workplace Dream: Is Holacracy a Big Failure?», *Forbes*, 17 de julio de 2015, https://forbes.com/sites/laurareston/2015/07/17/tony-hsiehs-workplace-dream-isholacracy-a-big-failure/#314f90735ccd.

4 Benjamin Snyder, «Holacracy and 3 of the Most Unusual Management Practices Around», *Fortune*, 2 de junio de 2015, fortune.com/2015/06/02/management-holacracy/.

5 R. H. Coase, «The Nature of the Firm», *Economica* 4 n.º. 16, noviembre de 1937, pp. 386-405, DOI: 10.2307/2626876.

6 Elliot Maras, «Are Smart Contracts the Future of Blockchain?», *CryptoCoinsNews*, 13 de enero de 2016, https://cryptocoinsnews.com/smart-contracts-future-blockchain/.

7 Nathaniel Popper, «Ethereum, a Virtual Currency, Enables Transactions That Rival Bitcoin's», *New York Times*, 27 de marzo de 2016, https://nytimes.com/2016/03/28/business/dealbook/ethereum-a-virtual-currency-enables-transactions-that-rival-bitcoins.html.

8 Gian Volpicelli, «Smart Contracts Sound Boring, But They're More Disruptive Than Bitcoin», *Motherboard*, 16 de febrero de 2015, https://motherboard.vice.com/read/smart-contracts-sound-boringbut-theyre-more-disruptive-than-bitcoin.

9 DJ Pangburn, «The Humans Who Dream of Companies that Won't Need Us», *Fast Company*, 19 de junio de 2015, https://fastcompany.com/3047462/the-humans-who-dream-ofcompanies-that-wont-need-them.

10 Gavin Wood, «Bazaar Services», *Ethereum Blog* (blog), 5 de abril de 2015, https://blog.ethereum.org/2015/04/05/bazaar-services/.

11 Aquí puedes consultar varios artículos sobre cómo está afectando la disrupción digital a la clase trabajadora en múltiples países: serie de «New World of Work» del *Financial Times,* consultado por última vez el 25 de abril de 2016, https://www.ft.com/reports/new-world-of-work.

12 Joe Fassler, «Can the Computers at Narrative Science Replace Paid Writers?», *The Atlantic,* 12 de abril de 2012, theatlantic.com/entertainment/archive/2012/04/can-the-computersat-narrative-science-replace-paid-writers/255631/.

13 Michelle Starr, «World's First 3D-printed Apartment Building Constructed in China», *CNET,* 19 de enero de 2015, https://cnet.com/news/worlds-first-3d-printed-apartment-building-constructed-inchina/.

14 Se están produciendo algunas fisuras en los «diques» de muchos de los grandes disruptores de hoy en día. Por ejemplo: Farhad Manjoo, "The Uber Model, It Turns Out, Doesn't Translate," *New York Times,* 23 de marzo de 2016, https://www.nytimes.com/2016/03/24/technology/the-uber-model-it-turns-out-doesnt-translate.html y Ted Schadler et al., «What Comes After the Unicorn Carnage? Smart CMOs Will Exploit the Slowdown to Catch Up With and Serve Customers», *Forrester Research,* 30 de marzo de 2016, https://go.forrester.com/blogs/16-03-30-what_comes_after_the_unicorn_carnage/

15 Paul Krugman, «Robber Baron Recessions», *New York Times,* 18 de abril de 2016, https://nytimes.com/2016/04/18/opinion/robber-baron-recessions.html?_r=0.

16 Edward Teach, «A Fortress Balance Sheet», *CFO,* 18 de junio de 2009, https://cfo.com/banking-capitalmarkets/2009/06/a-fortress-balance-sheet/.

17 Algunos observadores atribuyen el aumento de la acumulación de efectivo de las empresas directamente al creciente protagonismo de la tecnología en la economía. Un reciente análisis del Banco de la Reserva Federal de St. Louis apuntaba a que, «el aumento del dinero en efectivo de las compañías de EE.UU. [se debe en parte al] creciente predominio de la investigación y el desarrollo (I+D). Dado que la I+D es una actividad estrechamente ligada a la incertidumbre, es natural que se establezca esta relación. La creciente importancia que ha adquirido la I+D en la economía en general es un fenómeno de largo plazo que se debe al rápido crecimiento de las empresas de las tecnologías de la información». Juan M. Sánchez y Emircan Yurdagul, «Why Are Corporations Holding So Much Cash?», Federal Reserve Bank of St. Louis, enero de 2013, stlouisfed.org/Publications/Regional-Economist/January-2013/Why-Are-Corporations-Holding-So-Much-Cash

18 Paul Krugman, «The Big Meh», *New York Times,* 25 de mayo 2015, nytimes.com/2015/05/25/opinion/paul-krugman-the-big-meh.html.

19 Joseph Schumpeter, *Capitalism, Socialism and Democracy,* Routledge, 1942, Londres.

20 Khan Academy, 7 de abril de 2016, khanacademy.org/.

21 «Press Room», Khan Academy, 7 de abril de 2016, khanacademy.zendesk.com/hc/en-us/articles/202483630-Press-room.

ÍNDICE ONOMÁSTICO

26 años

nos queda mucho por hacer

1993 Madrid
2008 México DF
2010 Londres
2011 Nueva York y Buenos Aires
2012 Bogotá
2014 Shanghái
2018 Nueva Delhi